高 等 学 校 教 学 用 书

机械工程测试与数据处理技术

平　鹏　编著

北 京
冶 金 工 业 出 版 社
2018

图书在版编目(CIP)数据

机械工程测试与数据处理技术/平鹏编著 .—北京：冶金工业出版社，2001. 4（2018. 8 重印）

高等学校教学用书

ISBN 978-7-5024-2717-7

Ⅰ. 机… Ⅱ. 平… Ⅲ. ①机械—技术测量—高等学校—教学参考资料 ②数据处理—高等学校—教学参考资料 Ⅳ. TG8

中国版本图书馆 CIP 数据核字（2001）第 09024 号

出 版 人 谭学余
地 址 北京市东城区嵩祝院北巷 39 号 邮编 100009 电话 (010)64027926
网 址 www. cnmip. com. cn 电子信箱 yjcbs@ cnmip. com. cn
责任编辑 宋 良 美术编辑 李 新 版式设计 张 青
责任校对 刘 倩 责任印制 李玉山
ISBN 978-7-5024-2717-7
冶金工业出版社出版发行；各地新华书店经销；三河市双峰印刷装订有限公司印刷
2001 年 4 月第 1 版，2018 年 8 月第 7 次印刷
850mm×1168mm 1/32；9. 75 印张；261 千字；304 页
20. 00 元

冶金工业出版社 投稿电话 (010)64027932 投稿信箱 tougao@cnmip. com. cn
冶金工业出版社营销中心 电话 (010)64044283 传真 (010)64027893
冶金书店 地址 北京市东四西大街 46 号(100010) 电话 (010)65289081(兼传真)
冶金工业出版社天猫旗舰店 yjgycbs. tmall. com

前　　言

本书是参照机械类各专业的测试技术课程大纲和教材编写的。编写时本着少而精、重点突出的原则，在同样篇幅下，使内容有了较大的增加；同时考虑到理论结合实际的原则，不但编入了测试技术的基础知识，如静态、动态特性及误差，测试系统的基本环节（传感器介绍、放大及记录仪器），而且还编入了机械工程主要参数中应力、力及压力，位移、速度及流量和振动的常用测量方法及技术，并将传感器的转换原理编入到相应的参数测量中去，使原理与具体实践结合，避免重复叙述。为了能从测试信号或测试数据中提取所需要的定量信息，在最后两章编写了信号处理和动态测试数据处理。另外为便于加深对各章内容的理解，每一章都有例题及习题。

本书定稿前，曾作为内部教材经多届教学使用。因此，获得了有关教师和学生许多反馈信息。特别是于晓光、冷惠文两位教师提供了宝贵的意见。本书在编写过程中得到了刘巧珍、平欣、郭忠振的大力帮助。在此一并表示衷心感谢。同时，对编写时参考的有关教材和资料的作者也表示衷心感谢。本书第二章由于晓光编写。

本书由东北大学虞和济教授、寇惠教授，鞍山钢铁学院刘培锷教授、王律躬教授审阅。

本书可作为机械类各专业的教材或教学参考书，也可供从事机械工程测试技术及相关技术的工程技术人员参考。由于编者水平有限，书中存在的缺点或不妥之处，恳切希望读者批评指正。

编　者

2000 年 8 月

目　　录

第一章　绪　　言

第一节　测试技术在机械工程中的作用

测试技术包含了测量和试验两方面的含义，即包含对机械产品或机械加工过程的参数直接进行定量测量和通过试验及测量来测试某些参数及性能。

随着经济建设和科学技术的飞速发展，机械工业和与机械工业相关的科学技术也在高速发展。它不但对测试技术提出了更高的要求，而且也为测试技术的高速发展创造了条件。在工业生产中，为了增加产量、提高质量、减少消耗、降低成本，需要对生产全过程进行检测。在自动化机械生产中也需要对生产过程有关参数进行检测。同时，为了延长设备使用寿命，使设备运行于最佳运转状态，也需要对机械设备运行状态进行监测。对机械设备开展现代化维修管理，开展点检定修、预知维修和设备故障诊断，也必须掌握测试技术。对原有机械设备进行挖潜改造或设计新机械设备时，也需要通过现场测试，以取得必须的数据资料。对新制造的机械设备或新安装调整的机械设备，也需要通过测试来检验其性能指标。实践是检验真理的惟一标准。对于机械学科的各项理论或各项假设，必须通过实验进行检验。同时，通过实践和测试可以积累数据资料，为创立新理论、新公式提供了必要的条件。总之，测试技术已经成为从事机械工程的科技人员所必须掌握的一门技术，机械工程测试技术课程也已经成为机械专业的一门主要技术基础课。

测试技术是研究对象的状态、运动、特征等信息的一门技术，具体地说，是将有关信息转换成易于传输的信号（如电信号、光信号、声信号等），通过传输、放大、显示或记录，或再经过分析处理，提取更有效或更有用的特征信息。有时还需要通过试验，如激振，施加力，以获取直接测量无法得到的有用信息。

工程技术中所涉及到的参数大致可以分成物理量和化学量两大类。其中物理量又可以分成电量（电磁量及无线电量）和非电量。后者按工程应用可以再分为机械量（力、位移、速度、质量、变形、振动等），热工量，光学量，时频量，放射线量等。机械工程测试技术主要叙述机械量的测试与分析技术。

第二节 机械量测试系统

机械工程测试技术主要研究机械参数的动态测试技术及测试信号或数据的处理和分析技术，它包含信息检测与转换、传输、放大、记录、显示、信号分析和数据处理及试验设备等。因此，通常需要使用多种测试仪器或分析仪器组成的测试系统。测试系统的框图如图 1－1 所示。

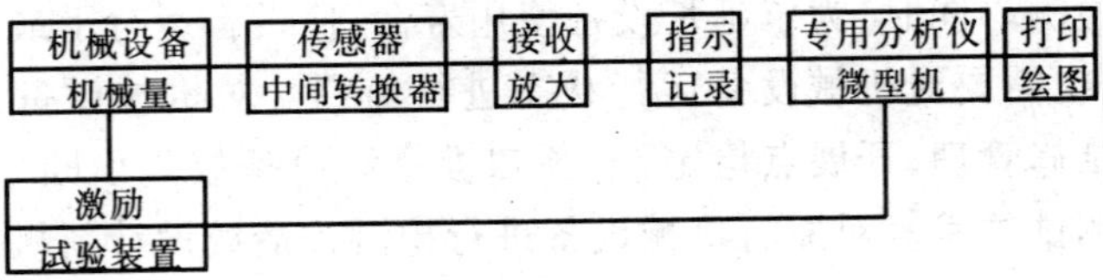

图 1－1 测试系统框图

1. 传感器与中间转换器

在机械量测试中，将机械量转换成电量或其他量的装置称为机械量传感器。例如，将力参数转换成电量的装置称为测力传感器，将位移或速度转换成电量的装置称为位移或速度传感器。机械量通过传感器转换的电量不一定是电压或电流，而可能是电阻、电感、电容或电荷等量，因此需要通过中间转换器，再一次转换成电压或电流量。大多数传感器转换后的电压或电流量是很微弱的，还需要放大。这些二次转换及放大器称为中间转换器。常用的中间转换器有电桥电路、运算放大器电路、调制－解调放大器等。

2. 指示及记录仪器

指示仪表有指针式电表和数字式电表两大类。对于某些信号,如周期信号,还可以采用峰值表、绝对均值表、有效值表等。对于动态信号,需要用记录仪器记录下来。常用的记录仪器有笔式记录仪、光线示波器、磁带记录仪和数据采集记录仪等。

3. 试验激励装置

根据机械设备的需要,激励装置可以采用多种不同的试验装置。常用的有电激振装置(正弦、阶跃、脉冲激励),液压激励装置,气压激励装置,加力装置等。

4. 信号分析及动态数据处理

信号分析仪器有模拟式和数字式两类。目前大多采用微机进行信号分析和数据处理,它不但可以进行常规的信号分析(如F.F.T 相关,功率谱密度等),还可以进行统计、回归等分析。较先进的还可以进行动态数据处理、系统辨识、参数估计、时序建模等计算。

5. 自动测试系统

利用微机一方面对信号作分析处理,另一方面对转换放大器和激励装置进行控制,组成闭环测量系统,即自动化测试系统。

第三节　测试技术的发展概况

机械工程测试技术从狭义上说是实验技术(工程)的一个主要部分。从广义上说,一般认为就是指实验技术。实验技术除机械参数测试技术外,还包含实验设计(规划),如正交设计,误差理论,模型及仿真实验技术,信号分析,数据处理,系统辨识和参数估计,预测预报等。这些内容中的每一部分,都在发展和完善。就机械参数测试技术本身的发展来说,在性能上向着高精度、大量程,高可靠性,自动化、智能化方向发展。如非接触式测量、遥测、小型一体化以及多功能、自选量程、自标定,线性化,多点多参数,编程测试等。对于传感器本身除上述发展方向外,还向新型传感器,新型半导体材料应用方向发展,如嗅觉、味觉传感器,视觉传感器等。

计算机的应用使测试技术产生革命性的变化,它和测试技术相结合产生了计算机辅助测试,即CAT和虚拟仪器,使测试技术和信号分析、动态数据处理向着智能化方向发展。

第四节　测试技术课的内容和要求

对高等院校机械工程各专业来说,机械工程测试技术是一门技术基础课。通过学习,培养学生能基本掌握机械量动态测试所需要的基本知识和技能,能够正确选用测试仪器和装置,较正确地测量主要的机械量。具体地说,应具备以下几方面的基本知识:

(1)掌握信号的时域及频域描述方法(富氏变换),建立信号的频谱概念。掌握测试装置静、动态特性的评价方法和不失真测试条件,掌握一、二阶系统动特性和测定方法,以便正确地选用测试仪器。

(2)通过测力、测位移了解常用传感器、中间转换器和记录仪器的工作原理和选用原则。

(3)通过测振,对动态测试的基本问题有一个完整的概念,为进一步学习和研究相关的机械工程技术问题打下基础。

对于信号处理及数据处理方面,应了解相关、功率谱概念及其应用。初步了解数字信号分析的步骤和基本方法。掌握数据的回归分析,初步了解动态时序数据的建模和基本分析的基本方法。

第二章　信号及频谱

第一节　信号分类

测试工作的第一项任务是将需要的信息(状态、运动、特征等信息)转变成易于传输、记录、分析的信号,通常是电信号。也就是说,信号是信息的载体,它包含了有用的信息。

信号可以分为静态及动态两类。前者的量值基本上不随时间变化或仅随时间作很缓慢的变化;后者则随时间而变动。

动态信号按变化规律可以分为确定性信号和随机性(不确定性)信号两类。前者如偏心旋转运动引起的振动,可以用数学关系式描述;后者如地震或环境噪声引起的震动,则无法用数学关系式描述,只能用统计方法分析。

确定性信号可以用时间历程关系式、图形等以时间作为坐标的方法来描述。但是,这种描述方法无法明确揭示信号的频率组成和大小,以及物理系统的传输特性。还需要进行频域分析,即以频率为坐标,显示其与频率对应的幅值大小,频率结构以及传输特性。因此,确定性信号常分成周期信号和非周期信号两类。前者信号按一定周期不断重复出现;后者信号呈显瞬变性。另一类信号是由多个周期信号组成,各周期信号频率间比值不是有理数(若是有理数便是周期信号),称为准周期信号。

随机信号是无法用数学关系式描述的,但可以用统计方法来分析。对随机信号按时间历程作一次长时间记录,称为样本函数。所有样本函数的集合(总体)称为随机过程。随机过程的各种平均值(均值、方差、均方差等)都是按集合平均计算的,即按某时间 $t_1,t_2,\cdots,t_n$ 做各样本函数的平均,然后再求平均。对单个样本的时间历程进行平均的称为时间平均。

随机过程可以分为平稳随机和非平稳随机。各统计特征参数不随时间而变化的随机过程称为平稳随机过程。也就是说,其特征参数与坐标原点无关。反之,称为非平稳随机过程。在平稳随机过程中,若任一单个样本函数的时间平均统计特征等于其集合平均统计特征的称为各态遍历过程。机械工程中遇到的很多随机信号,当时间不长时,大多是平稳随机过程,其中有很多可以作为各态遍历随机过程分析。

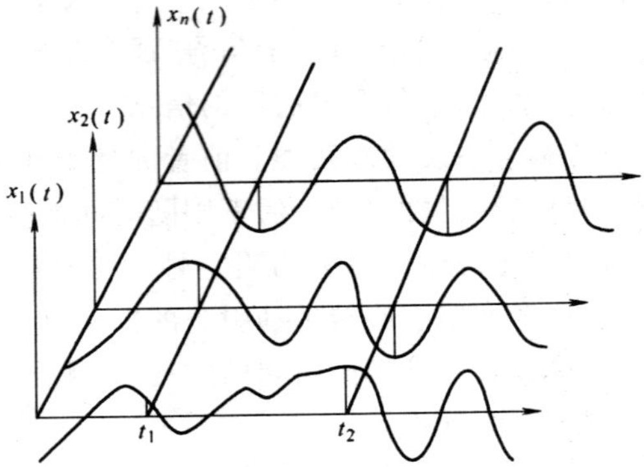

图 2-1　随机过程样本函数

确定性信号经常进行频域分析,以了解其频率结构或传输特征等。周期信号还可以通过峰值、绝对均值、有效值来了解其强度。随机信号的主要特征参数有:均值、方差、均方值;概率密度函数;自相关函数;频域的功率谱密度函数。

第二节　周期信号和离散频谱

一、周期信号频谱

周期信号是按周期 T 不断重复的信号,满足关系式

$$x(t) = x(t + nT) \qquad n = 0, \pm 1, \pm 2, \cdots \tag{2-1}$$

任何周期函数 $x(t)$ 只要满足狄里赫利条件,就可以展成富氏级数,即

$$x(t) = a_0 + \sum_{n=1}^{\infty}[a_n\cos(n\omega_0 t) + b_n\sin(n\omega_0 t)]$$

$$= a_0 + \sum_{n=1}^{\infty} [A_n \cos(n\omega_0 t) + \phi_n] \qquad (2-2)$$

式中

$$\left.\begin{aligned} a_0 &= \frac{1}{T}\int_{-T/2}^{T/2} x(t)\mathrm{d}t \\ a_n &= \frac{2}{T}\int_{-T/2}^{T/2} x(t)\cos(n\omega_0 t)\mathrm{d}t \\ b_n &= \frac{2}{T}\int_{-T/2}^{T/2} x(t)\sin(n\omega_0 t)\mathrm{d}t \end{aligned}\right\} \qquad (2-3)$$

$$\left.\begin{aligned} A_n &= \sqrt{a_n^2 + b_n^2} \\ \phi_n &= \arctan(b_n / a_n) \end{aligned}\right\} \qquad (2-4)$$

式中 a_0、a_n、b_n —— 常值分量、余弦分量、正弦分量；

A_n、φ_n —— 幅值、相角；

T —— 周期；

ω_0 —— 角频率，$\omega_0 = 2\pi f_0$；

n —— 正整数，$n = 1,2,3,\cdots$。

由式(2－2)可以看到，一个周期函数由基波 $A_1\cos(\omega_0 t + \phi_1)$ 及各次谐波 $A_n\cos(n\omega_0 t + \phi_n)$，…，常值分量 a_0 组成。以 f' 或ω 作为横坐标，以 A_n 或 ϕ_n 作为纵坐标所作的图形称为幅频图或相频图，并统称为频谱图。由于 n 等于正整数，因此，周期函数的频谱图是离散的，其线条出现在 $n\omega_0$ 或 nf_0 处。各次谐波的幅值随 n 增大而减少，呈衰减趋势，因此，次数过高的谐波分量可以略去。

例 1 三角波如图 2－2 所示，求其幅频谱。

解 $x(t)$ 在一个周期中方程为

$$x(t) = \begin{cases} x_0(1 - \frac{4}{T}t) & 0 \leqslant t \leqslant \frac{T}{2} \\ x_0(1 + \frac{4}{T}t) & -\frac{T}{2} \leqslant t \leqslant 0 \end{cases}$$

由于图形上下面积相同，因此 $a_0 = 0$，又是偶函数，$b_n = 0$

$$a_n = \frac{2}{T}\int_{-T/2}^{T/2} x(t)\cos n\omega_0 \mathrm{d}t = \frac{4x_0}{T}\int_0^{T/2}(1 - \frac{4}{T}t)\cos n\omega_0 t\,\mathrm{d}t$$

$$= \frac{8x_0}{(n\pi)^2}\sin^2(\frac{n\pi}{2}) \qquad (n = 1,2,3,\cdots)$$

因此

$$x(t) = \frac{8x_0}{\pi^2}(\sin\omega_0 t - \frac{1}{3^2}\sin 3\omega_0 t + \frac{1}{5^2}\sin 5\omega_0 t) + \cdots$$

及

$$\omega_0 = 2\pi/T$$

$$A_n = \frac{8x_0}{(n\pi)^2}\sin^2(\frac{n\pi}{2}) \qquad (n = 1,2,3,\cdots)$$

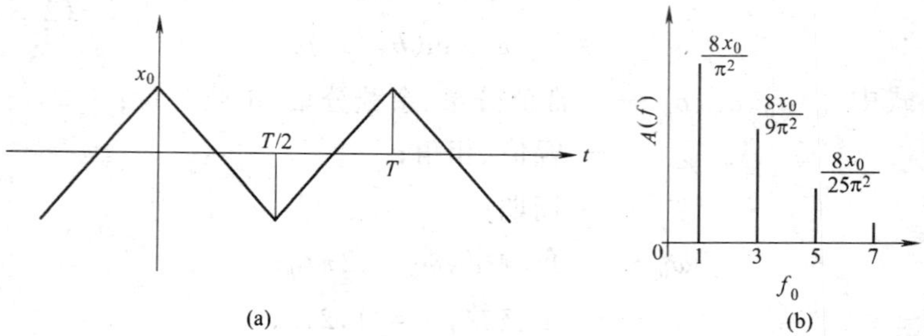

图 2-2 三角波及频谱

该三角波幅频图见图 2-2(*b*)。由幅频图 $A(f)$ 可知,是离散谱。

富氏级数还可以用复指数表示为

$$x(t) = \sum_{n=-\infty}^{\infty} C_n e^{jn\omega_0 t} \qquad (n = 0, \pm 1, \pm 2,\cdots) \tag{2-5}$$

和

$$C_n = \frac{1}{T}\int_{-T/2}^{T/2} x(t)e^{-jn\omega_0 t}dt \tag{2-6}$$

上式与三角式的关系为

和

$$\left.\begin{aligned} e^{\pm j\omega t} &= \cos\omega t \pm j\sin\omega t \\ \cos\omega t &= \frac{1}{2}(e^{-j\omega t} + e^{j\omega t}) \\ \sin\omega t &= \frac{j}{2}(e^{-j\omega t} - e^{j\omega t}) \end{aligned}\right\} \tag{2-7}$$

因此(2-2)式可改写为

$$x(t) = a_0 + \sum[C_{-n}e^{-jn\omega_0 t} + C_n e^{jn\omega_0 t}]$$

和 $$C_n = \frac{1}{2}(a_n - \mathrm{j}b_n);C_{-n} = \frac{1}{2}(a_n + \mathrm{j}b_n)$$

又 $a_0 = C_0$,可以得到式(2-5)及式(2-6)。其中 C_n 与 C_{-n} 共轭,即

$C_{-n} = C_n^*,\phi_n = -\phi_{-n},C_n$ 幅值

$$\left.\begin{aligned} |C_n| &= A_n/2 = \frac{1}{2}\sqrt{a_n^2 + b_n^2} \\ \phi_n &= \arctan\frac{b_n}{a_n} \end{aligned}\right\} \quad (2-8)$$

由式(2-8)可知,C_n 是 a_n 及 b_n 的复数表示式,必然出现实数和虚数两部分,并且出现 $-\omega$。见图 2-3,它的实部是两个旋转方向相反的向量在实轴上投影之和,而虚部则为在虚轴上投影之差,也就是说负角频率是复数表示的结果。A_n 为单边(侧)谱,且 $A_n = 2|C_n|$。

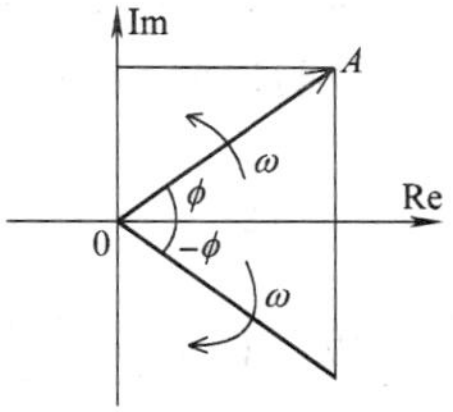

图 2-3 富氏级数复数表示式

例 2 求图 2-4 矩形脉冲的频谱。

解 $$C_n = \frac{1}{T}\int_{-\tau/2}^{\tau/2} x_0 \mathrm{e}^{-\mathrm{j}n\omega_0 t}\mathrm{d}t = \frac{x_0}{-\mathrm{j}n\omega_0 T}(\mathrm{e}^{-\mathrm{j}n\omega_0\tau/2} - \mathrm{e}^{\mathrm{j}n\omega_0\tau/2})$$

$$= x_0\frac{\tau}{T}\left(\frac{\sin n\omega_0\tau/2}{n\omega_0\tau/2}\right) = x_0\frac{\tau}{T}\left(\frac{\sin n\pi\tau/T}{n\pi\tau/T}\right)$$

$$= x_0\frac{\tau}{T}S_{\mathrm{a}}(n\pi\frac{\tau}{T})$$

$A_n = 2|C_n|$,频谱图见图 2-4(b)。幅频谱的零处频率依次为 $\frac{1}{\tau},\frac{2}{\tau}\cdots$ 第一个零点的 $n\tau/T = 1$ 或 $n = T/\tau$,表明第一个零点内有 n 个谱线。对方波来说,$\tau = \frac{T}{2}$,这时 $C_n = \frac{x_0}{2}(\frac{\sin n\pi/2}{n\pi/2})$。

$|C_n|$ 见图 2-4(c)。

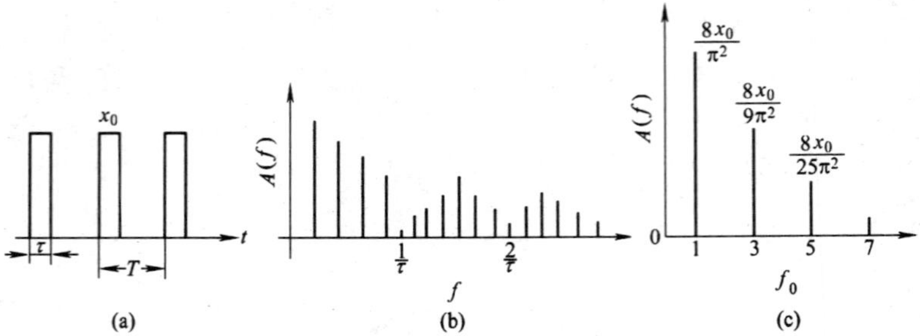

图 2－4　矩形脉冲及其频谱

二、周期信号功率谱

周期信号 $x(t)$ 在一个周期 T 内的平均功率为

$$P = \frac{1}{T}\int_{-T/2}^{T/2} x^2(t)\mathrm{d}t$$

以 $x(t) = \sum_{n=-\infty}^{\infty} C_n \mathrm{e}^{\mathrm{j}n\omega_0 t}$ 代入，得到

$$P = C_0^2 + \sum_{n=1}^{\infty} 2 \mid C_n \mid^2 = a_0^2 + \frac{1}{2}\sum_{n=1}^{\infty} A_n^2 = a_0^2 + \frac{1}{2}\sum_{n=1}^{\infty}(a_n^2 + b_n^2) \tag{2-9}$$

上述 P 式表明周期信号的时域平均功率等于频域各谐波分量(包含直流分量和基频分量)平均功率之和。并称为 Parseval 定理。

例 3　对于例 2 的矩形脉冲，若 $\tau/T = \frac{1}{2}$ 时，时域总功率(一周期内)为 $P_T = 0.5x_0^2$。对频域，若取 $n = 5$，由式(2－9)得 $P = 0.483$，表明取 5 次谐波，其功率已占总功率的 96.6%。因此一般取 $n = 5$ 已够了。

对于 $\tau/T = 0.2$，时域总功率(一周期内)$P_T = 0.2x_0^2$。若取 $n = 5$，由式(2－9)求得 $n = 5$ 的各谐波总功率为 $0.18x_0^2$，因此取 $n = 5$ 时，占总平均功率的 90%，表明带宽内($\frac{1}{\tau}$)包含了绝大部分功率。

第三节　非周期信号和连续频谱

一、富氏变换

非周期函数可以看成为函数 $x(t)$ 的周期 T 趋于无穷大。ω_0 趋于 $\mathrm{d}\omega$，$\frac{1}{T}$ 趋于$\frac{\mathrm{d}\omega}{2\pi}$。因此式(2－6)的

$$C_n = \frac{\mathrm{d}\omega}{2\pi}\int_{-\infty}^{\infty} x(t)\mathrm{e}^{-\mathrm{j}\omega t}\mathrm{d}t$$

式(2－5)的

$$x(t) = \int_{-\infty}^{\infty}\frac{1}{2\pi}\int_{-\infty}^{\infty} x(t)\mathrm{e}^{-\mathrm{j}\omega t}\mathrm{d}t\,\mathrm{e}^{\mathrm{j}\omega t}\mathrm{d}\omega$$

令 C_n 积分部分为

$$X(\omega) = \int_{-\infty}^{\infty} x(t)\mathrm{e}^{-\mathrm{j}\omega t}\mathrm{d}t \tag{2-10}$$

那么

$$x(t) = \frac{1}{2\pi}\int_{-\infty}^{\infty} X(\omega)\mathrm{e}^{\mathrm{j}\omega t}\mathrm{d}\omega \tag{2-11}$$

式(2－10)称为非周期函数 $x(t)$ 的富氏变换 $X(\omega)$。式(2－11)是逆变换。因此，非周期信号展开成富氏积分式；周期信号展开成富氏级数式。$x(t)$ 与 $X(\omega)$ 互为富氏变换对，写成

$$x(t)\rightleftharpoons X(\omega)$$

富氏变换也可用频率表示

$$X(f) = \int_{-\infty}^{\infty} x(t)\mathrm{e}^{-\mathrm{j}2\pi f t}\mathrm{d}t \tag{2-12}$$

$$x(t) = \int_{-\infty}^{\infty} X(f)\mathrm{e}^{\mathrm{j}2\pi f t}\mathrm{d}f \tag{2-13}$$

应注意，富氏变化存在的条件除狄里赫里条件外，还应满足在无限区间上绝对可积。

一般 $X(\omega)$ 是实变量 ω 的复函数，可以写成

$$X(\omega) = |X(\omega)|\mathrm{e}^{\mathrm{j}\phi(\omega)} = A(\omega)\mathrm{e}^{\mathrm{j}\phi(\omega)} \tag{2-14}$$

$A(\omega) = |X(\omega)|$ 和 $\phi(\omega)$ 分别为幅频谱和相频谱。幅频谱

是连续频谱。应注意 $|X(\omega)|$ 与 $|C_n|$（周期信号幅值谱）的量纲是不同的，$|C_n|$ 的量纲是幅值量纲，$X(\omega)$ 的量纲是单位频宽上的幅值，又称幅值密度。另外，$X(\omega)$ 还可以写成实频及虚频两部分，即

$$X(\omega) = \mathrm{Re}[X(\omega)] + \mathrm{j}\mathrm{Im}[X(\omega)] \tag{2-15}$$

式中

$$\left.\begin{aligned}\mathrm{Re}[X(\omega)] &= \int_{-\infty}^{\infty} x(t)\cos\omega t\,\mathrm{d}t \\ \mathrm{Im}[X(\omega)] &= \int_{-\infty}^{\infty} x(t)\sin\omega t\,\mathrm{d}t\end{aligned}\right\} \tag{2-16}$$

并分别称为 $x(t)$ 的实频谱和虚频谱。

$$\left.\begin{aligned}A(\omega) &= \sqrt{\mathrm{Re}^2[X(\omega)] + \mathrm{Im}^2[X(\omega)]} \\ \phi(\omega) &= \arctan\frac{\mathrm{Im}[X(\omega)]}{\mathrm{Re}[X(\omega)]}\end{aligned}\right\} \tag{2-17}$$

例 1 求矩形窗函数 $w(t)$ 的频谱

解 矩形窗函数

$$w(t) = \begin{cases}1 & |t| < T/2 \\ 0 & |t| > T/2\end{cases}$$

其富氏变换为

$$W(\omega) = \int_{-\infty}^{\infty} w(t)\mathrm{e}^{-\mathrm{j}\omega t}\mathrm{d}t = \int_{-T/2}^{T/2} e^{-\mathrm{j}\omega t}\mathrm{d}t = \frac{\mathrm{j}}{\omega}(\mathrm{e}^{-\mathrm{j}\omega T/2} - \mathrm{e}^{\mathrm{j}\omega T/2})$$

$$= T\frac{\sin(\omega T/2)}{\omega T/2} = TS_{\mathrm{a}}(\omega T/2)$$

矩形窗函数及其频谱图见图 2-5。

其 $S_{\mathrm{a}}(\omega T/2)$ 函数是一个以 $\frac{2}{T}$ 为周期的衰减振荡的偶函数，在 $\frac{1}{T},\frac{2}{T},\frac{3}{T}\cdots$ 处，$X(\omega)=0$。及

$$S_{\mathrm{a}}\theta = \frac{\sin\theta}{\theta} \tag{2-18}$$

二、富氏变换的主要性质

信号可以通过富氏变换将时域方程和频域方程互相转换，了

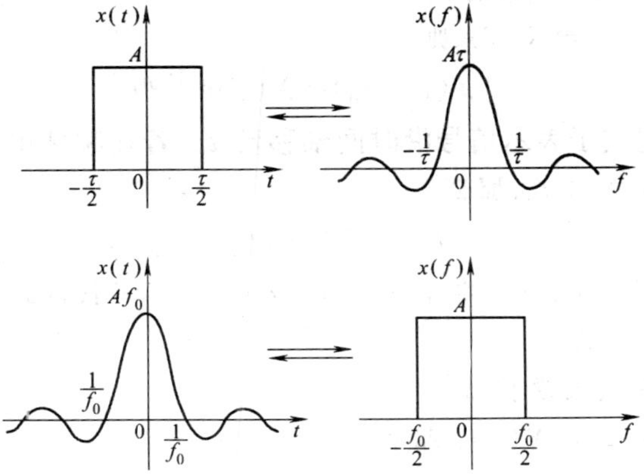

图 2－5　矩形窗函数及频谱

解其变换中的性质是十分必要的。

1. 奇偶虚实性

如果 $x(t)$ 是实偶函数，则 $\mathrm{Im}[X(f)]=0$，因此 $X(f)=\mathrm{Re}[X(f)]$，

如果 $x(t)$ 是实奇函数，则 $\mathrm{Re}[X(f)]=0$，因此 $X(f)=\mathrm{Im}[X(f)]$。

如果 $x(t)$ 为虚函数，则上述结论的虚实位置也相互交换。

2. 线性叠加性

如果 $x(t)$、$y(t)$ 的富氏变换相应为 $X(f)$、$Y(f)$，而 a 和 b 为常数，那么 $aX(f)+bY(f)$ 的富氏变换为，

$$ax(t)+by(t)\rightleftharpoons aX(f)+bY(f) \qquad (2-19)$$

3. 互易性(对称性)

若 $x(t)\rightleftharpoons X(f)$，那么

$$X(t)\rightleftharpoons x(-f) \qquad (2-20)$$

上述式子变换图形见图 2－5

证明：由于 $x(-t)=\int_{-\infty}^{\infty}X(f)\mathrm{e}^{-\mathrm{j}2\pi ft}\mathrm{d}f$，以 f 置换 t 得 $x(-f)$ $=\int_{-\infty}^{\infty}X(t)\mathrm{e}^{-\mathrm{j}2\pi ft}\mathrm{d}t$，即 $X(t)\rightleftharpoons x(-f)$。

4. 时移和频移特性

若 $x(t) \rightleftharpoons X(f)$,则

$$x(t - t_0) \rightleftharpoons X(f)e^{-j2\pi f t_0} \quad (2-21)$$

上式左边式子表示信号沿时间轴移动 t_0。若在频域中 $X(f)$ 信号沿频率轴移动 f_0,那么

$$x(t)e^{j2\pi f_0 t} \rightleftharpoons X(f - f_0) \quad (2-22)$$

上两式证明时,只需将 $x(t - t_0)$ 或 $x(t)e^{j2\pi f_0 t}$ 代入式(2-12),即可得到上两式。

5. 时间尺度扩缩

若 $x(t) \rightleftharpoons X(f)$, 那么

$$x(kt) = \frac{1}{|k|}X(f/k) \quad (2-23)$$

证明:$\int_{-\infty}^{\infty} x(kt)e^{-j2\pi ft}dt = \frac{1}{k}\int_{-\infty}^{\infty} x(kt)e^{-j2\pi(f/k)(kt)}d(kt) = \frac{1}{k}X(\frac{f}{k})$

时间尺度扩展 $k < 1$ 时,其频谱变窄,幅值增高,例如记录磁带快录慢放,对后续处理设备的通频带要求可以降低,但是幅值增加了。时间尺度压缩 $k > 1$ 时其频谱变宽,幅值降低。例如记录磁带慢录快放,可以提高处理信号的效率,但信号频带会加宽,幅值却降低了(见图 2-6)。

6. 微分和积分特性

若 $x(t) \rightleftharpoons X(f)$,那么,当初始值为零时,

$$\frac{dx(t)}{dt} \rightleftharpoons (j2\pi f)X(f) \quad (2-24)$$

$$\frac{d^n(t)}{dt^n} \rightleftharpoons (j2\pi f)^n X(f) \quad (2-25)$$

$$\int_{-\infty}^{0} x(t)dt \rightleftharpoons \frac{1}{j2\pi f}X(f) \quad (2-26)$$

式(2-24)可由对式(2-13)微分求得,式(2-25)则对式(2-13)积分求得。在振动测试中,如果测得振动速度的频谱,利用上述性质,即可求得加速度及位移的频谱。

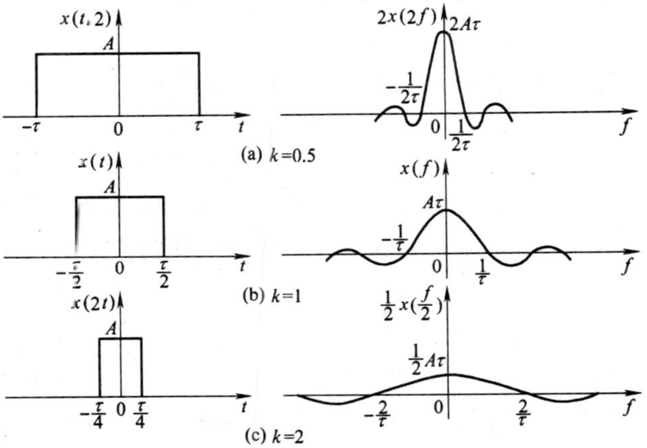

图 2－6　时间尺度扩缩的变换

7. 卷积特性

两函数 $x(t)$与 $y(t)$的卷积定义为

$$x(t) * y(t) = \int_{-\infty}^{\infty} x(t)y(t-\tau)\mathrm{d}\tau \qquad (2-27)$$

假若 $x(t)\rightleftharpoons X(\omega)$，$y(t)\rightleftharpoons Y(\omega)$，则

$$x(t) * y(t) \rightleftharpoons X(\omega)Y(\omega) \qquad (2-28)$$

同样可得

$$x(t)y(t) \rightleftharpoons X(\omega) * Y(\omega) \qquad (2-29)$$

及

$$X(\omega) * Y(\omega) = \int_{-\infty}^{\infty} X(\nu)Y(\omega-\nu)\mathrm{d}\nu \qquad (2-30)$$

证明：$x(t) * y(t)$ 的富氏变换为

$$\int_{-\infty}^{\infty}\left[\int_{-\infty}^{\infty} x(\tau)y(t-\tau)\mathrm{d}\tau\right]\mathrm{e}^{-\mathrm{j}\omega t}\mathrm{d}t$$

$$= \int_{-\infty}^{\infty} x(\tau)\mathrm{e}^{-\mathrm{j}\omega\tau}\int_{-\infty}^{\infty} y(t-\tau)\mathrm{e}^{-\mathrm{j}\omega(t-\tau)}\mathrm{d}t\mathrm{d}\tau$$

$$= X(\omega)Y(\omega)$$

例如，已知 $x(t)\rightleftharpoons X(f)$，那么 $x(6-2t)\rightleftharpoons \frac{1}{2}X(\frac{-f}{2})\mathrm{e}^{\mathrm{j}6\pi f}$，若 $x(t)$ 为例 1 的矩形，可得 $x(6-2t)\rightleftharpoons \frac{T}{2}S_a(\frac{\pi f T}{2})\mathrm{e}^{\mathrm{j}6\pi f}$。

三、几种常见典型信号的频谱

1．矩形窗函数

宽度 T_0，幅值高 x_0 的矩形窗函数频谱为

$$X(\omega) = x_0 T_0 \left(\frac{\sin\omega T_0/2}{\omega T_0/2}\right) = x_0 T_0 S_a(\omega T_0/2) \quad (2-31)$$

当时域信号被截取一段长度，则相当于原信号和矩形窗函数的乘积。对于与之相应的频域来说，是原信号的富氏变换与矩形窗函数的富氏变换的卷积。

2．单位冲激函数（δ 函数）

(1) $\delta(t)$ 函数的定义：$\delta(t)$ 函数定义为 $t=0$，面积为 1，宽度 b 趋向于零的极限函数。因此，从极限角度看

$$\delta(t) = \begin{cases} \infty & t = 0 \\ 0 & t \neq 0 \end{cases} \quad (2-32)$$

从面积角度看

$$\int_{-\infty}^{\infty} \delta(t)\mathrm{d}t = 1 \quad (2-33)$$

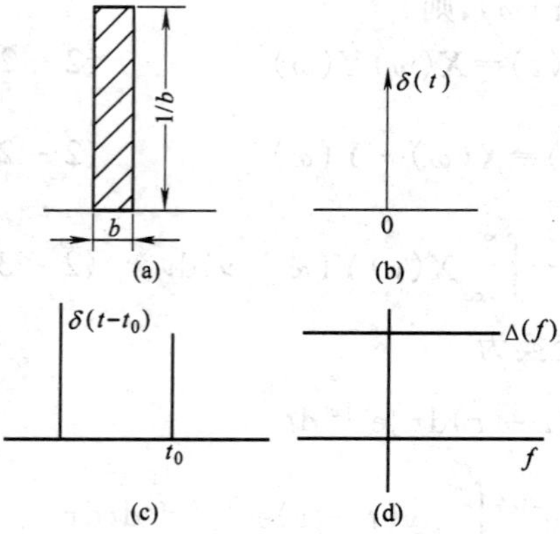

图 2－7　δ 函数

见图 2－7(a)，宽 b，高 $1/b$ 的矩形脉冲（也可以是三角、半正弦等面积为 1 的脉冲），当 $b \to 0$ 时的函数称为 $\delta(t)$ 函数。图 2－7(b) 中零点处的箭头表示 $\delta(t)$。

(2) 函数的筛选性质：当 $\delta(t)$ 乘以某函数 $x(t)$ 时，其值在 $t=0$ 时为 $x(0)\delta(t)$，而在其它点即 $t \neq 0$ 时，乘积为零。并得到乘积的积分

$$\int_{-\infty}^{\infty} x(t)\delta(t)\mathrm{d}t = x(0) \quad (2-34)$$

同样，$\delta(t-t_0)$ 表示 δ 函数在 $t=t_0$ 处有值，而在其它点 $t \neq t_0$ 处

等于零，见图 2 - 7(c)。因此得到

$$\int_{-\infty}^{\infty} x(t)\delta(t - t_0)\mathrm{d}t = x(t_0) \qquad (2-35)$$

由式(2－34)和(2－35)可以看到，$\delta(t)$ 及 $\delta(t-t_0)$ 函数的筛选性质。

(3)$\delta(t)$ 函数与其它函数的卷积

$$x(t) * \delta(t) = \int_{-\infty}^{\infty} x(\tau)\delta(t - \tau)\mathrm{d}\tau = x(t) \qquad (2-36)$$

$$x(t) * \delta(t - t_0) = \int_{-\infty}^{\infty} x(\tau)\delta(t - t_0 - \tau)\mathrm{d}\tau = x(t - t_0) \qquad (2-37)$$

由(2 - 37) 式可以看到 $x(t)$ 与 $\delta(t - t_0)$ 卷积的结果是将 $x(t)$ 函数移到单位冲激函数发生点 t_0 位置上。

(4)$\delta(t)$ 的频谱(富氏变换)

$\delta(t)$ 的富氏变换为 $\Delta(f)$

$$\Delta(f) = \int_{-\infty}^{\infty} \delta(t)\mathrm{e}^{-\mathrm{j}2\pi ft}\mathrm{d}t = 1, \text{即 } \delta(t) \rightleftharpoons 1$$

其逆变换

$$1 \rightleftharpoons \delta(f)$$

$\Delta(f) = 1$ 表示在所有频率段上是等强度的。即 $\delta(t)$ 具有无限宽广的频谱，称为理想白噪声。

根据富氏变换性质，可以得到

$$\left.\begin{array}{l} \delta(t) \rightleftharpoons 1; 1 \rightleftharpoons \delta(f) \text{ 或 } 1 \rightleftharpoons 2\pi\delta(\omega) \\ \delta(t - t_0) \rightleftharpoons \mathrm{e}^{-\mathrm{j}2\pi f t_0} \\ \mathrm{e}^{\mathrm{j}2\pi f_0 t} \rightleftharpoons \delta(f - f_0) \text{ 或 } \mathrm{e}^{\mathrm{j}\omega_0 t} \rightleftharpoons 2\pi\delta(\omega - \omega_0) \end{array}\right\} \qquad (2-38)$$

3. 正弦、余弦函数频谱

正弦及余弦函数不满足绝对可积条件，不能用式(2－12)求富氏变换，需引入 $\delta(t)$ 函数才能求富氏变换。

$$\sin\omega_0 t = \frac{\mathrm{j}}{2}(\mathrm{e}^{-\mathrm{j}2\pi f_0 t} - \mathrm{e}^{\mathrm{j}2\pi f_0 t})$$

$$\cos\omega_0 t = \frac{1}{2}(\mathrm{e}^{-\mathrm{j}2\pi f_0 t} + \mathrm{e}^{\mathrm{j}2\pi f_0 t})$$

由式(2-38)得

$$\sin 2\pi f_0 t \rightleftharpoons \frac{\mathrm{j}}{2}[\delta(f+f_0)-\delta(f-f_0)] \tag{2-39}$$

$$\cos 2\pi f_0 t \rightleftharpoons \frac{1}{2}[\delta(f+f_0)+\delta(f-f_0)] \tag{2-40}$$

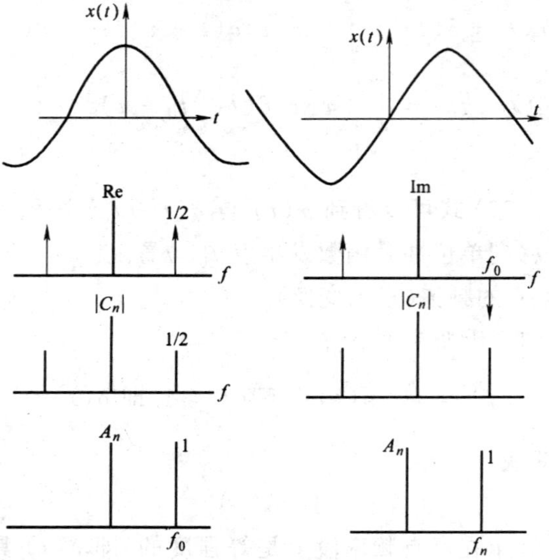

图 2-8　余弦、正弦频谱

正弦余弦的频谱图见图 2-8。

4. 单位阶跃函数 $u(t)$ 的频谱

单位阶跃函数为

$$u(t)=\begin{cases}1 & t>0\\ 0 & t<0\end{cases}$$

它的富氏变换为 $\int_0^{\infty}(\cos\omega t-\mathrm{j}\sin\omega t)\mathrm{d}t$，因此，不可积，必须先乘 $\mathrm{e}^{-\sigma t}$（σ 为大于零的实数），然后令 $\sigma\to 0$ 来求其富氏变换。

$\int_0^{\infty}e^{-\sigma t}(\cos\omega t-\mathrm{j}\sin\omega t)\mathrm{d}t$ 当 $\sigma\to 0$ 时，积分将收敛并得

$$U(\omega)=-\mathrm{j}/\omega(\omega>0)$$

第四节　拉氏变换简介

一些函数，如正弦函数、阶跃函数等并不是绝对可积的，因此无法直接求出它们的富氏变换式。另外，我们经常遇到的信号是从零开始的，对零之前（t 为负值）的信号并不需要研究。因此，可以采用拉氏变换。函数 $x(t)$ 的拉氏变换 $X(s)$ 定义为

$$X(s)=\int_0^{\infty}x(t)\mathrm{e}^{-st}\mathrm{d}t \tag{2-41}$$

式中 $s=\sigma+\mathrm{j}\omega$ 为复数域。上式中由于比富氏变换多乘了一个因子 $\mathrm{e}^{-\sigma t}$（σ 为实数，并为单侧积分）使得一些富氏变换不可积的函数，变成可积了。由于 s 域由实数 σ 和 $\mathrm{j}\omega$ 虚数组成，因此 $X(s)$ 式中，当 $s=\mathrm{j}\omega$，即 $\sigma=0$ 时的极限便是富氏变换 $X(\mathrm{j}\omega)$。

表 2-1 是一些典型函数的拉氏变换表。

表 2-1　拉氏变换表

$x(t)$	$LX(s)$	$x(t)$	$LX(s)$
$x(t-a)$	$\mathrm{e}^{-as}X(s)$	$\dfrac{t^{n-1}}{(n-1)!}$	$\dfrac{1}{S^n}$
$x(t)\mathrm{e}^{-at}$	$X(s+a)$	$\dfrac{1}{\tau}\mathrm{e}^{-\frac{a}{\tau}t}$	$\dfrac{1}{\tau s+a}$
$x(at)$	$\dfrac{1}{a}X(\dfrac{s}{a})$	$\sin\omega t$	$\dfrac{\omega}{s^2+\omega^2}$
$\dfrac{\mathrm{d}}{\mathrm{d}t}x(t)$	$sX(s)-X(0)$	$\cos\omega t$	$\dfrac{s}{s^2+\omega^2}$
$\dfrac{\mathrm{d}^2}{\mathrm{d}t^2}x(t)$	$s^2X(s)-sX(0)-X(0)$	$\mathrm{sh}\omega t$	$\dfrac{\omega}{s^2-\omega^2}$
$\int x(t)\mathrm{d}t$	$\dfrac{X(s)}{s}+\dfrac{f^{-1}(0)}{s}$	$\mathrm{ch}\omega t$	$\dfrac{s}{s^2-\omega^2}$
$\delta(t)$	1	$\mathrm{e}^{-at}\sin\omega t$	$\dfrac{\omega}{(s+a)^2+\omega^2}$
1	$\dfrac{1}{s}$	$\mathrm{e}^{-at}\cos\omega t$	$\dfrac{s+a}{(s+a)^2+\omega^2}$
t	$\dfrac{1}{s^2}$	$t\mathrm{e}^{-at}$	$\dfrac{1}{(s+a)^2}$

注：$\mathrm{sh}\omega t=\dfrac{1}{2}(\mathrm{e}^{\omega t}-\mathrm{e}^{-\omega t})$，$\mathrm{ch}\omega t=\dfrac{1}{2}(\mathrm{e}^{\omega t}+\mathrm{e}^{-\omega t})$。

当 $s = j\omega$ 时，便成为富氏变换。本章有关内容可参阅文献〔8〕。

习 题

1. 求周期方波振幅 x_0、周期 T 的频谱图。见图 2-9。

2. 求如图半波整流周期波的频谱图。见图 2-10。

3. 求指数函数 $x(t) = x_0 e^{-at} (a > 0, t \geqslant 0)$ 的富氏变换的频谱。

4. 求如图截断函数 $\cos\omega_0 t$ 的幅频谱，截断长度为 T_r，见图 2-11。

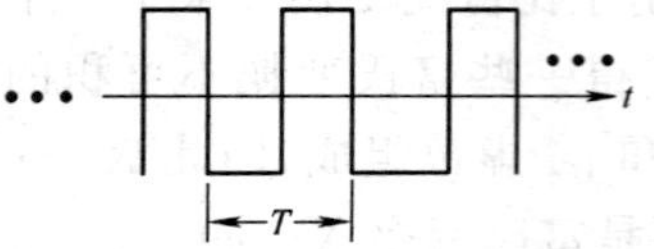

图 2-9

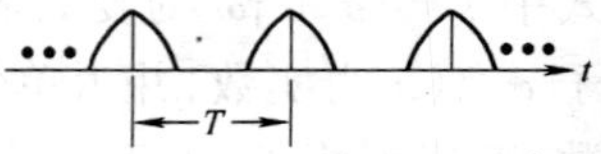

图 2-10

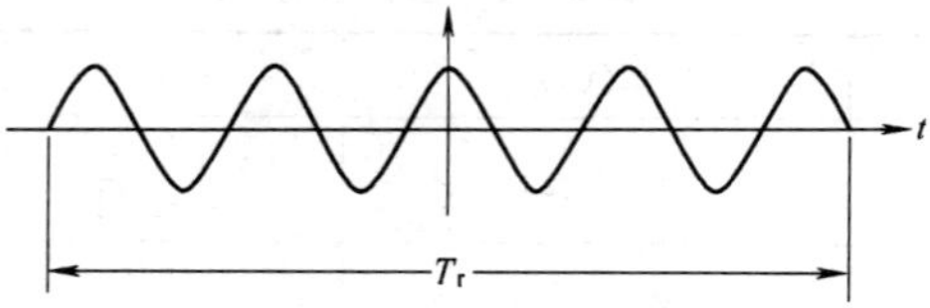

图 2-11

5. 求衰减振荡信号 $x(t) = e^{-at}\sin(\omega_0 t), a > 0$ 的频谱。

6. 求 $e^{-at} \cdot \frac{1}{2}(e^{\omega t} + e^{-\omega t}), a > 0$ 的频谱。

7. 周期信号幅频图纵坐标单位与非周期信号幅频图纵坐标单位有什么不同，它们与振幅单位有什么不同。

8. 已知 $x(t) \rightleftharpoons TS_a(\pi f T)$，求 $x(10 - 4t)$ 的富氏变换。

第三章　测试仪器静特性及误差

第一节　误差概述

一、误差定义

1. 示值及真值

示值：测量仪器所指示的测量值，称为示值。

真值：对于所要测量的量来说，其实际值（即客观值）就是真值。由于测量时总会产生误差，因此，真值一般是未知的。随着测量技术的提高，测量示值与真值之间的误差也会减小，但仍然存在，这就是误差公理。

2. 绝对误差

所测量的示值与真值之差称为绝对误差，若以 A 表示真值，x 表示测量示值，绝对误差 Δx 为

$$\Delta x = x - A \tag{3-1}$$

例如，一个物体长度的真值是100.00mm，测量示值为100.09mm，绝对误差为0.09mm，又如 $\pi = 3.14159$，如果取 $\pi = 3.14$，绝对误差为 -0.0016mm。

3. 相对误差

假若以 Δx 表示绝对误差，x 表示测量示值，A 表示真值，B 表示仪表这一档的测量范围中的最大值（量程值），则

(1)实际相对误差　$\gamma_a = \Delta x / A$　(3－2)

(2)示值相对误差　$\gamma_x = \Delta x / x$　(3－3)

(3)满度相对误差（引用误差）　$\gamma_0 = \Delta x / B$　(3－4)

当 $\Delta x / x$ 值不大时，$\gamma_a = \gamma_x$，一般相对误差大都用示值相对误差表示。满度相对误差又称引用误差，它是示值等于仪表的最大指示值时的相对误差，实际测量时，由于示值不可能都达到最大值，因此其相对误差总比满度误差大。使用这类仪表时，应该使示

值越接近最大值越好。一般电工仪表、热工仪表的精度等级 0.1、0.2、0.5、1.0、2.5、5.0 等,就是表示仪表的满度相对误差的百分数 0.1、0.2 等,由满度误差定义得到

$$\Delta x = \gamma_0 B$$

因此,示值相对误差为

$$\gamma_x = \Delta x / x = \gamma_0 B / x \qquad (3-5)$$

例如,用两块电压表测量电压,一块是 0.5 级 0~300V,一块是 1.0 级 0~100V,现在要测 90V 电压,可以得到

0.5 级表:$\gamma_x = 0.5\%(300/90) = 1.67\%$

1.0 级表:$\gamma_x = 1.0\%(100/90) = 1.11\%$

因此,用 1.0 级表误差小。

4. 真值

真值一般是较难得到的。但是,在下列三种情况下所得到的量值,可以认为是真值。

(1)计量学上规定的量值,如 1m 等于光在真空并在 1/299792458s 时间间隔内所经路径长;1kg 等于铂铱合金制造的国际千克原器的质量等。

(2)一些理论计算值,如自身除自身为 1,平面三角形三角和等于 180°等。

(3)对于测量仪器或低一级标准量具,假设高一级量具或仪器的总不确定度(误差)为低一级量具或仪器总不确定度的 1/10(至少 1/5)那么,后者量值可认为是前者的真值(又称参考或相对真值)。

二、误差分类

误差一般分为随机误差(偶然误差)、系统误差及粗大误差(疏失误差)三类。

1. 随机误差

随机误差是由一些未被掌握的原因所引起的测量误差。当测量次数较多时,测量值围绕平均值周围波动,表现为小误差出现的概率比大误差多,正负误差出现的概率相同,所有误差的总和将随

测量次数增多而趋于零。一般随机误差服从正态分布或 t 分布。

2. 系统误差

误差变化是有一定的规律的，如误差的符号保持一定，误差的大小及符号按某一规律（如正弦函数、上升函数）变化，它一般是由以下原因引起的：

（1）仪表及工具本身的误差：包括标准量具误差（量块、标准电池、标准电阻等），仪器仪表误差（如刻度、指示、摩擦、灵敏度变动等误差），附属件误差（包括连接导线和接触电阻等）。

（2）环境误差：包括温度变化，气压或湿度变化，电磁场或射线影响，电压的变化，振动等产生的误差。

（3）调整安装误差：包括安装不良，水平找不准，布置不当，零点调整不好等原因引起的误差。

（4）方法及计算误差：包括测量方法不当，测量理论不正确，计算不当等。

（5）人员误差：测量人员的技术水平，习惯引起的误差。

3. 粗大误差

由于测量人员粗心大意或由于测量过程中偶然出现的环境大幅度瞬时变动产生的，后者如电压突然大幅度降低，温度大幅度变化。

三、精度（精确度）、精密度及准确度

精密度（Precision）表示示值的分散程度，表现为示值在平均值左右波动，其波动的大小反映了随机误差的大小，随机误差小则精密度高。

准确度（Bias）表示示值的均值的准确程度，均值与真值相差越大，准确度越低，系统误差越大。

精度（Accuracy）又称精确度，表示了精密度及准确度的综合结果，精度越高说明精密度与准确度都高。精度用总不确定度表示其大小。图 3－1(a)、(b)、(c)表示打靶记录，其中(a)是精密度高但准确度不高，(b)表示准确度还可以但精密度低，(c)表示两者皆高即精度（精确度）高，图3－1(d)表示测量条件相同情况下测量某一长度A(真值)，$\bar{x}$ 为示值的平均值，E 为示值在 $\bar{x}$ 左右波动的范围即精密度高低，一般服从正态分布。$\bar{x}$ 与 A 之差 ε 大小表示了准确度的高低。从误差来说，E 代表了随机误差的不确定度，ε 代表了系统误差。

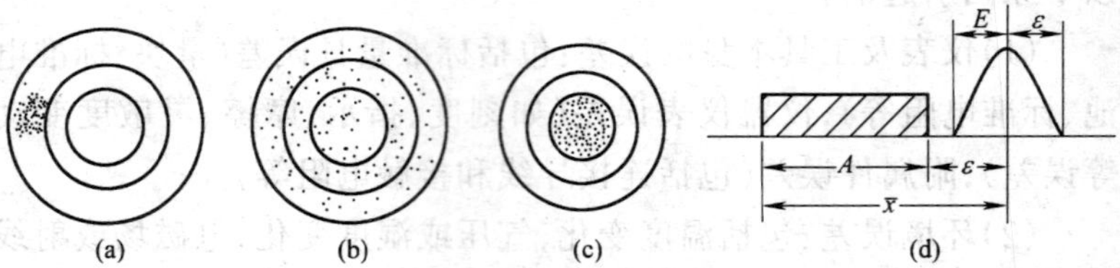

图 3-1　精确度与误差

第二节　随机误差

一、随机误差的数字特征

随机误差服从一定的分布规律，在分析时认为随机误差服从正态分布或 t 分布。离散随机变量的数字特征主要有以下几种。

1. 算术平均值(样本均值)

假若有 n 个测量值 $x_1, x_2, x_3, \cdots, x_n$，其算术平均值为

$$\bar{x} = \sum_{i=1}^{n} x_i / n \tag{3-6}$$

2. 标准差(根均方差，样本标准差)

令 $$V_i = x_i - \bar{x} \tag{3-7}$$

V_i 称为残差。

样本标准差为(Bessel 公式)

$$\sigma = \sqrt{\sum_{i=1}^{n} V_i^2 / (n-1)} \tag{3-8}$$

为便于计算，可令 L 为均值 $\bar{x}$ 的四舍五入值，也可为任意整数值。

令　$U_i = x_i - L$

这时标准差为

$$\sigma = \sqrt{[\Sigma U_i^2 - (\Sigma U_i)^2 / n] / (n-1)} \tag{3-9}$$

3. 最小标准差 σ_{min} 与灵敏阈 H 关系

(1)灵敏阈及分辨率：仪表的最小示值称为分辨率，一般分辨率约为最小刻度值的1/3。在起始位置(零位)使示值产生微小变动的输入量(感度)称为灵敏阈。

(2)若灵敏阈为 H，那么在 $-H/2$ 及 $H/2$ 的区间内仪器不显示示值。

通过均匀分布理论得到灵敏阈 H 与最小标准差 σ_{min} 的关系如下：

$$\sigma_{min} \geqslant H/\sqrt{3} = 0.58H \qquad (3-10)$$

例如，用某仪器测量长度，测量五次，每次都是123.5mm，仪器的最小刻度为0.1mm，若取 $H = 0.05$mm，这时 $\sigma_{min} = 0.03$mm。

4. 均值 $\bar{x}$ 的标准偏差 $\sigma_{\bar{x}}$

由于 $\sigma_{\bar{x}}^2 = \sigma^2[\bar{x}] = \sigma^2[\Sigma x_i/n] = \Sigma\sigma^2[x_i]/n^2 = \sigma^2/n$

因此，均值标准偏差为

$$\sigma_{\bar{x}} = \sigma/\sqrt{n} \qquad (3-11)$$

上式表明，随次数 n 增加，$\sigma_{\bar{x}}$ 将减少。但是当 n 超过20时，$\sigma_{\bar{x}}/\sigma$ 减少趋势变缓。因此，一般测量次数 n 不超过20次。

例1 测量示值如下，求均值 $\bar{x}$ 及 σ、$\sigma_{\bar{x}}$。

	x_i	$L = 20.40$ $U_i = x_i - L$	U_i^2
1	20.42	0.02	0.0004
2	20.43	0.03	9
3	20.40	0	0.0
4	20.43	0.03	9
5	20.42	0.02	4
6	20.43	0.03	9
7	20.39	−0.01	1
8	20.30	−0.10	0.0100
9	20.40	0	0
10	20.42	0.02	4
Σ	204.04	0.04	0.0140

均值 $\bar{x} = 20.404$

$\sigma = 0.039$

$$\sigma_{\bar{x}} = 0.039/\sqrt{10} = 0.0123$$

二、正态分布及 t 分布

1. 正态分布(Gauss 分布)

当测量次数较多时(等精度测量),例如 $n = 150$ 次,测量示值有 150 个,其变动范围为 7.31 ～ 7.42,其平均值为 $\bar{x} = 7.36$,假若在变动范围内按间隔 $\Delta x = 0.01$ 等分,在某 Δx_i 内测量值出现的次数为 N_i,令 N_i/n 为在该区间内出现的概率,测量示值 x_i、N_i、N_i/n 如下:

x_i	N_i	N_i/n	$V_i = x_i - \bar{x}$
7.31	1	−0.007	−0.05
7.32	3	0.020	−0.04
7.33	8	0.058	−0.03
7.34	18	0.120	−0.02
7.35	28	0.187	−0.01
7.36	34	0.227	0
7.37	29	0.193	0.01
7.38	17	0.113	0.02
7.39	9	0.060	0.03
7.40	2	0.013	0.04
7.41	1	0.007	0.05
Σ	$n = 150$	1.000	0.00

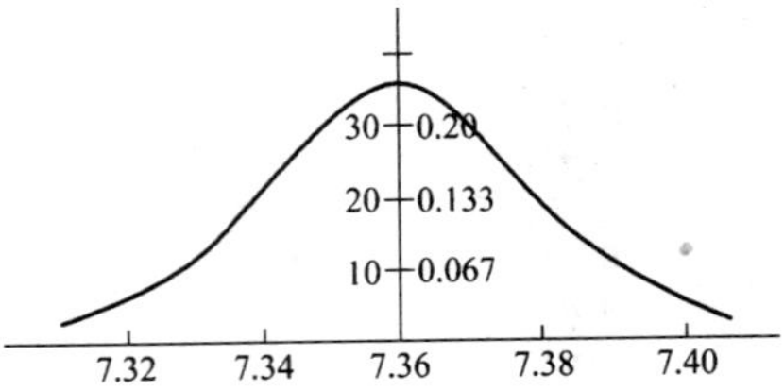

图 3－2　正态分布

N_i 或 N_i/n 与 x_i 关系曲线见图 3－2。一般对于等精度测量来说该曲线服从正态分布,它的概率密度函数 $p(x)$ 为

$$p(x) = \frac{1}{\sigma\sqrt{2\pi}}\exp\left[-\frac{(x-\mu)^2}{2\sigma^2}\right] \tag{3-12}$$

式中 μ 为总体均值,σ 为总体标准差。假若式中 $\mu = 0$、$\sigma = 1$,称为标准正态分布,它的概率密度 $\varphi(Z)$ 为

$$\varphi(Z)=\frac{1}{\sqrt{2\pi}}\exp\left(-\frac{Z^2}{2}\right) \tag{3-13}$$

标准正态的分布函数为

$$\Phi(Z)=\int_0^Z \varphi(Z)\mathrm{d}Z \tag{3-14}$$

令

$$\operatorname{erf}(Z)=2\Phi(Z) \tag{3-15}$$

$\operatorname{erf}(Z)$ 称为误差函数，可查表 3－1。其意义是在 $\pm Z\sigma$ 的范围内，$(x_i-\bar{x})$ 出现的概率总和，或是误差出现的概率总和。

假若不是标准正态分布，只要令

$$(x-\mu)/\sigma=Z$$

仍然可以利用表 3－1 求得 $\operatorname{erf}[(x-\mu)/\sigma]$ 值。

一般称 Z 为置信系数，$Z\sigma$ 称为置信限，其对应的 $\operatorname{erf}(Z)$ 就是置信概率，用 P_c 表示，可得到

$$P_c=\operatorname{erf}(Z)=1-\alpha$$

或
$$\alpha=1-P_c=1-\operatorname{erf}(Z) \tag{3-16}$$

式中 α 称为显著水平，由图 2－2 可知，P_c 就是该 $\pm Z\sigma$ 组成的区间（置信区间）范围内曲线面积。

2．t 分布（Student 分布）（W.S.Gosset）

有限次测量，只能求得 $\bar{x}$ 及样本标准差，这时将服从 t 分布，其概率密度函数

$$p(t\nu)=\frac{\Gamma[(\nu+1)/2]}{\sqrt{\nu\pi}\,\Gamma(\nu/2)}(1+t^2/\nu)^{-(\nu+1)/2} \tag{3-17}$$

式中 $\nu=n-1$ 称为自由度。

分布函数
$$P_c=\int_{-t}^{t} p(t、\nu)\mathrm{d}t \tag{3-18}$$

式(3－18)积分值可查表 3－2。

表中的 $\nu=n-1$ 为自由度，$\alpha=1-P_c$ 为显著水平，t 值为置信系数。

表 3-1　erf(Z)误差函数

Z	erf(Z)	Z	erf(Z)	Z	erf(Z)	Z	erf(Z)
0.0	0.0000	0.8	0.5763	1.7	0.9109	2.5	0.9876
0.1	0.0797	0.9	0.6319	1.8	0.9281	2.58	0.9901
0.2	0.1585	1.0	0.6827	1.9	0.9426	2.6	0.9907
0.3	0.2358	1.1	0.7287	1.96	0.9500	2.7	0.9931
0.4	0.3108	1.2	0.7699	2.0	0.9545	2.8	0.9949
0.5	0.3829	1.3	0.8064	2.1	0.9643	2.9	0.9963
0.6	0.4515	1.4	0.8385	2.2	0.9722	3.0	0.9973
0.674	0.5000	1.5	0.8664	2.3	0.9786	3.5	0.9995
0.7	0.5161	1.6	0.8904	2.4	0.9836	4.0	0.99994

表 3-2　*t* 值

ν \ α	0.01	0.05	ν \ α	0.01	0.05	ν \ α	0.01	0.05
1	63.66	12.71	11	3.11	2.20	21	2.83	2.08
2	9.93	4.30	12	3.06	2.18	22	2.82	2.07
3	5.34	3.18	13	3.01	2.16	23	2.81	2.07
4	4.60	2.78	14	2.98	2.14	24	2.80	2.06
5	4.03	2.57	15	2.95	2.13	25	2.79	2.06
6	3.01	2.45	16	2.92	2.12	30	2.75	2.04
7	3.50	2.36	17	2.90	2.11	40	2.70	2.02
8	3.36	2.31	18	2.88	2.10	60	2.66	2.00
9	3.25	2.26	19	2.86	2.09	120	2.62	1.98
10	3.17	2.23	20	2.85	2.09	∞	2.58	1.96

三、随机误差不确定度(测量结果的区间估计)

等精度测量 n 次,假若已知总体标准差 σ^* 及均值 μ,那么测量结果用 $\bar{x}$ 表示,服从 $N(\mu、\sigma^*/\sqrt{n})$ 正态分布,其差值 $(\bar{x}-\mu)\sqrt{n}/\sigma^*$ 服从 $N(0、1)$ 标准正态分布,那么置信概率

$$P[\,|(\bar{x}-\mu)\sqrt{n}/\sigma*\,| < Z] = 1-\alpha = P_c$$

因此,在一定置信概率 P_c 下,得到

$$|(\bar{x}-\mu)| < Z\sigma^*/\sqrt{n}$$

$\bar{x}$ 的置信区间为

$$E_{\bar{x}} = Z\sigma/\sqrt{n} = Z\sigma_{\bar{x}} \qquad (3-19)$$

上式是在 $n\to\infty$ 时，$\sigma=\sigma^*$，$\sigma_{\bar{x}}=\sigma/\sqrt{n}$ 条件下得到的。由于 $\bar{x}$ 也是随机变量，因此 $E_{\bar{x}}$ 代表的波动范围，又称为不确定度（Uncertainty）。对于服从正态分布的随机误差来说，它就是随差不确定度。当 $P_c=0.99$ 时，$Z=2.58$；$P_c=0.997$ 时，$Z=3.0$。这时

$$E_{\bar{x}}=3\sigma/\sqrt{n} \tag{3-20}$$

对于某一次单个测量值来说，它的不确定度为

$$E_x=Z\sigma=3\sigma \tag{3-21}$$

等精度有限次测量，并由此求得 $\bar{x}$ 及 σ，那么 $(\bar{x}-\mu)\sqrt{n}/\sigma$ 服从 $t(\nu)$ 分布，置信概率

$$P_c=1-\alpha=P[\,|(x-\bar{x})\sqrt{n}/\sigma|<t\,]$$

在一定的置信概率 P_c 下，得到 $\bar{x}$ 的置信区间为

$$E_{\bar{x}}=t\sigma/\sqrt{n}=t\sigma_{\bar{x}} \tag{3-22}$$

对于某一次测量来说

$$E_x=t\sigma \tag{3-23}$$

t 值可查表 3-2。

以例 1 为例来求不确定度。由于已知 $\bar{x}=20.404$，$\sigma=0.039$，查表 3-2，当 $\alpha=0.01$ 时，$t=3.25$，因此

$$E_{\bar{x}}=3.25\sigma/\sqrt{n}=0.040$$

若按正态分布，取 $Z=3$ 得到 3σ 及 $E_{\bar{x}}=0.037$。又若在 3-2 表中取，$\alpha=0.05$，$t=2.53$，这时 $E_{\bar{x}}=0.032$。

不确定度及误差的有效数字位数一般取 2～3 位。均值的有效数字位数可以比示值多一位。

四、粗差剔除原则

测量时由于粗心大意或环境的瞬时大幅度变动，使之产生粗差。目前，一般按下述准则剔除粗差。总的原则是，在测量值中找出一个可疑值 x_d，当它的残差绝对值

$$|V_d|=|x_d-\bar{x}| \tag{3-24}$$

大于某一值时，可以认为是粗差，予以剔除。

1. Chauvenet(肖维纳)准则

当
$$|V_d| > K_c\sigma \tag{3-25}$$
时，与 V_d 对应的 x_d 应剔除。K_c 查表 3-3。

它的证明是 $P[|Z\sigma| > K_c\sigma] = 1 - \text{erf}(K_c)$，这时可按四舍五入原则舍去，因此得到 $\text{erf}(K_c) = 1 - n/2$。

2. Grubbs(格拉布斯)准则

当
$$|V_d| > K_g\sigma \tag{3-26}$$
时，x_d 为粗差，并可剔除。K_g 值可查表 3-3 得到。

其原则是将测量值排列成 $x_1 \leqslant x_2 \leqslant x_3 \cdots \leqslant x_n$

令 $(x_i - \bar{x})/\sigma = G$，可求得其概率分布密度 $F(G)$。在一定 α 下，使 $P[G > K_g] = 1 - \alpha$，可求得 K_g。

表 3-3　K_c、K_g 值

n	K_c	K_g (α=0.01)	K_g (α=0.05)	n	K_c	K_g (α=0.01)	K_g (α=0.05)	n	K_c	K_g (α=0.01)	K_g (α=0.05)
3	1.38	1.15	1.15	12	2.03	2.55	2.29	21	2.26	2.91	2.58
4	1.53	1.49	1.46	13	2.07	2.61	2.33	22	2.28	2.94	2.60
5	1.65	1.75	1.67	14	2.10	2.66	2.37	23	2.30	2.96	2.62
6	1.73	1.94	1.82	15	2.13	2.70	2.41	24	2.31	2.99	2.64
7	1.80	2.10	1.94	16	2.15	2.74	2.44	25	2.33	3.01	2.66
8	1.86	2.22	2.03	17	2.17	2.78	2.47	30	2.39	3.10	2.74
9	1.92	2.30	2.11	18	2.20	2.82	2.50	40	2.49	3.24	2.87
10	1.96	2.41	2.18	19	2.22	2.85	2.53	50	2.58	3.34	2.96
11	2.00	2.48	2.24	20	2.24	2.88	2.56	100	2.81		

3. K 粗略估计

当 $n \leqslant 10$ 时，取 $K = 2$；当 $n > 30$ 时，取 $K = 3$；$10 < n < 30$ 时，取 $K = 2.5$。

以例 1 为例，$|V_g| = |x_g - \bar{x}| = |20.30 - 20.404| = 0.104$，$\sigma = 0.039$。$\alpha = 0.01$ 时，$K_c = 1.96$；$K_g = 2.41$，可得 $K_c\sigma = 0.077$，

$K_g\sigma = 0.094$，$2\sigma = 0.078$。因此，$x_g = 20.30$ 可以剔除，剔除后，再计算 $\bar{x}$ 及 σ 得 $\bar{x} = 20.416$，$\sigma = 0.015$。

由 $\alpha = 0.01$ 查得 $t = 3.36$，因此不确定度 $E_{\bar{x}} = t\sigma/\sqrt{n} = 0.017$

若按正态分布估计，那么 $E_{\bar{x}} = 2.58\sigma/\sqrt{n} = 0.013$。测量结果表示为 20.416 ± 0.017 或 20.416 ± 0.013。

第三节　系统误差

一、系统误差的定义

某长度 A（见图 3－1），经多次测量，其示值在 $\bar{x}$ 周围波动，服从 t 分布，图中 $\pm E_{\bar{x}}$ 为 $\bar{x}$ 的不确定度。系差 ε 为

$$\varepsilon = \bar{x} - A \qquad (3-27)$$

随机误差反映了示值在均值上下波动（离散）程度，系统误差反映了测量结果 $\bar{x}$ 的正确程度，因此，衡量测量的好坏，需要用两个测量标准，前者为精密度，后者为准确度，两者总和称为精确度。同时，由图得到

$$\Delta x = x_i - A = \varepsilon + V_i \qquad (3-28)$$

因此，实际误差等于系统误差加随机误差（残差）。

二、测量仪器的校准

测量仪器可以通过测量标准量具，如量块、砝码、线纹尺、模拟标准应变，或通过与标准仪器（不确定度是测量仪器的 1/5）同测一量的方法进行校准，这时，标准量具或标准仪器示值，可以作为真值。系差 ε 为

$$\varepsilon = \bar{x} - A$$

例 1　用标准量块 A = 870.00mm 对测长仪进行校准，共八次，测长仪示值如下：

n	x_i	$V_i = x_i - \bar{x}$	V_i^2
1	872.2	0	0
2	2.0	−0.2	0.04
3	2.2	0	0
4	2.1	−0.1	0.01
5	2.3	0.1	0.01
6	2.4	0.2	0.04
7	2.1	−0.1	0.01
8	2.3	0.1	0.01
Σ	6977.6	0	0.12

x：均值 $\bar{x}$ = 872.20mm。

系差

$$\varepsilon = \bar{x} - A = 2.20\text{mm}$$

随差的标准差

$$\sigma = \sqrt{\Sigma V_i^2/(n-1)} = 0.13$$

随差不确定度

$$E_\varepsilon = t\sigma/\sqrt{n} = 0.16$$

因此,系差及变动范围为 2.20 ± 0.16mm。

例 2 被校准仪器与精确度比之高一个数量级的精确仪器同时测某一量,测量结果各为 x_i 及 A_i:

n	X_i	A_i	$\varepsilon_i = X_i - A_i$	$V_i - \varepsilon_i - \varepsilon$	V_i^2
1	1009.2	1010.46	−1.26	0.04	0.0016
2	2	47	−1.27	0.03	9
3	1	46	−1.36	−0.06	36
4	2	47	−12.7	0.03	9
5	3	48	−1.18	0.12	144
6	1	47	−1.37	0.07	49
7	0	46	−1.46	0.16	256
8	3	48	−1.18	−0.12	144
9	1	47	−1.37	−0.07	49
10	2	48	−1.28	0.02	4
Σ			−13.00	0	0.0716

可求出确定系差 $\varepsilon = 1.30$, $\sigma = \sqrt{0.0716/9} = 0.089$,不确定度 $E_\varepsilon = 3.25 \times 0.089/\sqrt{10} = 0.091$。

三、变动系差的不确定度

前面叙述的系差及测量仪器的校准都指的是恒定系差。但是,有很多系差是变动的。例如温度使量块产生热胀冷缩,当恒温时,量块长度误差是恒定的,但温度变动时或温度值未知时,它的误差是变动的或是未知的。同样,温度使仪器产生零漂并使灵敏度(增益)发生变动,当温度未知时,其变动也是未知的。再如仪器的增益与频率有关,但当频率未知时,其增益变动也是未知的。其它如分度误差,非线性误差等,其系差也较难确定。对于这些变动系差,在使用条件下,如在使用温度和量程范围内,通过实验,可以求出系差变动上限 ε_b 及下限 ε_a。采用对称处理法,可求得恒定系

差 ε 及系差变动不确定度 e，即

$$\varepsilon = (\varepsilon_b + \varepsilon_a)/2 \tag{3-29}$$

$$e = \pm (\varepsilon_b - \varepsilon_a)/2 \tag{3-30}$$

系差变动范围为

$$\varepsilon \pm e$$

例如某仪器温度变动范围在 -20～40℃ 内，零漂变动为 -0.6～1.2。可以得到恒定系差 ε 及系差不确定度 e 为

$$\varepsilon = (\varepsilon_b + \varepsilon_a)/2 = 0.3$$

$$e = \pm (\varepsilon_b - \varepsilon_a)/2 = \pm 0.9$$

恒定系差 ε 在以后测量时作为修正值，即真值

$$A = \bar{x} - \varepsilon \tag{3-31}$$

系差不确定度 e 用于估算总不确定度。

第四节 测量误差总和

一、非正态分布

实际上变动系差并不一定服从正态分布或 t 分布，因此，进行误差总和时，首先应该了解各种测量误差的分布规律，但是，一般不可能对各种测量误差都做大量实验，以求出它们的分布规律。目前在总和时，一般认为随机误差服从正态分布，变动系差服从均匀分布，按上述分布总和求出的总不确定度偏保守些。若要求精确总和可将变动系差按几种常见的分布近似后，再求总不确定度。

常见的分布如下（见图 3-3）。

1. 均匀分布

均匀分布就是等概率分布，又称矩形分布，它的概率密度函数为

$$p(x) = e/2 \tag{3-32}$$

它的期望为零

方差 $\sigma^2 = e^2/3$ 或 $\sigma = e/\sqrt{3}$ (3-33)

四阶中心矩 $M = e^4/5$

分布	图形	K_i	σ_i	C_i
正态	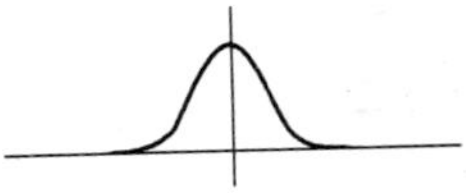	$3\sim2.6$	$e/3\sim e/2.6$	0
三角	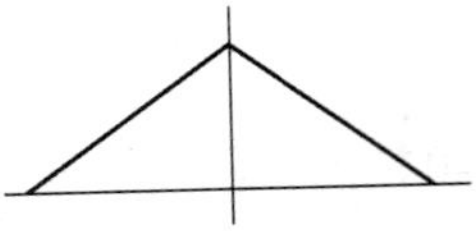	$\sqrt{6}$	$e/\sqrt{6}$	0.6
椭圆	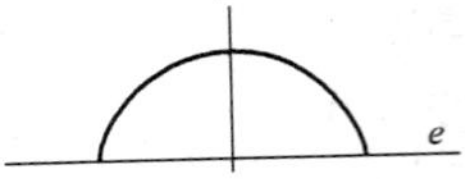	2	$e/2$	1.0
均匀	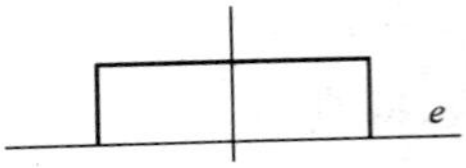	$\sqrt{3}$	$e/\sqrt{3}$	1.2
反正弦	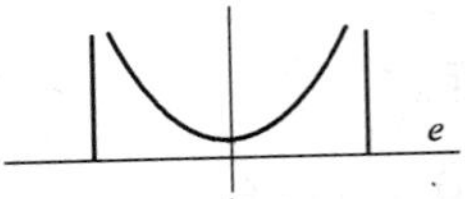	$\sqrt{2}$	$e/\sqrt{2}$	1.5
双三角	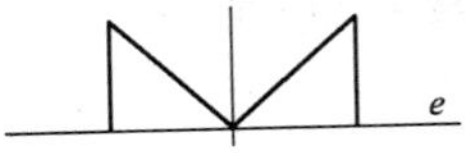	$\sqrt{2}$	$e/\sqrt{2}$	1.67

图 3－3　典型误差分布

峭度系数　$K_r = M/(\sigma^2)^2 = 1.8$

峰态系数　$C = 3 - K = 1.2$　　(3－34)

服从这类分布的系差很多，像舍入误差，间隙误差、基线尺滑轮摩擦力引起误差、分度误差、调零不准误差等。

2. 三角形分布

三角分布　概率密度函数

$$p(x) = \begin{cases} e + x/e^2 & -e \leqslant x \leqslant 0 \\ e - x/e^2 & 0 \leqslant x \leqslant e \end{cases} \tag{3-35}$$

$$\sigma = e/\sqrt{6} \tag{3-36}$$

$$M = e^4/15, C = 0.6 \tag{3-37}$$

一般来说，二均匀分布合成便是三角分布，激光测长也服从三角分布。

3. 椭圆分布

椭圆分布概率密度函数

$$p(x) = 2\sqrt{e^2 - x^2}/(\pi e^2) \qquad |x| < e \tag{3-38}$$

$$\sigma = e/2 \tag{3-39}$$

$$M = e^4/8, C = 1.0 \tag{3-40}$$

4. 反正弦分布

反正弦分布概率密度函数

$$p(x) = (\pi\sqrt{e^2 - x^2})^{-1} \tag{3-41}$$

$$\sigma = e/\sqrt{2} \tag{3-42}$$

$$M = 3e^4/8, C = 1.5 \tag{3-43}$$

度盘偏心引起的角度误差，简谐振动点的偏差分布都服从反正弦分布。

二、直接测量误差总和[12][13]

根据上述分析，误差可以分为恒定系差及不确定误差两大部分。后者包含服从正态分布（t 分布）的随机误差（随差不确定度）及变动系差（系差不确定度）。在总和时，对这两大部分误差也应分别对待。

1. 恒定系差总和

假设有 r 个恒定系差 $\varepsilon_i(i = 1,2\cdots r)$，总恒定系差

$$\varepsilon = \sum_{i=1}^{r} \varepsilon_i \tag{3-44}$$

上式表明，总恒定系差为各恒定系差的代数和。

2. 不确定度总和

假设随机误差不确定度的标准差及变动系差的不确定度标准差为 σ_i，各自置信因子为 K_i，不确定度为 e_i，可得到

$$K_i = e_i/\sigma_i$$

$$\sigma_i = e_i/K_i \tag{3-45}$$

总和后的不确定度为 Δ，置信因子为 K_α，标准差为 σ，同样可得

$$\sigma = \Delta/K_\alpha \tag{3-46}$$

当各误差互相独立不相关时

$$\sigma^2 = \Sigma\sigma_i^2 \tag{3-47}$$

因此总不确定度

$$\Delta = K_\alpha\sqrt{\Sigma\sigma_i^2} \tag{3-48}$$

式中 K_α 与 C_α 有关，其中

$$C_\alpha = \Sigma(C_i\sigma_i^4)/(\Sigma\sigma_i^2)^2 \tag{3-49}$$

σ_i^2 及 C_i 为各误差的方差及峰态系数，K_α 可查表 3－4。

表 3－4　K_α 表

C_α \ α	0.01	0.05	0.003
0	2.58	1.96	3.00
0.1	2.52	1.95	2.91
0.2	2.45	1.94	2.82
0.3	2.39	1.93	2.70
0.4	2.33	1.92	2.58
0.5	2.26	1.91	2.46
0.6	2.20	1.90	2.34
0.7	2.14	1.87	2.25
0.8	2.08	1.84	2.16
0.9	2.00	1.80	2.07
1.0	1.91	1.76	1.98
1.1	1.81	1.71	1.86
1.2	1.71	1.65	1.74
1.3	1.61	1.57	1.62
1.4	1.51	1.49	1.53
1.5	1.41	1.41	1.41

由于 C_α 及 K_α 计算较复杂，因此可用下列方法简化：

(1) 高斯法。该法认为多个不确定度总和后，总不确定度近似服从正态分布。

对于 $P_c = 0.99, K_\alpha = 2.6$，得到

$$\Delta = K_\alpha\sqrt{\sum\sigma_i^2} = 2.6\sqrt{\sum\sigma_i^2} \tag{3-50}$$

式中，$\sigma_i = e_i/K_i$ 为各个不确定度的标准差。

(2)正态分布法。认为所有不确定度都服从正态分布，因此得到

$$\Delta = \sqrt{\sum e_i^2} \tag{3-51}$$

式中 e_i 的不确定度包含随差不确定度和系差不确定度。该法总和简单，但结果偏小。

(3)系差均匀分布总和法。认为系差都服从均匀分布,随差服从正态分布

$$\Delta = K_\alpha \sqrt{\sum e_i^2/3 + \sum \sigma_{Ni}^2} \qquad (3-52)$$

式中, e_i 为系差不确定度,σ_{Ni} 为各随差标准差。当 $P_c = 0.99$ 时,$K_\alpha = 2.6$。

例1 用测力传感器(应变计式)应变仪及记录仪测量轧制力,测量前先将传感器放在材料试验机上标定,然后放在压下螺丝及轧辊轴承座间测轧制力,若测量10次,其结果 X_i 如下。另外,已知300kN材料试验机误差±0.5% FS(反正弦分布),温度变动零漂 −1～3kN(均匀分布);非线性误差(三角分布)包含传感器±0.2%,应变仪±0.2%,记录仪±1.0%;其它误差±0.5%(均匀分布)。求轧制力及其不确定度。
(P_c =0.99)

n	X_i/kN	$L = 253$ $U_i = X_i - L$	U_i^2
1	255	2	4
2	258	5	25
3	259	6	36
4	252	−1	1
5	235	−18	324
6	257	4	16
7	250	−3	9
8	260	7	49
9	255	2	4
10	251	−2	4
Σ	2532	2	472
ⅡΣ	2297	20	148

分布	e_i	K_i	σ_i^2	C_i	$C_i\sigma_i^4$
正态分布	3.12	2.6	1.44	0	0
均匀分布	2.0	$\sqrt{3}$	1.33	1.2	2.133
均匀分布	1.28	$\sqrt{3}$	0.55	1.2	0.358
反正弦分布	1.5	$\sqrt{2}$	1.125	1.5	1.90
三角分布	0.51	$\sqrt{6}$	0.0434	0.6	0.001
三角分布	0.51	$\sqrt{6}$	0.0434	0.6	0.001
三角分布	2.55	$\sqrt{6}$	1.08	0.6	0.705
总　　和			5.612		5.097

首先估计随差不确定度。求得

$\bar{x}=253.2$；$\sigma=\sqrt{[\sum U_i^2-(\sum U_i)^2/n]/(n-1)}=7.24$

检查 x_s 的残差 $V_s=|x_s-\bar{x}|=18.2$，由于 $K_g=2.41$ 或 $K_c=1.96$，$K\sigma$ 分别为 17.4 或 14.2，因此剔除 x_s。剔除后 $\bar{x}=255.2\text{kN}$，$\sigma=\sqrt{(148-20^2/9)/8}=3.60\text{kN}$，$\sigma_{\bar{x}}=\sigma/\sqrt{n}=1.20\text{kN}$。

温度变动零漂引起的恒定系差 $\varepsilon_0=\frac{1}{2}(e_b+e_a)=1.0\text{kN}$，不确定度 $e_0=\pm(e_b-e_a)/2=\pm 2\text{kN}$。

各相对误差换成绝对误差有 $0.5\%F_s=0.5\%\times 300=1.5\text{kN}$，其他相对误差皆乘 $\bar{x}$ 得 $0.2\%\bar{x}=0.51\text{kN}$，$0.5\%\bar{x}=1.28\text{kN}$，$1\%\bar{x}=2.55\text{kN}$。

总不确定度 $\Delta=K_\alpha\sqrt{\sum\sigma_i^2}=K_\alpha\sqrt{5.61}$，若按 Gauss 法，$P_c=0.99$，估算 $\Delta=2.6\sqrt{5.61}=6.16\text{kN}$。精确求时 $C_\alpha=[(\sum C_i\sigma_i^4)/(\sum\sigma_i^2)^2]=5.10/5.61^2=0.16$，由表 3－4 查得 $K_\alpha=2.48$，因此 $\Delta=2.48\sqrt{5.61}=5.88\text{kN}$。假设各系差不确定度都服从均匀分布，这时总不确定度

$$\Delta=2.6\sqrt{8.35^2/3+1.20^2}=6.58\text{kN}$$

假若都按正态分布总和，即

$$\Delta=\sqrt{\sum e_i^2}=4.96\text{kN}$$

测量结果 $A=\bar{x}-\varepsilon_0=254.2\text{kN}$

由上述各值可以看到，各系差按均匀分布总和稍偏保守，按正态分布总和则偏小，按 Gauss 方法总和最接近精确值。

测量结果可写成　$254.2\pm 5.9\text{kN}$

例 2　用自动测厚仪测某厚度，测前先用标准量块 $2000\pm 2\mu\text{m}$（三角分布）校准测厚仪，测厚仪 6 次示值 Y 如左下表所示。然后再用测厚仪测某厚度 7 次，示值 X 如右下表所示。仪器零漂 $-2\sim 6\mu\text{m}$（均匀分布），灵敏度误差 $\pm 0.2\%$（均匀分布），非线性误

差±0.1%（椭圆分布），读数误差±1.0μm（反正弦分布），其它误差±4.0μm（均匀分布）。求厚度值及其不确定度。

n	$y_i/\mu m$	$L=2012$ $U_i=y_i-L$	U_i^2
1	2012	0	0
2	2011	−1	1
3	2013	1	1
4	2014	2	4
5	2011	−1	1
6	2012	0	0
Σ	12075	1	7

$\bar{y}=2012.17$

$\varepsilon=12.2\mu m$

$$\sigma_{\bar{y}}=\sqrt{\frac{7-\frac{1}{6}}{6\times5}}=0.477\mu m$$

n	$x_i/\mu m$	$L=1020$ $U_i=x_i-L$	U_i^2
1	1018	−2	4
2	1021	1	1
3	1020	0	0
4	1019	−1	1
5	1022	2	4
6	1019	−1	1
7	1020	0	0
Σ	7139	−1	11

$\bar{x}=1019.86$

$$\sigma_{\bar{x}}=\sqrt{\frac{(11-\frac{1}{7})}{7\times6}}=0.508\mu m$$

零漂引起的恒定系差 $\varepsilon_0=(\varepsilon_b+\varepsilon_a)/2=2\mu m$

不确定度 $e_0=\pm(\varepsilon_b-\varepsilon_a)/2=\pm4\mu m$

测量结果 $A=\bar{x}-\Sigma\varepsilon_i=1019.9-12.2-2=1005.7\mu m$

分布	$\gamma\%$	$\pm e$	K_i	σ_i^2	C_i	$C_i\sigma_i^4$
均匀分布	±0.2%	±2.04	$\sqrt{3}$	1.387	1.2	2.3092
均匀分布		±4.0	$\sqrt{3}$	5.333	1.2	34.1333
椭圆分布	±0.1%	±1.02	$\sqrt{2}$	0.5202	1.5	0.4059
反正弦分布	±0.1%	±1.02	$\sqrt{4}$	0.2601	1.0	0.0676
均匀分布		±4.0	$\sqrt{3}$	5.333	1.2	34.1333
三角分布		±2.0	$\sqrt{6}$	0.667	0.6	0.2667
正态分布				0.2275	0	0
正态分布				0.2581	0	0
Σ				13.986		71.316

总不确定度（Gauss 法）$P_c=0.99$

$\Delta=2.6\sqrt{\Sigma\sigma_i^2}=9.65\mu m$

精确求时 $C_\alpha=71.316/13.986^2=0.36$，由表 3−4 得 $K_\alpha=2.36$。

因此 $\Delta=2.36\sqrt{\Sigma\sigma_i^2}=8.83\mu m$

测量结果为 $1005.7\pm8.8\mu m$

假若系差按均匀分布求总得到　$\Sigma e_i^2/3 = 42.24/3 = 14.08$

$\Delta = 2.6\sqrt{0.2275 + 0.2581 + 14.08} = 9.92\mu\mathrm{m}$

假若都按正态分布总和

$\Delta = \sqrt{42.24 + (2.6 \times 0.477)^2 + (2.6 \times 0.508)^2} = 6.75\mu\mathrm{m}$

第五节　间接测量误差

一、假若已知测量的函数关系为

$$\Phi = \Phi(y_1, y_2, y_3, \cdots, y_m)$$

在式中各 y_i 的期望 $\langle y_i \rangle$ 点作泰勒级数展开得

$$\Phi = \Phi[\langle Y \rangle] + \frac{\partial \Phi}{\partial y_1}[y_1 - \langle y_1 \rangle] + \frac{\partial \Phi}{\partial y_2}[y_2 - \langle y_2 \rangle] + \cdots + \frac{1}{2}\frac{\partial \Phi}{\partial y_1 \partial y_2}[y_1 - \langle y_1 \rangle][y_2 - \langle y_2 \rangle] + \cdots$$

由于 $[y_i - \langle y_i \rangle]$ 很小，忽略上式二次方以上各项，得

$$\Phi - \Phi[\langle Y \rangle] = \sum_1^m \frac{\partial \Phi}{\partial y_i}[y_i - \langle y_i \rangle] \tag{3-53}$$

写成系差形式

$$\varepsilon_\Phi = \sum_1^m \frac{\partial \Phi}{\partial y_i}\varepsilon_i \tag{3-54}$$

上式就是恒定系差的总和原则，式中 ε_i 为 y_i 的恒定系差。

二、标准差的总和

对于不确定度，一般按照标准差来总和，由式(3-53)平方可得

$$[\Phi - \Phi\langle Y \rangle]^2 = \{\sum \frac{\partial \Phi}{\partial y_i}[y_i - \langle y_i \rangle]\}^2 + \sum_{i \neq j} \frac{\partial \Phi}{\partial y_i}\frac{\partial \Phi}{\partial y_j}[y_i - \langle y_i \rangle][y_j - \langle y_j \rangle] + \cdots$$

上式期望就是方差，得到

$$\sigma_\Phi^2 = \sum (\frac{\partial \Phi}{\partial y_i}\sigma_i)^2 + \sum_{i \neq j} \frac{\partial \Phi}{\partial y_i}\frac{\partial \Phi}{\partial y_j}\cos(y_i y_j) \tag{3-55}$$

若相关系数

$$\rho = \frac{\cos(y_i y_j)}{\sigma_i \sigma_j}$$

上式为

$$\sigma_\Phi^2 = \sum_1^m \left(\frac{\partial \Phi}{\partial y_i}\sigma_i\right)^2 + \sum_{i \neq j} \frac{\partial \Phi}{\partial y_i}\frac{\partial \Phi}{\partial y_j}\rho\sigma_i\sigma_j \tag{3 - 56}$$

若各 y_i 互相独立无关时(或是弱相关时)$\rho \doteq 0$ 得到

$$\sigma_\Phi^2 = \sum_1^m \left(\frac{\partial \Phi}{\partial y_i}\sigma_i\right)^2 \tag{3 - 57}$$

假若 $\rho \neq 0$,按式(3 - 64) 总和时会产生误差,但是,当误差很小时,即 σ_i 很小时,其乘积项更小,可以略去。因此可用上式估算间接测量误差。

假若间接测量中各参数 y_i 不确定度 E_i 服从正态分布,那么总不确定度

$$\Delta = \sqrt{\sum_1^m \left(\frac{\partial \Phi}{\partial y_i}E_i\right)^2} \tag{3 - 58}$$

例 1 用电桥法测量电阻 R_1,见图 3 - 4。已知 $R_2 = 100\Omega$、$\Delta R_2 = 0.01\Omega$,$R_3 = 1000\Omega$、$\Delta R_3 = 1.0\Omega$,$R_4 = 100\Omega$、$\Delta R_4 = 0.1\Omega$,求 R_1 及 ΔR_1。

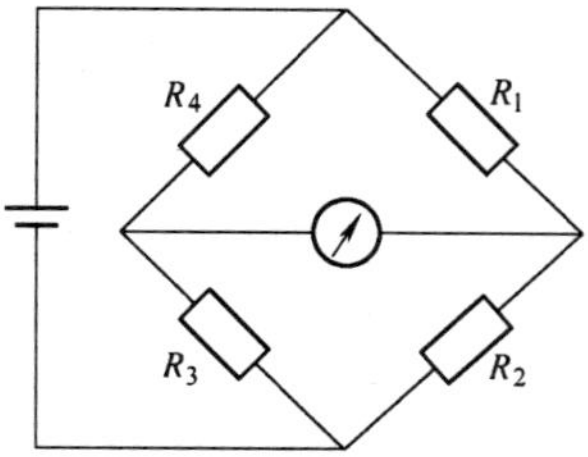

图 3 - 4 电桥测电阻

求 R_1

$$R_1 = R_2 \frac{R_4}{R_3} = 100 \frac{100}{1000} = 10\Omega$$

求 ΔR_1,由式(3 - 54)

$$\Delta R_1 = \frac{R_4}{R_3}\Delta R_2 + \frac{R_2}{R_3}\Delta R_4 - \frac{R_2 R_4}{R_3^2}\Delta R_3$$

$$= \frac{100}{1000} \times 0.01 + \frac{100}{1000} \times 0.1 - \frac{100 \times 100}{1000^2} \times 1.0 = 0.001\Omega$$

例 2 用正弦卡具测角度 ϕ,若量块高 $H = 50 \pm 0.02\text{mm}$,两圆柱中心距 $L = 200 \pm 0.06\text{mm}$(见图 3 - 5),可得 $\sin\phi = H/L = 0.25$, 因此,$\phi = 14.4775°$。又 $[\cos\phi\Delta\phi]^2 = [\Delta H/L]^2 + [H\Delta L/L^2]^2 = [0.02/200]^2 + [50 \times 0.06/200^2]^2$

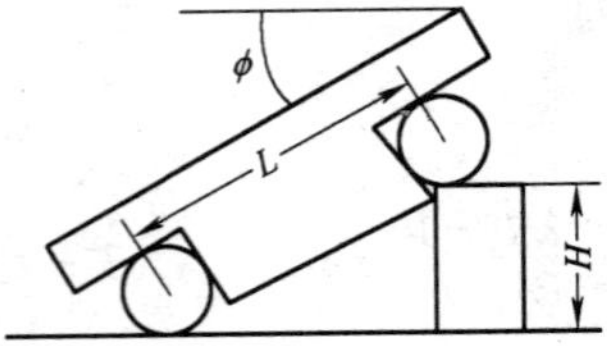

图 3-5　正弦规测角

可得 $\Delta\phi = 1.291 \times 10^{-4}\text{rad} = 0.0074°$。

例 3　用应变片测扭矩 T，$T = \pi G D^3 \varepsilon / 8$，测得轴直径 $D = 100 \pm 0.17\text{mm}$，剪切模量 $G = (8.0 \pm 0.2) \times 10^4\text{MPa}$，应变 $\varepsilon = (400 \pm 20) \times 10^{-6}$，它们的相对误差分别为 $\gamma_D = 0.0017$，$\gamma_G = 0.025$，$\gamma_\varepsilon = 0.05$。扭矩 T 不确定度相对值为

$$\gamma_T = \sqrt{(3\gamma_D)^2 + (\gamma_G)^2 + (\gamma_\varepsilon)^2} = 0.056$$

因此得到 $\gamma_T = 5.6\%$ 或由 $T = 12.57\text{kN}\cdot\text{m}$ 得 $\Delta T = 0.704\text{kN}\cdot\text{m}$。

例 4　测量轧钢某一道次的能耗 W，其计算式为 $W = \pi Mnt/30$，式中 M 为扭矩，n 为转速，t 为时间，具体示值如表，若只考虑表中的随机误差求能耗及其不确定度，可得如下值。

n	M/kN·m	n/r·min^{-1}	t/s
1	12.6	685	5.2
2	12.8	690	5.1
3	12.4	680	5.2
4	12.5	680	5.3
5	12.7	690	5.1
6	12.6	685	5.3

由 M_i, n_i, t_i 可求得

$$\overline{M} = 12.6\text{kN}\cdot\text{m}, \sigma_m = 0.141$$

$$\bar{n} = 685\text{r/min}, \sigma_n = 4.47$$

$$\bar{t} = 5.20\text{s}, \sigma_t = 0.0894$$

不确定度　$E_M = 0.233$　$E_n = 7.358$　$E_t = 0.147$

相对误差　$\gamma_M = 0.0185$　$\gamma_n = 0.0107$　$\gamma_t = 0.0283$

能耗相对误差　$\gamma_W = \sqrt{\gamma_M^2 + \gamma_n^2 + \gamma_t^2} = 0.035$

能耗　$W = 4.67 \times 10^3\text{kJ}$

因此测试结果为　$4.67 \times 10^3 \pm 3.5\%\text{kJ}$

第六节 测试仪器的静特性

测试仪器可以看成一个测量环节，如图 3 - 6 所示。环节的输入量 x 就是被测量的量值，输出 y 就是仪器的指示值或输出信号。当输入 X 是恒量或变化很缓慢的量，即与时间无关时，输出量 Y 一般也应该与时间无关，这样的测量称为静态测量。表征输出量与输入量之间的关系称为特性，与时间无关的特性称为静特性。主要的静特性有灵敏度、线性度、滞回误差、分辨率与灵敏阀和精度。

一、灵敏度

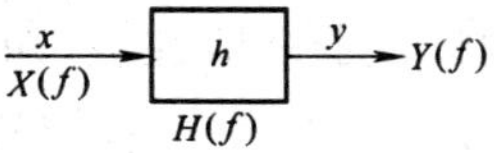

图 3 - 6 测量环节

对仪器进行静态检定时，当输入 x 增加一微量 Δx 时，输出 y 增加一个量值 Δy，灵敏度 S 定义为输出增量与输入增量之比值

$$S = \Delta y / \Delta x \tag{3-59}$$

上式表明，灵敏度就是 X 点的斜率。

当输出与输入呈线性关系时，即

$$y = a + Sx \tag{3-60}$$

一般仪器都有调零装置，使 $a = 0$，即

$$y = Sx \tag{3-61}$$

这时，灵敏度

$$S = y / x$$

上式表明，灵敏度为直线的斜率。当输入输出为非线性关系时

$$S = \frac{\mathrm{d}y}{\mathrm{d}x}$$

二、线性度

一般静态校准时，x 与 y 并不是严格的线性关系，见图 3 - 7。该关系曲线称为校准曲线 1。对校准曲线各点可以拟合成一理想直线 3，校准曲线与理想直线的偏离程度的最大值称为线性度。

若两线的最大偏差为 δ，最大量程为 B，线性度 γ_l 为

$$\gamma_l = \delta / B \tag{3-62}$$

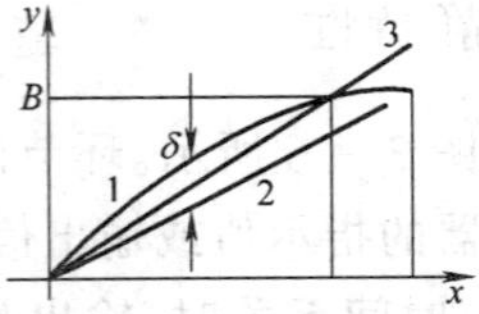

图 3－7　仪器标定曲线

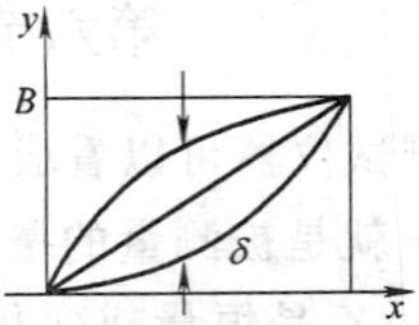

图 3－8　回程误差

理想直线一般采用对校准点进行最小二乘法回归拟合得到，即直线 3。为简便起见，可采用零点与满量程两点的连线，即端基线作为理想直线 2 求线性度，并称为端基线性度。在测试中，要求测试仪器是线性的，即非线性误差越小越好。另外应注意，仪器调零后，零点会因温度变动或其它原因发生变动，称为零漂。同时，灵敏度 S 也会因温度或其它原因发生变动，称为灵敏度漂移。

三、回程误差

当正向校正曲线与反向校准曲线不重合时，如图 3－8 所示，两线最大差值 δ 与最大量程之比称为滞回误差 γ_h

$$\gamma_h = \delta / B \tag{3-63}$$

回程误差是由于材料的弹性滞回或磁性材料的磁滞回线等原因产生的，也可是由摩擦力等原因而引起的。

四、分辨率和灵敏阈

测量仪器的最小指示值称为分辨率，小于该值，仪器示值则无法辨认。在零点附近，使示值产生微小变动所需输入量的变动量称为灵敏阈。

五、稳定度及漂移

稳定度是指测量装置在规定使用条件下保持测量特性不变的能力。例如灵敏度，它随时间发生变动，称为灵敏度漂移，是稳定度差的表现。又如零点，即输出为零的点，应保持稳定。若产生变动，称为零漂。

六、精度

仪器的精度大多用总不确定度表示，它包含精密度和准确度两方面性能，前者表示多次测量时，示值在均值上下波动的程度，用随差不确定度表示；后者表示均值与真值相差的程度，用恒定系差及系差不确定度表示。总不确定度便是随差与系差不确定度总和的结果。

七、系统灵敏度

当采用多台测量装置串联成一个测量系统时，如图 3－9 所示，系统总灵敏度为：

$$S = \prod_{i=1}^{m} S_i \tag{3-64}$$

式中　S_i—— 为 i 台仪器的灵敏度。

例如一个测振系统，加速度计输入为 10G 时，输出 1000PC，电荷放大器输入 2000PC 时输出 10V，功率放大器输入 20V 时输出 40mA，光线示波器输入 40mA 时，描绘出曲线高 40mm。求系统灵敏度。

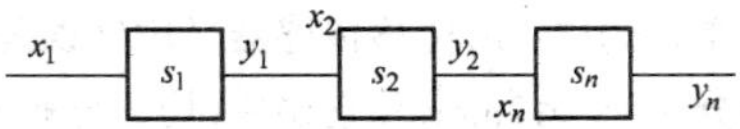

图 3－9　测量装置串联

解　$S = \frac{1000}{10} \times \frac{10}{2000} \times \frac{40}{20} \times \frac{40}{40} = 1\text{mm/G}$，即 1mm 代表加速度 1G。

习　题

1．测量轴的直径，用千分尺测得为 20.00mm，用卡尺测得为 19.8mm，问卡尺测量的绝对误差，实际相对误差及示值相对误差各为多少。

2．电池电压为 18V，现用两块电压表去测量，一块是 1.0 级 100V，一块为 2.5 级 20V，问这两块表测量电池时的相对误差为多少，用哪块表测量好。

3．测量轧制力 10 次，其示值分别为 25.5kN，26.5kN，22.7kN，25.0kN，25.2kN，26.4kN，26.0kN，25.8kN，24.2kN，24.5kN。若只考虑随机误差，求轧制力及随差不确定度。

4．用测长仪测量 2000mm 标准量块，标准量块总不确定度为测长仪的 1/10，测长仪示值为 2022，2023，2021，2021，2022，2023，2022mm，求测长仪的系差及随差不确定度。

5．测量轧制力时，使用传感器，应变仪及记录仪。测量结果见习题 3。

测量前先在材料试验机上进行标定。材料试验机误差为±1%(30kN),另外还有如下误差:非线性误差有传感器±0.5%,应变仪±0.2%,光线示波器±1.0%,温度零漂为-60~240N,灵敏度误差传感器为±0.5%,应变仪为±0.2%,求轧制力及总不确定度(系差都按均匀分布总和)。

6. 用位移传感器测量位移,测量前先用标准4级量块校准位移传感器,量块长度为200mm,极限误差±7μm(椭圆分布)。校准时共测量8次,位移传感器指示值为201.3mm,200.8mm,201.1mm,201.2mm,200.7mm,201.0mm,201.9mm,校准后测量物体位移,其位移传感器示值为198.3mm,198.5mm,198.6mm,198.7mm,198.8mm,198.4mm,190.1mm,198.5mm,位移传感器还有下列误差:温度零漂(均匀分布)-0.2~0.4mm,分度误差(反正弦分布)±0.2mm,位移传感器灵敏度误差(均匀分布)±0.3mm,非线性误差(三角分布)±0.2mm,其它误差(均匀分布)±0.3mm,求位移量及不确定度。

7. 测量应变7次如下:1020με,1022με,1020με,1019με,1023με,1018με,1017με,测量时有如下误差:刻度误差(反正弦分布)±2με,温度误差(均匀分布)有应变仪±3με,应变片±5με,其它误差(椭圆分布)有应变仪±3με,应变片±2με,求测量结果及总的不确定度。

8. 用四块量块组成一长度,一块为1mm,一块为10mm,一块为100mm,一块为1000mm组成1111mm长,若要求总不确定度小于0.1%,采用相等的相对误差时,求各量块的相对误差为多少。

9. 用如图3-10弓高仪测直径。若高H,长L与直径D关系为$D = L^2/(4H) + H$,又若$L = 200 \pm 0.02$mm,$H = 25 \pm 0.02$mm,若认为误差服从正态分布,求直径及不确定度。

10. 用如图3-11等强度悬臂梁测量应变计灵敏系数K_s,测得梁的高度$h = 20 \pm 0.15$,长$L = 200 \pm 0.2$,千分表指示挠度值$y = 1.000 \pm 0.006$,又测得应变计原始电阻$R = 120 \pm 0.1\Omega$,加力F后,应变计电阻变化,$\Delta R = 0.129 \pm 0.002\Omega$求灵敏系数及其误差。灵敏系数$K_s = (\Delta R / R)[L^2/(hy)]$。

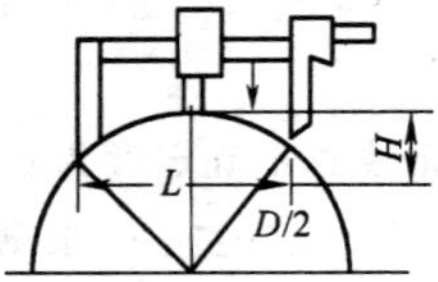

图3-10 弓高仪

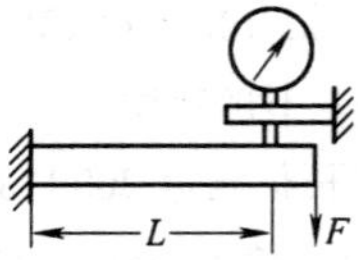

图3-11 测灵敏系数

11. 位移传感器初始状态(位移为零)时输出 2mV,每当位移变动 1mm 时,输出变动 4mm。若位移传感器输出 18mV,求位移量。

12. 测力系统由下述三台仪器串联组成。测力传感器受力 100kN 时输出 12mV,放大器输入 20mV 时输出 30mA,记录仪输入 40mA 时,记录曲线高度(纵坐标)20mm。求该测力系统的灵敏度,并问当曲线高 9mm 时,测力传感器承受多大力。

13.10mm 量程位移传感器位移 x 和 y 输出如下,求端基线性度(非线性误差)

x /mm	0	2	4	6	8	10
y /mV	0.2	11.2	22.0	32.9	42.6	52.2

第四章　测试仪器动特性及误差

第一节　线性系统及其特性

一、线性系统特性

如果测量仪器或系统的输入量与时间有关，是时间的函数 $x(t)$，则输出量 $y(t)$ 也将是时间的函数。假若测量仪器或测量系统是零初始值的线性系统，输入输出关系式将是常系数微分方程式，即输入输出变量及其各阶导数为线性关系式

$$a_0 y + a_1 \dot{y} + a_2 \ddot{y} + \cdots + a_n y^{(n)} = b_0 x + b_1 \dot{x} + b_2 \ddot{x} + \cdots + b_m x^{(m)} \tag{4-1}$$

对上式进行拉氏变换，可得：

$$(a_0 + a_1 s + a_2 s^2 + \cdots + a_n s^n) Y(s)$$
$$= (b_0 + b_1 s + b_2 s^2 + \cdots + b_m s^m) X(s)$$

上式输出量与输入量的拉氏变换比称为传递函数 $H(s)$

$$H(s) = \frac{Y(s)}{X(s)} = \frac{b_0 + b_1 s + b_2 s^2 + \cdots + b_m s^m}{a_0 + a_1 s + a_2 s^2 + \cdots + a_n s^n} \tag{4-2}$$

传递函数以代数式比的形式表征了系统的特性。其分母中 s 的幂次 n 代表了传递函数的阶次，称 n 阶系统的传递函数。$H(s)$ 和输入无关，它反映了系统的传输特性。$H(s)$ 的分母由系统的结构决定，而分子则和输入点的位置（激励点），测点布置情况有关。不同的物理系统，可能有相同的 $H(s)$ 表达式，但是它的 $x(t)$，$y(t)$，及各系数的量纲是不同的

若令 $s = \mathrm{j}\omega$，式(4 - 2) 为

$$H(\mathrm{j}\omega) = \frac{b_0 + b_1(\mathrm{j}\omega) + b_2(\mathrm{j}\omega)^2 + \cdots + b_m(\mathrm{j}\omega)^m}{a_0 + a_1(\mathrm{j}\omega) + a_2(\mathrm{j}\omega)^2 + \cdots + a_n(\mathrm{j}\omega)^n} \tag{4-3}$$

$H(\mathrm{j}\omega)$ 称为频率响应函数，或称频率响应特性。并可简写成 $H(\omega)$

及简称为频率特性或频率响应。$H(j\omega)$ 是一个复数，因此，可以写成

$$H(\omega) = R(\omega) + jI(\omega) = A(\omega)e^{j\phi(\omega)} \tag{4-4}$$

$$A(\omega) = |H(\omega)| = \sqrt{R^2(\omega) + I^2(\omega)} \tag{4-5}$$

$$\Phi(\omega) = \angle H(\omega) = \arctan\frac{I(\omega)}{R(\omega)} \tag{4-6}$$

式中，$R(\omega)$ 和 $I(\omega)$ 分别称为实频特性和虚频特性。$A(\omega)$ 和 $\Phi(\omega)$ 或 $|H(\omega)|$ 和 $\angle H(\omega)$ 分别称为幅频特性和相频特性。

在作图时，若以 $L(\omega) = 20\lg A(\omega)$（单位为分贝）和 $\lg\omega$ 或以 $\Phi(\omega)$ 和 $\lg\omega$ 分别作为纵坐标和横坐标，其曲线称为对数幅频图或对数相频图，总称为伯德图（Bode 图）。若以 $R(\omega)$ 作为横坐标，$I(\omega)$ 作为纵坐标，所作出图形称为奈氏图（Nyquist 图）。若以 ω（或 $\lg\omega$）作为横坐标，$R(\omega)$ 和 $I(\omega)$ 作为纵坐标，所作图形称为分频图。

方程（4－1）的各系数 a_i 和 b_i 都是常数时，该方程是常系数微分方程，描述的系统是时不变线性系统（定常线性系统）。对于这样的系统，有三个主要性质。

1．叠加比例特性

若输入 $x_1(t)$ 或 $x_2(t)$，测量装置输出相应为 $y_1(t)$ 或 $y_2(t)$，a 和 b 为常数。那么 $ax_1(t) + bx_2(t)$ 输入时，输出为 $ay_1(t) + by_2(t)$。

2．微分或积分特性（系统初始状态为零）

测量装置输入 $x(t)$ 时，输出 $y(t)$。那么输入为 $\frac{dx(t)}{dt}$ 或 $\int x(t)dt$ 时，输出相应为 $\frac{dy(t)}{dt}$ 或 $\int y(t)dt$。

3．频率保持性

若输入频率为 f 的正弦信号，其稳态输出将是同频率的正弦信号，只是幅值和相角与输入信号不同。输入信号为 $x(t) = x_0\sin2\pi f_0 t$。

其富氏变换 $X(f)=\frac{jx_0}{2}[\delta(f+f_0)-\delta(f-f_0)]$。输出信号 $y(t)$ 和特性 $h(t)$ 的富氏变换相应为 $Y(f)$ 和 $H(f)$。又 $H(f)=A(f)e^{j\phi(f)}$，输出富氏变换为

$$Y(f)=H(f)X(f)$$

$$=[A(f)e^{j\phi(f)}]\frac{1}{2}jx_0[\delta(f+f_0)-\delta(f-f_0)]$$

上式逆变换为

$$y(t)=A(f)x_0\sin[2\pi ft+\phi(f)] \tag{4-7}$$

上式表明，正弦或余弦信号输入线性系统后，稳态输出为同频率的正弦或余弦信号，但幅值为原信号幅值与系统幅频特性 $A(f)$ 的乘积，相位则比原信号相位增加相频特性 $\phi(f)$。

对于频域来说，输出输入关系为

$$Y(f)=H(f)X(f) \tag{4-8}$$

对于时域来说，输出输入关系为

$$y(t)=h(t)*x(t) \tag{4-9}$$

二、系统中环节串联或并联的特性

若 k 个传递函数 $H_i(s)$ 或频率特性 $H_i(w)$ 环节串联后，总的传递函数 $H(s)$ 或频率特性 $H(w)$ 为

$$H(s)=\prod_{i=1}^{k}H_i(s)=\prod_{i=1}^{k}\frac{Y_i(s)}{X_i(s)}$$

$$H(w)=\prod_{i=1}^{k}H_i(w)=\prod_{i=1}^{k}\frac{Y_i(w)}{X_i(w)} \tag{4-10}$$

式中 $X_i(s)$ 或 $X_i(w)$ 为系统内各环节输入信号的拉氏或富氏变换，$Y_i(s)$ 或 $Y_i(w)$ 为系统内各环节输出信号的拉氏或富氏变换。

k 个传递函数 $H_i(s)$ 环节并联后，系统总的传递函数 $H(s)$ 为

$$H(s)=\sum_{i=1}^{k}H_i(s) \tag{4-11}$$

一般测试装置是稳定系统，分母中的 s 或 jw 的幂次 n 应高于

分子中的幂次 m，即 $n > m$。同时，s 的极点的实部都应该是负数。式(4－2)的分母总可以分解成 s 的一次或二次实系数因子式（二次实系数式对应为复数极点），即

$$a_0 + a_1 s + a_2 s^2 + \cdots + a_n s^n$$
$$= a_n \prod_{j=1}^{r}(s + b_j) \prod_{i=1}^{(n-r)/2}(s^2 + 2\zeta_i\omega_i s + \omega_i^2)$$

因此，式(4－2)可以改写成

$$H(s) = \sum_{j=1}^{r}\frac{g_j}{s_j + p_j} + \sum_{i=1}^{(n-r)/2}\frac{dis + \beta_i}{s^2 + 2\zeta_i\omega_i + \omega_i^2} \quad (4-12)$$

也就是说，任何一个系统总可以看成若干个一阶或二阶环节的和。因此，研究一阶和二阶系统的动特性具有特殊的意义。

三、测试系统的响应

由传递函数式(4－2)可以看出，若输入为单位冲激 $\delta(t)$ 函数，由于 $\delta(t)$ 的富氏变换为 1，因此输出拉氏变换式 $Y(s) = H(s)$。写成富氏变换式为 $Y(\omega) = H(\omega)$，称为单位冲激响应。假若系统输入一任意函数 $x(t)$，见图 4－1，可以看成许多冲激函数的横向叠加。第 τ 秒的冲激响应为

$$y(\tau) = h(t-\tau)x(\tau)\Delta\tau$$

横向叠加后的总响应为

$$y(t) = \sum_{\tau=0}^{\infty} h(t-\tau)x(\tau)\Delta\tau$$

当 $\Delta\tau \to 0$ 时

$$y(t) = \int_0^{\infty} h(t-\tau)x(\tau)\mathrm{d}\tau = h(t) * x(t) \quad (4-13)$$

上式表明，时域响应为时域特性 $h(t)$ 和输入函数 $x(t)$ 的卷积。与之对应，频域响应为频率特性和输入频域函数的乘积。

第二节　一阶系统特性及响应

一、频率响应特性

具有一阶系统的测量装置很多，如测温传感器、直流（运算）放

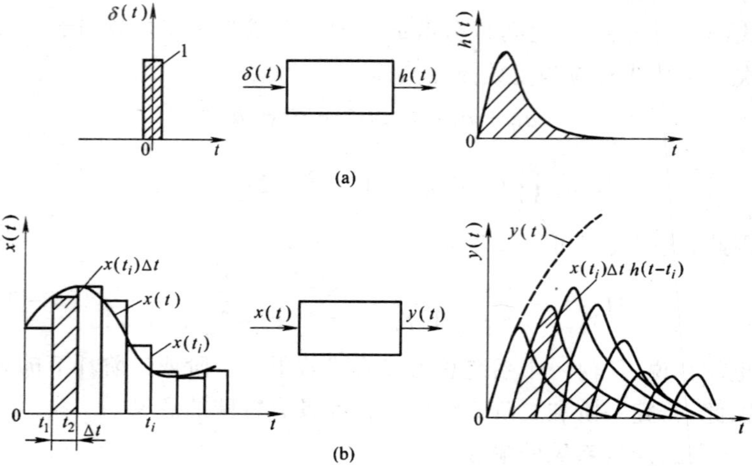

图 4－1　任意输入下的系统响应

大器、无质量的弹簧阻尼机械测量装置和光电传感器等。

测温传感器的转换元件温度 y 是由介质温度 x，通过保护层如外壳等传入热量而产生的。保护层具有热阻 R 和热容量 C。根据热量平衡式得到

$$\frac{x-y}{R}=C\frac{\mathrm{d}y}{\mathrm{d}t}$$

上式的富氏变换式可以写成

$$\frac{Y(\omega)}{X(\omega)}=\frac{1}{1+\mathrm{j}\omega RC}=\frac{A_0}{1+\mathrm{j}\omega\tau}$$

式中　$\tau=RC, A_0=1$。

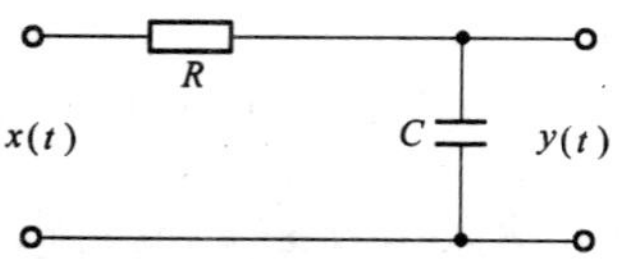

图 4－2　阻容电路

一阶低通 RC 滤波器电路见图 4－2，它的输出电压和输入电压富氏变换关系式为

$$\frac{Y(\omega)}{X(\omega)}=\frac{1}{1+\mathrm{j}\omega RC}$$

无质量（或略去质量）的单自由度机械弹性系统见图 4－3，力 f 和位移 x 的关系为

$$D\frac{\mathrm{d}x}{\mathrm{d}t}+Kx=f$$

式中，D 为阻尼系数，K 为刚度(弹簧常数)。

上式的富氏变换式为

$$\frac{X(\omega)}{F(\omega)}=\frac{1}{K(1+\mathrm{j}\omega D/K)}$$

综上所述，一阶系统的频率特性为

$$H(\omega)=\frac{Y(\omega)}{X(\omega)}=\frac{A_0}{1+\mathrm{j}\omega\tau} \quad (4-14)$$

式中　τ —— 时间常数；

A_0 —— 系统静态灵敏度(增益)。

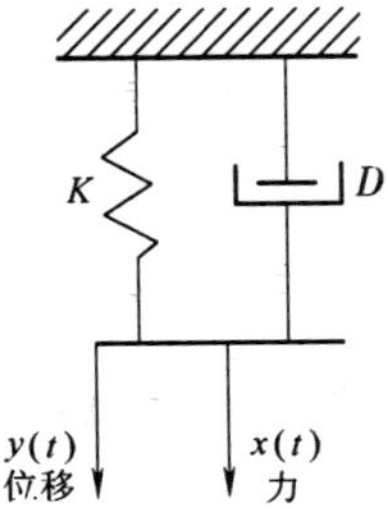

图 4-3　无质量单自由度系统

一阶系统的幅频特性 $A(\omega)$ 和相频特性 $\phi(\omega)$ 为

$$A(\omega)=\frac{A_0}{\sqrt{1+(\omega\tau)^2}} \qquad (4-15)$$

$$\phi(\omega)=-\arctan(\omega\tau) \qquad (4-16)$$

$A(\omega)$ 和 $\phi(\omega)$ 图形见图 4-4。

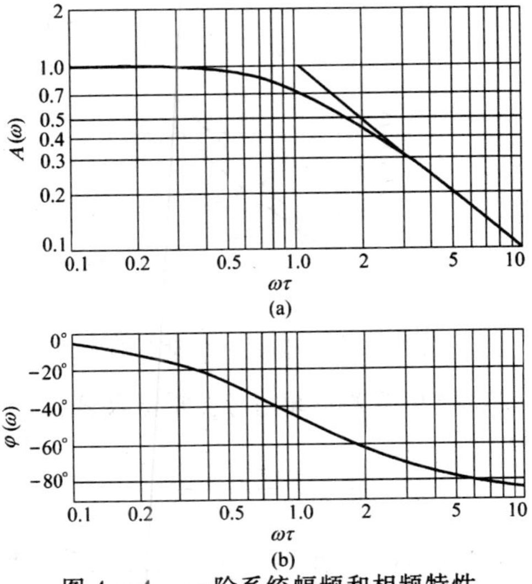

图 4-4　一阶系统幅频和相频特性

(a) 幅频曲线；(b) 相频曲线

当 $\omega = 0$ 时,为静态特性

$A(0) = A_0, \phi(0) = 0$

当 $\omega = 1/\tau$ 时,$A(1/\tau) = 0.707A_0, \phi(1/\tau) = -45°$

$A(\omega)$ 和 $A(0)$ 的差值就是幅值误差,它的相对误差 γ_a 为

$$\gamma_a = \frac{A(\omega)}{A_0} - 1 = \frac{1}{\sqrt{1 + (\omega\tau)^2}} - 1 \qquad (4-17)$$

式(4-14)也可用传递函数表示,即

$$H(s) = \frac{Y(s)}{X(s)} = \frac{A_0}{1 + s\tau} \qquad (4-18)$$

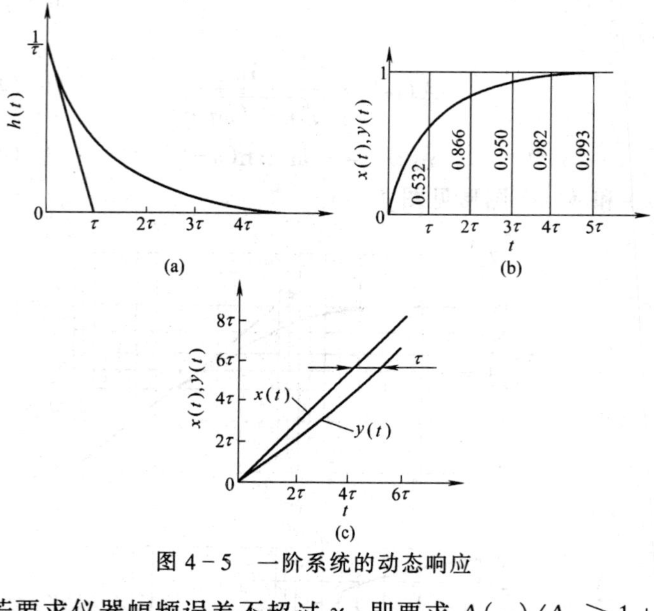

图 4-5 一阶系统的动态响应

若要求仪器幅频误差不超过 γ_a,即要求 $A(\omega)/A_0 \geqslant 1 + \gamma_a$,可得

$$\omega\tau \leqslant \sqrt{[A_0/A(\omega)]^2 - 1} \qquad (4-19)$$

当已知误差或 $A(\omega)/A_0$ 后,即可按上式求 ω 或 τ 的最大值。

二、典型输入的动态响应

1. 单位冲激响应

单位冲激输入的表达式为 $x(t)=\delta(t)$，它的 $\Delta(s)=1$，或 $\Delta(\omega)=1$。由式(4－18)得到

$$Y(s)=H(s)X(s)=\frac{A_0}{1+s\tau}=\frac{A_0}{\tau}(\frac{1}{s+1/\tau})$$

上式的逆变换(见表 2－1)即时域解

$$x(t)=\frac{A_0}{\tau}e^{-t/\tau} \tag{4-20}$$

图 4－5(a)是单位冲激响应函数。

2. 单位阶跃响应

单位阶跃函数 $x(t)=1(t>0)$，它的 $X(s)=1/s$，因此，输出为

$$Y(s)=\frac{A_0}{1+\tau s}\cdot\frac{1}{s}=A_0(\frac{1}{s}-\frac{\tau}{1+\tau s})$$

上式的时域解(逆变换)为

$$y(t)=A_0(1-e^{-t/\tau}) \tag{4-21}$$

图 4－5(b)是单位阶跃响应曲线。由上式可得，当 $t=4\tau$ 时，$y(t)=0.98A_0$；$t=5\tau$ 时，$y(t)=0.993A_0$。因此，当 $t\geqslant4\tau$ 时，可以认为 $y(t)$ 已达到稳态值 A。

3. 单位斜坡响应

单位斜坡函数 $x(t)=t(t\geqslant0)$，它的拉氏变换 $X(s)=1/s^2$。输出为：

$$Y(s)=\frac{A_0}{1+\tau s}\cdot\frac{1}{s^2}=A_0[\frac{1}{s^2}-\frac{\tau}{s(1+\tau s)}]$$

上式的时域解

$$y(t)=A_0[t-\tau(1-e^{-t/\tau})] \tag{4-22}$$

图 4－5(c)是单位斜坡响应函数曲线。当 $t\geqslant4\tau$ 时，$y(t)=A_0(t-\tau)$，也就是说，稳态时，输出总是比输入滞后 τ。或者说，输出总会产生与 τ 有关的误差。

4. 单位正弦响应

输入为单位正弦，$x(t)=\sin\omega t$，$X(\omega)=\frac{\omega}{s^2+\omega^2}$

可以得到

$$Y(\omega)=\frac{A_0}{1+\tau s}(\frac{\omega}{s^2+\omega^2})=\frac{\omega A_0}{1+\tau^2\omega^2}[\frac{\tau^2}{1+\tau s}-\frac{\tau s-1}{s^2+\omega^2}]$$

上式时域解

$$y(t)=\frac{\omega A_0}{1+\tau^2\omega^2}[\tau e^{-t/\tau}-\tau\cos\omega t+\frac{1}{\omega}\sin\omega t]$$

$$=\frac{A_0}{\sqrt{1+(\omega\tau)^2}}\sin(\omega t+\phi)+\frac{\omega\tau A_0}{1+(\omega\tau)^2}e^{-t/\tau}$$

$$\phi=\arctan(-\omega\tau)$$

由于 $A(\omega)=\dfrac{A_0}{\sqrt{1+(\omega\tau)^2}}$，因此上式可写成

$$y(t)=A(\omega)\sin[\omega t+\phi(\omega)]+A(\omega)e^{-t/\tau}\sin\phi(\omega) \tag{4-23}$$

当 $t>4\tau$ 后，上式第二项趋于零。因此，$y(t)$ 的稳态响应为

$$y(t)=A(\omega)\sin[\omega t+\phi(\omega)] \tag{4-24}$$

上式表明了线性系统具有频率保持性，见式(4-7)。系统的幅频特性和相频特性就是单位正弦输入下，系统的响应幅值和相位差。

应注意，上述典型输入函数都是一个单位值，若输入不是一个单位，那么还应乘以单位的倍数值。

例 1 直流放大器为一阶系统。静态输入 10mV 时放大器输出 1V。输入幅值 10mV 的 1000Hz 正弦信号时，输出幅值为 0.5V。若输入函数 $x(t)=10\sin(3142t)$mV，求输出函数表达式及幅值误差；求幅值误差 5% 情况下该仪器允许的最高频率。

解 $A_0=\dfrac{1}{10\times10^{-3}}=100$，由 $\omega=2\pi f=6284$rad/s 和 $A(1000)=\dfrac{0.5}{10\times10^{-3}}=50$，代入 $A(f)=\dfrac{A_0}{\sqrt{1+(2\pi f\tau)^2}}$ 求得 $\tau=0.276\times10^{-3}$s。因此，输入 $x(t)=10\sin(3142t)$mV 时，由 $\omega=3142$ 求得 $A(\omega)=75.59$，$\phi(\omega)=-\arctan(\omega\tau)=-40.90°$，从而求得输出 $y(t)=0.01A(\omega)\sin(3142t+\phi)=0.756\sin(3142t-$

40.90°)，幅值误差 $\gamma_a = A(\omega)/A_0 - 1 = 0.756 - 1 = -24.4\%$。若要求 $\gamma_a = -5\%$，即 $A(\omega)/A_0 = 0.95$，由 $A(\omega)$ 式可得：

$$2\pi f_{max}\tau \leqslant \sqrt{[A_0/A(\omega)]^2 - 1} = 0.329\text{，即 } f_{max} \leqslant 190\text{Hz。}$$

第三节　二阶系统特性及响应

一、频率响应特性

具有二阶系统的装置有阻尼较小的机械系统（如加速度计，测力传感器，接触式位移传感器等）和最佳阻尼比的笔式记录仪或光线示波器。用图 4－6 所示测力传感器测力时，传感器的弹性元件（转换元件）是刚性系数为 K，阻尼系数为 D 的弹性体，弹性元件上的受力装置的质量为 M，将形成如图 4－4(a) 所示的单自由度振动系统。它的运动方程，即力 f 和位移 y 的关系式为

$$M\frac{d^2y}{dt^2} + D\frac{dy}{dt} + Ky = f \qquad (4-25)$$

若令 $\omega_n = \sqrt{K/M}$，称为固有角频率。

$\zeta = D/(2\sqrt{KM})$，称为阻尼比（阻尼系数与临界阻尼系数之比）。

上式 $y(t)$ 和 $f(t)$ 的富氏变换式 $Y(\omega)$ 和 $F(\omega)$ 比为

$$H(\omega) = \frac{Y(\omega)}{F(\omega)} = \frac{\omega_n^2}{K[\omega_n^2 - \omega^2 + j2\zeta\omega_n\omega]} \qquad (4-26)$$

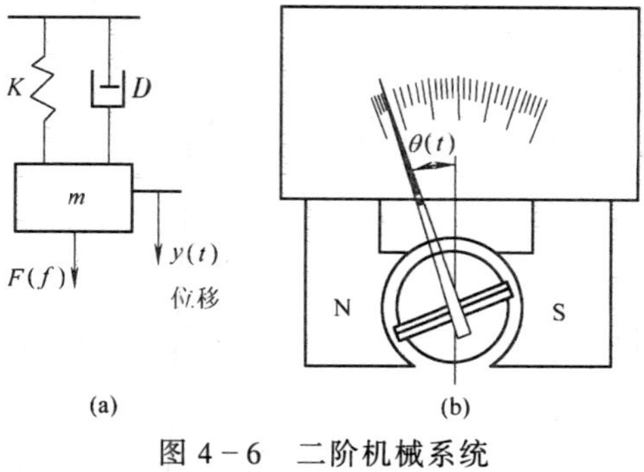

图 4－6　二阶机械系统

图 4－6(b)是电表或笔式记录仪的二阶系统图。假若线圈系

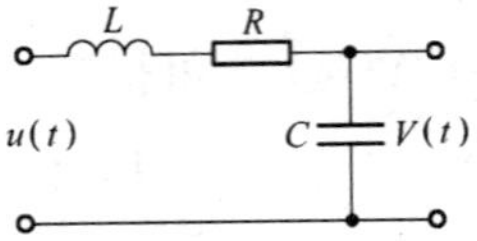

图 4-7　*LRC* 电路

统的转动惯量为 M,弹簧扭转刚度为 K,阻尼系数为 D,电磁力矩为 f,线圈转角为 y,它的运动方程仍为式(4-25)。

图 4-7 为 LRC 电路,该电路输入电压 $u(t) \rightleftharpoons U(\omega)$ 和输出电压 $v(t) \rightleftharpoons V(\omega)$ 的关系为

$$\frac{V(\omega)}{U(\omega)} = \frac{1/(\mathrm{j}\omega C)}{\mathrm{j}\omega L + R + (1/\mathrm{j}\omega C)} = \frac{1}{1 - \omega^2 LC + \mathrm{j}\omega RC}$$

若令　$\omega_n = \dfrac{1}{\sqrt{LC}}, \zeta = \dfrac{R}{2\sqrt{L/R}}$,则上式为

$$\frac{V(\omega)}{U(\omega)} = \frac{1}{1 - (\dfrac{\omega}{\omega_n})^2 + \mathrm{j}2\zeta \dfrac{\omega}{\omega_n}}$$

总之,二阶系统输入 $x(t)$ 和输出 $y(t)$ 的频域关系式为

$$H(\omega) = \frac{Y(\omega)}{X(\omega)} = \frac{A_0}{1 - (\dfrac{\omega}{\omega_n})^2 + \mathrm{j}2\zeta(\dfrac{\omega}{\omega_n})} \tag{4-27}$$

式中 A_0 为静态灵敏度(增益),在机械系统中就是柔度,即刚度的倒数 $A_0 = 1/K$。二阶系统的幅频和相频特性为

$$A(\omega) = \frac{A_0}{\sqrt{[1 - (\omega/\omega_n)^2]^2 + (2\zeta\omega/\omega_n)^2}} \tag{4-28}$$

$$\phi(\omega) = -\arctan\frac{2\zeta\omega/\omega_n}{1 - (\omega/\omega_n)^2} \tag{4-29}$$

$A(\omega)$ 和 $\phi(\omega)$ 图形见图 4-8(a)、(b)。

当 $\omega = 0$ 时,$A(0) = A_0, \phi(0) = 0$

当 $\omega = \omega_n$ 时,$A(\omega_n) = A_0/2\zeta$

由 $\dfrac{\mathrm{d}A(\omega)}{\mathrm{d}\omega} = 0$,可求得 $A(\omega)$ 曲线最大值的角频率 ω_r,称为谐振频率

$$\omega_r = \omega_n\sqrt{1 - 2\zeta^2} \tag{4-30}$$

谐振时的幅频值

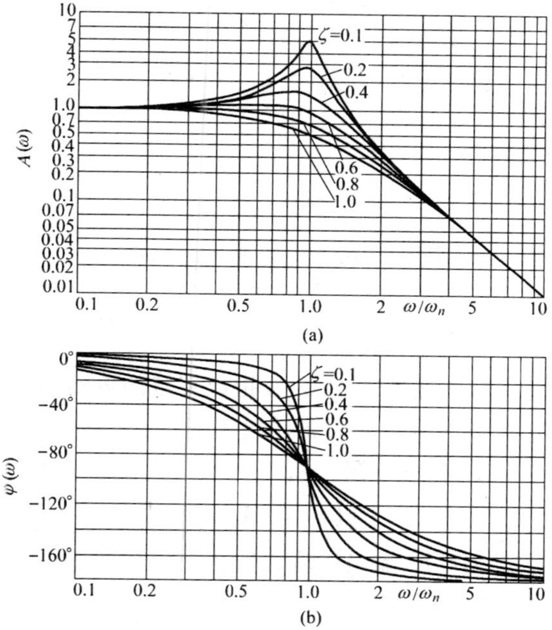

图 4－8　二阶系统幅频及相频图

$$A(\omega_r) = \frac{A_0}{2\zeta\sqrt{1-\zeta^2}} \qquad (4-31)$$

由上式可得，当 $\zeta = 1/\sqrt{2} = 0.707$ 时 $A(\omega_r) = 1$，即幅频特性曲线不会大于 A_0，称 $\zeta = 0.707$ 为最佳阻尼比。

幅频误差 γ_a 为

$$\gamma_a = A(\omega)/A_0 - 1 = \frac{1}{\sqrt{[1-(\omega/\omega_n)^2]^2 + (2\zeta\omega/\omega_n)^2}} - 1$$

$$(4-32)$$

二阶系统的传递函数表示式为

$$H(s) = \frac{Y(s)}{X(s)} = A_0 \frac{\omega_n^2}{s^2 + 2\zeta\omega_n s + \omega_n^2} \qquad (4-33)$$

若已知 γ_ε 或 $A(\omega)/A_0 = 1 + \gamma_a$，可得到

$$\omega/\omega_n \leqslant \sqrt{(1-2\zeta^2) - \sqrt{(1-2\zeta^2)^2 - [1-(A_0/A)^2]}}$$

$$(4-34)$$

二、典型输入的动态响应

1. 单位冲激响应

单位冲激输入即 $x(t)=\delta(t),X(s)=1$，由式(4-33)得

$$Y(s)=A_0\frac{\omega_n^2}{s^2+2\zeta\omega_n s+\omega_n^2}=\frac{\omega_n^2}{(s+\zeta\omega_n)^2+\omega_d^2}$$

及 $\omega_d=\omega_n\sqrt{1-\zeta^2}$

当 $\zeta<1$ 时(欠阻尼)，上式时域解(逆变换)为

$$y(t)=\frac{A_0\omega_n}{\sqrt{1-\zeta^2}}e^{-\zeta\omega_n t}\sin\omega_d t \tag{4-35}$$

在欠阻尼情况下，输出响应为按指数衰减的振动曲线，振动角频率为 ω_d，ω_d 又称为有阻尼的振动角频率(见图 4-9)。

当 $\zeta=1$ 时(临界阻尼)，$\omega_d=0$

$$y(t)=A_0\omega_n^2 t e^{-\omega_n t} \tag{4-36}$$

即临界阻尼情况下，输出响应为按指数衰减的曲线。

当 $\zeta>1$(过阻尼)时，可以得到

$$y(t)=A_0\frac{\omega}{\sqrt{\zeta^2-1}}e^{-\zeta\omega_n t}\mathrm{sh}(\omega_n\sqrt{\zeta^2-1}t)$$

$$=A_0\frac{\omega_n}{2\sqrt{\zeta^2-1}}(e^{-\omega_1 t}-e^{-\omega_2 t}) \tag{4-37}$$

及 $\omega_{12}=(\zeta\mp\sqrt{\zeta^2-1})\omega_n$

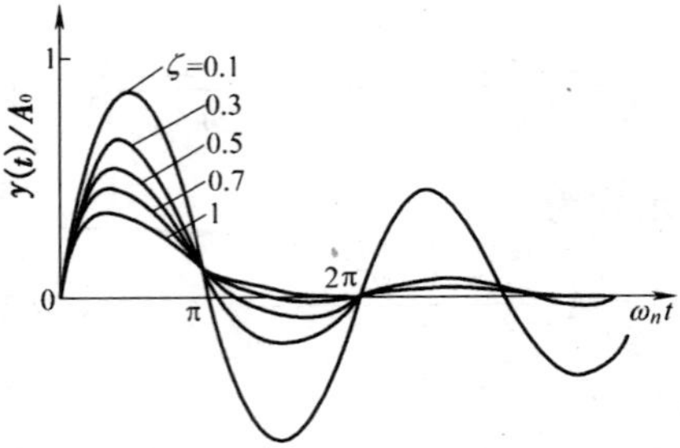

图 4-9 二阶系统单位冲激响应

过阻尼的响应也是按指数衰减的曲线。冲激响应曲线见图 4-9。由式(4-37)可以看到，$\zeta>1$ 的二阶系统响应相当于两个一阶系统并联的响应和。由于 $\omega_1<\omega_2$，第一项起主要作用。

2. 单位阶跃响应

单位阶跃输入的 $X(s)$

$= 1/s$,输出响应为

$$Y(s) = A_0 \frac{\omega_n^2}{s^2 + 2\zeta\omega_n s + \omega_n^2} \cdot \frac{1}{s}$$

$$= A_0\left[\frac{1}{s} - \frac{s + \zeta\omega_n}{(s + \zeta\omega_n)^2 + \omega_d^2} - \frac{\zeta\omega_n}{(s + \zeta\omega_n)^2 + \omega_d^2}\right]$$

$$\omega_d = \omega_n\sqrt{1 - \zeta^2}$$

$\zeta < 1$(欠阻尼),时域解

$$y(t) = A_0\left[1 - \frac{\zeta}{\sqrt{1 - \zeta^2}}e^{-\zeta\omega_n t}\sin\omega_d t - e^{-\zeta\omega_n t}\cos\omega_d t\right]$$

$$= A_0\left[1 - \frac{\zeta}{\sqrt{1 - \zeta^2}}e^{-\zeta\omega_n t}\sin(\omega_d t + \arccos\zeta)\right] \tag{4-38}$$

上式表明,输出响应为沿单位阶跃线的按指数衰减变动的振动曲线,振动角频率为 ω_d,见图 4-10。

$\zeta = 1$ 时(临界阻尼),$\omega_d = 0$,

$$y(t) = A_0[1 - e^{-\omega_n t}(1 + \omega_n t)] \tag{4-39}$$

输出是一个趋向 A_0 按指数上升的曲线。

$\zeta > 1$ 时(过阻尼)　$\omega_d = j\omega_n\sqrt{\zeta^2 - 1}$

$$y(t) = A_0\left[1 - e^{-\zeta\omega_n t}\mathrm{ch}\omega_d t - e^{-\zeta\omega_n t}\frac{\zeta}{\sqrt{\zeta^2 - 1}}\mathrm{sh}\omega_d t\right]$$

$$= A_0\left[1 - \frac{\omega_2}{\omega_2 - \omega_1}e^{-\omega_1 t} - \frac{\omega_1}{\omega_2 - \omega_1}e^{-\omega_2 t}\right]$$

$$\omega_{12} = \omega_n(\zeta \mp \sqrt{\zeta^2 - 1}) \tag{4-40}$$

因此,响应也是一个趋向 A_0 线的上升指数曲线。由于 $\omega_1 < \omega_2$,因此第二项衰减快,第一项起主导作用。图 4-10 是二阶系统的单位阶跃响应曲线(x_0 为阶跃幅值)。

对于机械系统来说,阻尼很小,结构引起的阻尼比 $\zeta < 0.1$。因此,响应是一个衰减振动。其包络线为 $e^{-\zeta\omega_n t}/\sqrt{1 - \zeta^2}$,由 $\frac{dy}{dt} =$

0 可求得第一个峰值的振幅 M_1

$$M_1 = A_0 \exp\left(-\frac{\zeta\pi}{\sqrt{1-\zeta^2}}\right) \tag{4-41}$$

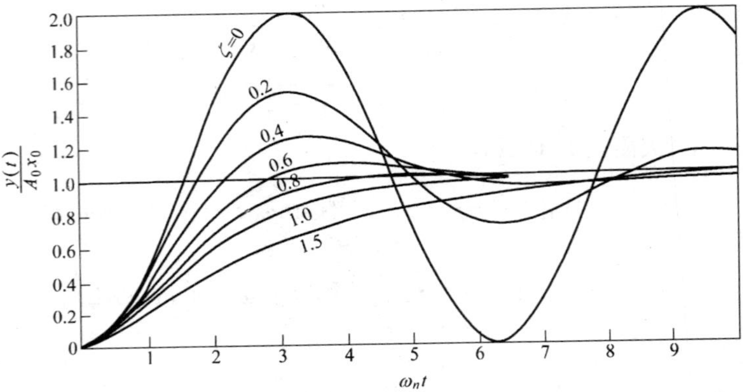

图 4－10　二阶系统单位阶跃响应曲线

3．单位正弦响应

单位正弦响应由稳态响应和瞬态响应组成，若初始条件为零，响应为：

$$y(t) = A(\omega)\sin[\omega t + \phi(\omega)] - e^{-\zeta\omega_n t}B(\omega)\sin[\omega_d t + \theta(\omega)] \tag{4-42}$$

第二项的 $B(\omega)$、$\theta(\omega)$ 是与 ω/ω_n、ζ 有关的函数。该项为指数衰减项，稳态时，该项趋于零。可以得到稳态响应

$$y(t) = A(\omega)\sin[\omega t + \phi(\omega)] \tag{4-43}$$

式中 $A(\omega)$ 和 $\phi(\omega)$ 就是该系统的幅频和相频特性，见式(4－28)和(4－29)式。

例 1　测力传感器(二阶系统)静态标定时，加载 100kN 时，输出 20mV。已知测力传感器的固有频率为 500Hz，阻尼比 $\zeta < 0.1$。若测量动态力 $f(t) = 50\sin(1500t)$kN，求它的输出表达式和幅值误差。又问若允许幅值误差为 5%，求该传感器允许最高频率为多少。

解　静态灵敏度 $A_0 = 20/100 = 0.2$mV/kN。作用力的角频

率

$$\omega = 1500\text{rad/s},$$

可得频率比 $\omega/\omega_n = 0.477$，幅频及相频特性为

$$A(\omega) = \frac{A_0}{\sqrt{[1-(\omega/\omega_n)^2]^2 + (2\zeta\omega/\omega_n)^2}}$$
$$= 1.285A_0 = 0.257\text{mV/kN}$$

$\phi(\omega) = \arctan[(-2\zeta\omega/\omega_n)/(1-\omega^2/\omega_n^2)] = 7.05°$，输出为 $y(t) = 12.85\sin(1500t - 7.05°)\text{mV}$。

幅值误差 $\gamma_a = A(\omega)/A_0 - 1 = 28.5\%$，若允许幅值误差 $\gamma_a = 5\%$，即 $A(\omega)/A_0 = 1.05$，由式(4－34)可求得 $\omega/\omega_n \leqslant 0.22$，即 $f_{max} = 110\text{Hz}$。

第四节　测试仪器不失真条件

在测试中，要求仪器失真越小越好。也就是说，输出与输入信号应成比例关系。分析失真可以按两种情况来研究。一种是对时间有要求，即输出与输入同时动作，要求

$$y(t) = A_0x(t) \quad (4-44)$$

一种是输出允许比输入滞后一时间差 t_0，要求

$$y(t) = A_0x(t-t_0) \quad (4-45)$$

从频域来看，若 $x(t) \rightleftharpoons X(f)$，$y(t) \rightleftharpoons Y(f)$，系统特性 $H(f) = A(f)e^{j\phi(f)}$ 或 $Y(f) = A(f)e^{j\phi(f)}X(f)$

因此，对于输出与输入不允许有时间差时，由式(4－44)的富氏变换式可以看到，要求

$$A(f) = A_0, \phi(f) = 0 \quad (4-46)$$

对于允许输出滞后的情况，由于 $x(t-t_0) \rightleftharpoons X(f)e^{-j2\pi ft_0}$，因此对频域要求

$$A(f) = A_0, \phi(f) = -2\pi ft_0 \quad (4-47)$$

即要求幅频特性为常数，相频特性为 f 的线性函数。见图 4－11。

对于某些典型信号，假若略去幅值很小的高次谐波分量，按幅频误差 5% 考虑，可以按如下要求选择仪器。

(1)一阶测量装置,已知装置的最高允许频率 f_{max}:

对频率 f 的正弦波,要求 $f \leqslant f_{max}$;

对基频 f_0 的非正弦波,要求 $f_0 \leqslant (0.3 \sim 0.2) f_{max}$

(2) 二阶测量装置,已知装置的固有频率 f_n 和阻尼比。

若 $\zeta = 0.6 \sim 0.8$:

对频率 f 的正弦波,要求 $f \leqslant 0.5 f_n$

对基频 f_0 的非正弦波,要求 $f_0 \leqslant (0.2 \sim 0.1) f_n$

若 $\zeta < 0.1$:

对频率 f 的正弦波,要求 $f \leqslant 0.25 f_n$

对基频 f_0 的非正弦波,要求 $f_0 \leqslant (0.1 \sim 0.05) f_n$

对于一些前后沿较斜缓的波形,如三角波等,f_0 可再增加些。

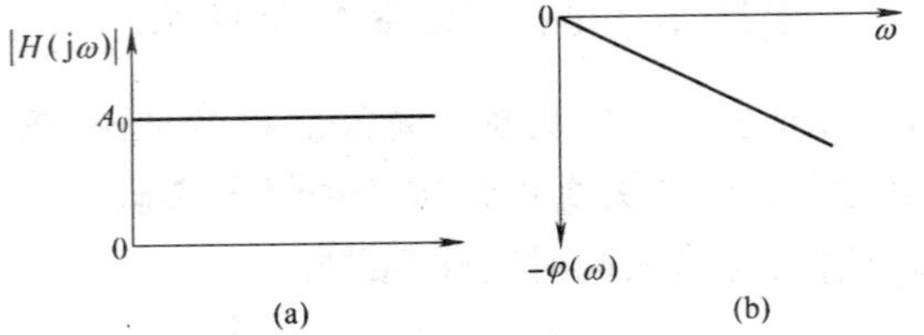

图 4 - 11　不失真条件下的幅频及相频特性

例如,光线示波器振子 $\zeta = 0.7$,对于 1200 振子,即 $f_n = 1200$,按上文要求,$f \leqslant 0.5 f_n$、$f_0 \leqslant (0.1 \sim 0.2) f_n$ 可测正弦波 600Hz,方波 120Hz,三角波 240Hz。

第五节　测试装置动特性参数测试方法

测试仪器要求进行定期检验或标定。由于通常都只进行静态标定,对于动态测试来说,是不够的。还必须测试仪器的动态特性参数,即求出它们的频率特性或传递函数,以便进一步分析动态响应和误差。动特性测量可以采用瞬态响应法(冲激响应、阶跃响应、斜坡响应等)、频率响应法、随机函数响应法等。本节将叙述常用的阶跃响应法和频率响应法[10],其它方法可参阅有关资料。

一、阶跃响应法

阶跃响应法是对仪器输入一个阶跃信号，如用开关的断合产生一个电压阶跃，用机械装置夹紧、放松或初始应力的突然释放产生力阶跃等。同时用光线示波器、磁带记录仪、同步示波器、带A/D板的数据采集仪器等记录下仪器输出的阶跃响应曲线 $y(t)$。若输入的阶跃信号值为 $x(t)=x_0(t>0)$，可以得到单位阶跃响应曲线 $y(t)/x_0=y_0(t)$。利用 $y_0(t)$ 即可求得一阶或二阶系统的动态参数。

1. 一阶系统

一阶系统的频率特性为

$$H(\omega)=\frac{A_0}{1+j\omega\tau} \quad (4-48)$$

它的单位阶跃响应曲线为

$$y_0(t)=y(t)/x_0=A_0(1-e^{-t/\tau}) \quad (4-49)$$

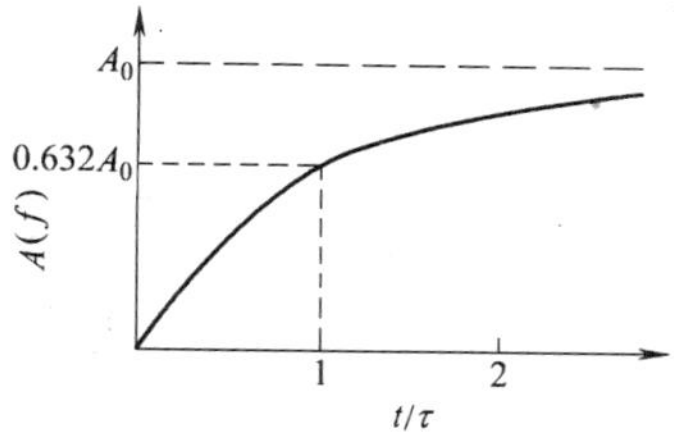

图 4－12　一阶系统单位阶跃响应

因此，只须求出 A_0(静态增益)和 τ(时间参数)两个参数。由上式可知，当 $t=5\tau$ 时，$y_0(\tau)=0.632A_0$。当 $t>5\tau$ 时，$y_0(t)=A_0$。利用曲线的末端水平线(稳态值)，可求得 A_0，见图 4－12。利用 $0.632A_0$ 处曲线上相应的时间坐标，求得 τ 值。

用上述方法求 τ 的精度不太高，可以采用平均法。由式(4－49)，可得对数式

$$\tau=\frac{t}{-\ln[1-y(t)/(x_0A_0)]} \quad (4-50)$$

在曲线上可以求出多个与 t_i 相应的 $y_i(t)/x_0$ 代入上式可求得相应的 τ_i 值。取各 τ_i 的平均值 $\bar{\tau}$ 便求得精度较高的时间常数值。如果，各 τ_i 偏离较大，那么测量仪器可能不是一阶的。

例 1　测得某一阶系统指数上升曲线值如下，求 A_0 及 τ 值。并求测量 500Hz 正弦信号的幅值误差。

t /s	0.0001	0.0002	0.0003	0.0004	0.001	0.015
$y_0/\text{mA}\cdot\text{mV}^{-1}$	20	31	39	42	50	50
τ/s	0.0002	0.00021	0.0002	0.00022		

解 由各 t_i、y_{0i} 计算出 τ_i 值。其平均值 $\bar{\tau}=0.21\times10^{-3}\mathrm{s}$。也可用简单方法，即 $y_0=50\times0.632=31.6$ 处，与此相对应的时间为 $\tau=0.21\times10^{-3}\mathrm{s}$。又 $\dfrac{A(\omega)}{A_0}=\dfrac{1}{\sqrt{1+(\omega\tau)^2}}$，以 $\omega=1000\pi(f=50)$ 代入得 $A(\omega)/A_0=0.835$。因此，误差 $\gamma_a=-16.5\%$。

2. 二阶系统

二阶系统的频率特性为

$$H(\omega)=\frac{\omega_n^2}{\omega_n^2-\omega^2+\mathrm{j}2\zeta\omega_n\omega} \tag{4-51}$$

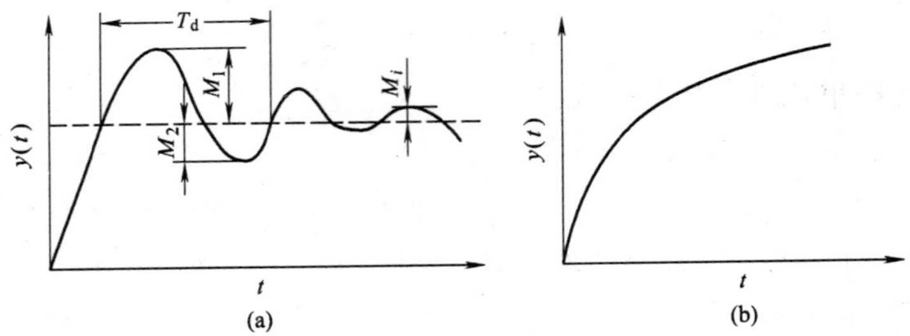

图 4-13 二阶系统单位阶跃响应

(1) $\zeta<1$ 时，单位阶跃响应为

$$y(t)=A_0\left[1-\mathrm{e}^{-\zeta\omega_n t}\frac{1}{\sqrt{1-\zeta^2}}\sin(\omega_d t+\arccos\zeta)\right] \tag{4-52}$$

因此，需要求 A_0、ζ 和 ω_n，见图 4-13(a)。利用对数衰减曲线求 ζ。对于单位阶跃响应 $y_0(t)=y(t)/x_0$（x_0 为阶跃值），一般 $1>\zeta>0.2$ 时会出现一个峰值 M_1，当 $\zeta<0.2$ 时会出现两个或两个以上峰值 M_1 或 M_2、M_3。振动减弱后的平稳值为 A_0，可以求得对数衰减率 δ。

$$\delta=\ln\frac{A_0}{M_1}=\ln\frac{M_1}{M_2}=\frac{1}{2}\ln\frac{M_1}{M_3}=\frac{1}{3}\ln\frac{M_1}{M_4}$$
$$=\frac{1}{n-1}\ln\frac{M_1}{M_n} \tag{4-53}$$

式中 A_0 为稳态值，M_1 为第一个峰值（超过 A_0 部分的值），M_2 为谷值(低于 A_0 的第二个极值),M_3 为第三个极值(峰值)等。单数为峰,偶数为谷。阻尼比 ζ 为

$$\zeta = \frac{1}{\sqrt{1 + (\pi / \delta)^2}} \qquad (4-54)$$

$$f_n = \frac{f_d}{\sqrt{1 - \zeta^2}} \quad 及 \quad f_d = \frac{1}{T_d} \qquad (4-55)$$

式中 $T_d = 2t_p$ 为有阻尼振动周期,t_p 为第一峰值时间。

(2) 当 $\zeta > 1$ 时,单位阶跃响应曲线为式(4-40),见图 4-13(b)。对于指数上升曲线的后段,由于 $e^{-\omega_2 t}$ 和 $e^{-\omega_1 t}$ 相比,前者可以略去,即曲线方程为

$$y_0(t) = A_0(1 - \frac{\omega_2}{\omega_2 - \omega_1}e^{-\omega_1 t}) = A_0(1 - Ce^{-\omega_1 t}) \qquad (4-56)$$

及

$$C = \frac{\omega_2}{\omega_2 - \omega_1}$$

若令 $Z = \ln(1 - y_0(t)/A_0), b = \ln C$ 上式可得

$$Z = b - \omega_1 t \qquad (4-57)$$

假若通过曲线求得 ω_1 和 b 值,即可由下式求出 ω_n 和 ζ

$$\omega_n = \omega_1\sqrt{\frac{C}{C-1}} = \sqrt{\omega_1\omega_2} \qquad (4-58)$$

$$\zeta = \frac{\omega_1}{\omega_n}(\frac{C}{C-1} + 1) = \frac{\omega_1 + \omega_2}{\omega_n} \qquad (4-59)$$

利用式(4-57)求 ω_1 和 b 时,可在曲线后半段取两点,即 t_a 对应值 y_a 和 t_b 对应值 y_b,并得到相应的 Z_a 和 Z_b,即可得到方程

$$Z_a = b - \omega_1 t_a$$

$$Z_b = b - \omega_1 t_b$$

由上两式解得

$$\omega_1 = \frac{Z_a - Z_b}{t_b - t_a} \qquad (4-60)$$

$$b = \frac{Z_a t_b - Z_b t_a}{t_b - t_a} \qquad (4-61)$$

及 $$C = e^b$$
若需求较精确值，可将曲线后部分分成两部分，前一部分取多个 t_i 值并求得相应的 Z_i 值，然后分别求出平均时间 $\bar{t}_b$ 和相应的平均值 $\bar{Z}_b$。同样后一部分也取多个 t_j 值，并得到相应的 Z_j 值，求出它们的平均值 $\bar{t}_b$ 和 $\bar{Z}_b$，代入式(4－60)、(4－61)即可得到 ω_1 和 C 值，并通过式(4－58)、式(4－59)求得 ω_n 和 ζ 值。

例 2 光线示波器(二阶系统)的单位阶跃响应曲线见图 4－13(a)，某振子输入 50mA 时，绘出稳态曲线高 20mm。且 $M_1 = 4\text{mm}$，$t_p = 0.002\text{s}$。当向该光线示波器输入幅值 30mA，频率 100Hz 电流，求所绘出曲线的幅值为多少，它的幅频误差为多少。

解 $A_0 = 20/50 = 0.4\text{mm/mA}$，由曲线得 $\delta = \ln(20/4) = 1.6094$，$\zeta = \dfrac{1}{\sqrt{1+(\pi/\delta)^2}} = 0.456$。由 $t_p = 0.002\text{s}$ 得 $f_d = 250\text{Hz}$，$f_n = \dfrac{f_d}{\sqrt{1-\zeta^2}} = 281\text{Hz}$。当输入信号 $f = 100\text{Hz}$，$x_0 = 30\text{mA}$ 时，输出幅值为 $x_0 A(\omega)$，又 $A(\omega) = \dfrac{A_0}{\sqrt{[1-(f/f_n)^2]^2 + (2\zeta f/f_n)^2}}$，以 $f/f_n = 0.356$ 及 ζ 代入得 $A(\omega) = 1.0733$，$A_0 = 0.4293$。因此曲线幅值为 $30 \times 0.4293 = 12.88\text{mm}$，幅频误差 $\gamma_a = A(\omega)/A_0 - 1 = 7.33\%$。

例 3 某一二阶系统，单位阶跃响应曲线见图 4－13(b)，测得时间 t_i 与响应 $\dfrac{y_0(t)}{A_0}$ 的值如下，求 ζ 和 ω_n、A_0。

t_i/s	y_0/A_0	$L_n(1 - y_0/A_0) = z$
0.005	0.72	−1.27297
0.006	0.78	−1.51413
0.007	0.84	−1.83258
0.008	0.87	−2.04022
0.009	0.90	−2.30258
0.010	0.92	−2.52513
0.011	0.94	−2.81341
0.012	0.96	−3.21888

由图可得 $A_0 = 20.00$。再由 t_i 前四个值求得平均值 $t_a = 6.5$

$\times 10^{-3}$s, $Z_a = -1.66497$;后四个值的平均值为 $t_b = 10.5 \times 10^{-3}$s, $Z_b = -2.71515$。进而求得

$$\omega_1 = \frac{Z_a - Z_b}{t_b - t_a} = 0.2625 \times 10^3, b = \frac{Z_a t_b - Z_b t_a}{t_b - t_a} = 0.04156,$$

$$e^b = 1.0424, \omega_2 = \frac{e^b}{e^b - 1}\omega_1 = 6.4490 \times 10^3, \omega_n = \sqrt{\omega_1 \omega_2} = 1.30 \times 10^3, \zeta = \frac{\omega_1 + \omega_2}{\omega_n} = 5.16$$

二、频率响应法

频率响应法是对仪器输入一个频率可变的信号。如用信号发生器产生频率可变的电压信号,或用激振器和信号发生器产生频率可变的激振力。同时测出输入信号值和仪器输出值 $X(f)$、$Y(f)$,可以得到幅频特性 $A(f) = \left|\frac{Y(f)}{X(f)}\right|$。利用幅频特性即可求得一阶或二阶系统的动态参数。

1. 一阶系统

一阶系统幅频特性为

$$A(f) = \frac{A_0}{\sqrt{1 + (2\pi f\tau)^2}} \quad (4-62)$$

由 $f = 0$ 求得 $A(0) = A_0$;由 $A(f_c) = A_0/\sqrt{2} = 0.707A_0$ 处的 f_c,可以得到 $\tau = \frac{1}{2\pi f_c}$,见图 4-14。

若需精确测量,可多求几个点,即与 f_i 对应的幅频特性幅值为 A_i,因此,求出相应的

$$\tau_i = \frac{1}{2\pi f_i}\sqrt{\left(\frac{A_0}{A_i}\right)^2 - 1} \quad (4-63)$$

然后,求出 τ_i 的平均值,即为一阶系统的时间常数。

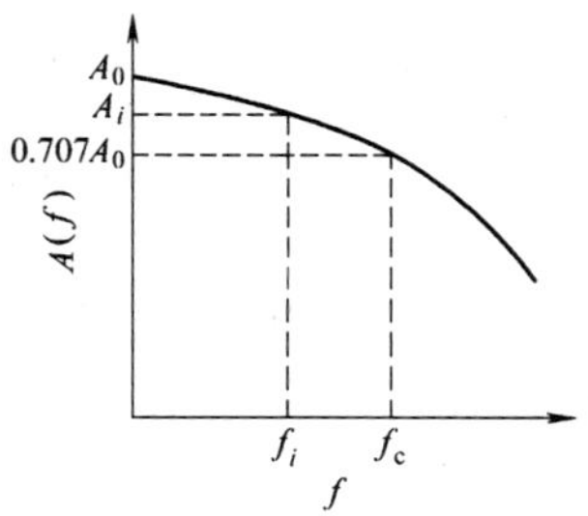

图 4-14 一阶系统幅频特性

例 4 一阶装置输入直流电压 10mV 时输出 300mV,输入正弦信号幅值 10mV,频率 600Hz,

900Hz，1200Hz，1500Hz 时，输出为 268mV，240mV，212mV，187mV。求该装置的时间常数 τ 和增益 A_0，又问输入 5mV，500Hz 正弦信号，输出幅值为多少，幅频误差为多少。

解 $A_0 = 300/10 = 30$，与频率 $f_i = 600\text{Hz}, 900\text{Hz}, 1200\text{Hz}, 1500\text{Hz}$ 相应的 $Y(f)/X(f)$ 为 26.8，24.0，21.2，18.7，按式(4-63)求得相应的 τ_i 为 $0.1334 \times 10^{-3}\text{s}, 0.1326 \times 10^{-3}\text{s}, 0.1328 \times 10^{-3}\text{s}, 0.1331 \times 10^{-3}\text{s}$。因此，$\bar{\tau} = 0.133 \times 10^{-3}\text{s}$。也可以按 $0.707A_0 = 2.12$，求出相应的 τ 为 $0.133 \times 10^{-3}\text{s}$。对于 $f = 500\text{Hz}$，$A(f) = \dfrac{A_0}{\sqrt{1 + (2\pi f\tau)^2}} = 0.835A_0$，因此输出幅值 $X_0A(f) = 0.835 \times 30 \times 5 = 138.4\text{mV}$，幅频误差 $\gamma_a = A(f)/A_0 - 1 = -7.7\%$。

2. 二阶系统

二阶系统的幅频特性为

$$A(f) = \frac{A_0}{\sqrt{[1 - (f/f_n)^2]^2 + (2\zeta f/f_n)^2}} \tag{4-64}$$

(1) $\zeta < 0.5$ 时，幅频特性会产生峰值 A_r，与之对应的频率为 f_r，见图 4-15(a)。由于

$$\frac{A_r}{A_0} = \frac{1}{2\zeta\sqrt{1 - \zeta^2}}$$

因此，得到

$$\zeta = \sqrt{0.5 - 0.5\sqrt{1 - (A_0/A_r)^2}} \tag{4-65}$$

$$f_n = \frac{f_r}{\sqrt{1 - 2\zeta^2}} \tag{4-66}$$

(2) $\zeta > 0.5$ 时，幅频特性不出现明显峰值，见图 4-15(b)。可以任选两频率 f_1 和 f_2，并得到相应的幅值 A_1 和 A_2。令

$$\theta_1 = (A_0/A_1)^2 - 1$$

$$\theta_2 = (A_0/A_2)^2 - 1$$

$$E = f_2/f_1$$

$$F = \sqrt{\frac{E^2 - 1}{\theta_2 - E^2\theta_1}}$$

即可求得

$$f_n = \sqrt{f_1 f_2 F} \quad (4-67)$$

$$\zeta = 0.5\sqrt{2 - [1/(EF)] + \theta_1 EF} \quad (4-68)$$

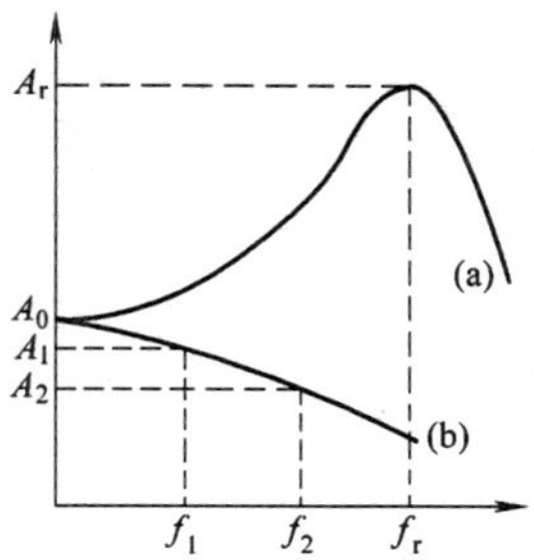

图 4-15 二阶系统幅频特性

例 5 二阶系统测振传感器的振动速度为 40mm/s，输出 20mV，经频率响应法试验，幅频特性曲线的最大值对应的频率为 500Hz，这时，正弦速度幅值为 20mm/s，传感器输出幅值 14mV。求传感器的频率特性，并问测量频率为 200Hz 的正弦速度时，幅频误差为多少。

解 静态增益 $A_0 = 20/40 = 0.5\text{mV/mm/s}$，又已知 $f_r = 500\text{Hz}$，$A_r = 14/20 = 0.7$。因此

$$\zeta = \sqrt{0.5 - 0.5\sqrt{1 - (A_0/A_r)^2}} = 0.387$$

并得到

$$f_n = \frac{f_r}{\sqrt{1 - 2\zeta^2}} = 598\text{Hz}$$

频率特性

$$H(f) = \frac{0.5}{1 - (f/598)^2 + \text{j}0.774(f/598)}$$

测量 $f = 200\text{Hz}$ 载荷时

$$A(200)/A_0 = \frac{1}{\sqrt{[1 - (200/598)^2]^2 + (0.774 \times 200/598)^2}} = 1.169$$

幅频误差 $\gamma_a = 16.9\%$。

习　题

1. 某一测量装置的频率特性为 $H(\omega) = \dfrac{10}{1 + \text{j}0.005\omega}$，若输入信号为

$x(t) = 0.5\cos 10t + 0.2\cos(100t - 45°)$，求测量装置的稳态响应。

2．用一个一阶系统的放大器放大100Hz正弦信号，若要求幅值误差小于5%，问放大器的时间常数最大值为多少。假若用这台放大器放大80Hz正弦信号，求其幅频误差为多少。

3．一台二阶系统记录仪，已知记录系统的固有频率为200Hz，阻尼比 $\zeta = 0.2$，问用它记录100Hz正弦信号的幅频误差为多少。又问若阻尼比改善为 $\zeta = 0.7$，记录100Hz正弦信号的幅频误差为多少。

4．某一台二阶测量装置的频率特性 $H(f) = \dfrac{200 \times 10^6}{4 \times 10^6 - f^2 + \mathrm{j}400f}$，若输入信号 $x(t) = 5\sin(6283t)$，求测量装置的稳态响应和幅值误差。

5．一台一阶系统放大器，输入5mV时输出50mA，若输入幅值5mV，频率1000Hz正弦信号，输出幅值为35mA，求该放大器在幅值误差为5%的条件下可以测量的最高正弦频率为多少。

6．一台一阶测量系统测量装置输入一个10mV的阶跃信号。测得如下时间 $t - y$ 的响应值：1×10^{-4}s－0.98V，1.5×10^{-4}s－1.26V，2.5×10^{-4}s－1.62V，4×10^{-4}s－1.86V，稳态值2.00V。求该一阶装置在允许幅频误差5%时所能测量的最高频率。

7．一台直流放大器（一阶系统）静态输入5mV时输出50mA。又输入5mV幅值正弦电压频率500Hz，1000Hz，1500Hz，输出幅值分别为44.7mA，35.4mA，27.8mA。问向放大器输入3mV，频率800Hz的正弦信号，放大器输出幅值为多少，幅频误差为多少。

8．一台二阶系统记录仪，输入100mV阶跃信号，画出响应曲线高度为：第一个峰值40mm，稳态值30mm，第一个峰值时间0.0008s。若允许幅频误差5%，求该记录仪能记录的最高正弦频率为多少。

9．一个二阶测力系统，进行频率响应试验，输入幅值2kN正弦激振力时，在频率为200Hz时，产生最大输出电压为14mV。又已知测力系统作用恒力为4kN时，输出10mV。求该测力系统的频率特性，并问测量100Hz正弦力信号时，幅频误差为多少。

10．一气象球携带一台时间常数为15s的一阶测温系统。气球等速上升速度为5m/s，又已知温降为每升高30m，温度下降0.15℃。若在某高度测得温度数据传播到地面为－1℃，问该高度实际真实温度应该多少度。

第五章　机械量测试系统的基本环节

机械工程动态测试仪器(系统)中最基本的环节是传感器、中间转换器和记录(指示)仪器。中间转换器包含测量电路和放大器,前者的作用是将传感器的阻抗变化量或其他变化量转换成电压变化量,后者的作用是将传感器或测量电路的输出电压放大,以驱动指示或记录仪器。记录仪器中主要有光线示波器、笔式记录仪、X－Y 函数记录仪、磁带记录仪和数据采集仪等。

第一节　传感器

在机械量测试技术中,传感器是关键的一个环节。目前,测试误差主要来源于传感器的精度。传感器的种类很多,按测量的机械量可以分为测力传感器、位移传感器、速度传感器、加速度传感器、几何量(尺寸)传感器等,按物理效应可以分为阻抗式传感器、电能式传感器、频率脉冲式传感器等。凡是将机械量转换成电量的装置称为机械量传感器。其中将机械量先转换成某一阻抗量(电阻、电感、电容等),然后通过测量电路(电桥电路、脉冲调宽电路等)再将阻抗量转换成电压量的传感器就是阻抗式传感器。为了完成后一转变,还需要向电桥或电路供给电能。电能式传感器的转换方式是利用机械量本身的很小一部分能量,将机械量转换成电量,频率脉冲式传感器的特点是将机械量转换成频率或脉冲,然后计数测量。机械量传感器包括阻抗式传感器、电能式(发电式)传感器、频率脉冲式传感器等。

一、阻抗式传感器

(1)电阻式传感器:滑线变阻器(电位器)、电阻应变计、压阻元件、热敏电阻、光敏电阻等。

(2)电感式传感器:可变自感系数(可变间隙及可动铁芯)、可变互感系数(差动变压器),旋转变压器、压磁式、电涡流式等。

(3)电容式传感器:可变气隙、可变极面积、可变介质等。

二、电能式(发电式)传感器

(1)磁电式传感器:磁阻式测速发电机、直流测速发电机等。

(2)压电式传感器:石英、压电陶瓷等压电晶体。

(3)光电式传感器:光电管、光敏电阻、光电池等。

(4)霍尔效应元件传感器。

(5)热电式传感器:热电偶、热释电红外光敏元件。

(6)射线电式传感器:微波、放射线等传感器。

三、频率脉冲式传感器

(1)振弦式(振简式)传感器。

(2)感应同步器传感器。

(3)光栅传感器。

(4)磁栅传感器。

(5)码盘传感器。

目前常用的机械量传感器有测力传感器、压力传感器,位移测量传感器等8种。

1. 测力传感器

(1)应变计式测力传感器:精度最高,不但用于测力而且用于称重。

(2)压电式测力传感器:频率响应宽,用作测量振动力或冲击力。

(3)压磁式传感器:输出信号大,用于精度要求一般的工业测量。

2. 压力传感器

(1)远传压力表:用于缓变压力信号测量。它由一般弹性压力表和位移传感器组成。

(2)应变计式压力传感器:用于动态压力测量,有通风冷却或通水冷却的还可测量蒸汽压力。

(3)电容式压力传感器:频率响应高,用于动态压力测量。

3. 位移测量传感器

（1）电感式传感器及差动变压器；其特点是测量精度较高，其中差动变压器测量范围较大，可达数百毫米。

（2）感应同步器、磁栅：其精度高，用于机床位移测量。

（3）莫尔条纹光栅：其精度高，用于精密测量。

（4）滑线变阻器、应变计式、霍尔效应式位移传感器：用于一般的位移测量。

（5）电容式位移传感器：用于一般位移测量，其中非接触式的电容式位移传感器主要用于测量振动位移。

（6）电涡流式位移传感器：为非接触测量，用于振动测量。

（7）激光干涉条纹法：用于高精度测量，例如校验量具。

4. 速度测量传感器

（1）测速发电机：其用于一般速度测量。

（2）磁阻式或光电式测速：其精度较高，定标容易。

5. 加速度测量传感器

（1）压电式加速度计：其频带宽，高频可达 30kHz。

（2）应变计式加速度计：其低频响应好，低频从零赫开始，但高频限较低。

6. 扭矩测量传感器

（1）应变计式：其使用方便，可进行现场实测。

（2）光电式、磁阻式：其供实验室用，使用时需将电机与传动轴移开，从中串入传感器才能测量。

（3）压磁式：其用于非接触式测量，精度较低。

7. 移动物体厚度测量传感器

（1）超声波测厚传感器。

（2）放射线测厚：其包括 X 射线、γ 射线、微波测厚。

8. 流量测量传感器

（1）差压式流量计：作一般测量，精度 2% 左右，受粘度、温度、密度等影响。

（2）转子流量计：作一般测量，精度受温度、粘度影响。

（3）靶式流量计：用于测量粘度大的液体流量。

(4)涡流流量计:精度较高,可达0.25%~1.0%。

(5)容积式流量计:精度可达0.5%~1.0%。

由于应变计在机械量测试中应用广泛,因此将在测力前一章中重点叙述,其他各种变换原理分别结合实际测量在位移测量(电感式、电容式、感应同步器、光栅等)、速度测量(磁电式、磁阻式)、测振(压电式、电涡流式)等各章中介绍。

第二节　电桥电路

电桥电路按供桥电压不同,可分为直流电桥电路和交流电桥电路。

一、直流电桥电路

直流电桥电路用于测量电阻,它能将电阻变化量转换成电桥的输出电压变化量。同时,它又是研究交流电桥电路的基础。直流电桥电路由四个电阻首尾相接,其组成如图5-1所示。每个电阻所在的电桥电路的一部分称为桥臂。R_1接在AB之间,称为第一臂。R_2接在BC之间,称为第二臂。R_3接在CD之间,称为第三臂。R_4接在DA之间,称为第四臂。在AC点接入电压U_a(a接电源正、c接负),它称为供桥电压,在DB端将会有一输出电压U_d(d为正、b为负)。输出电压U_d为

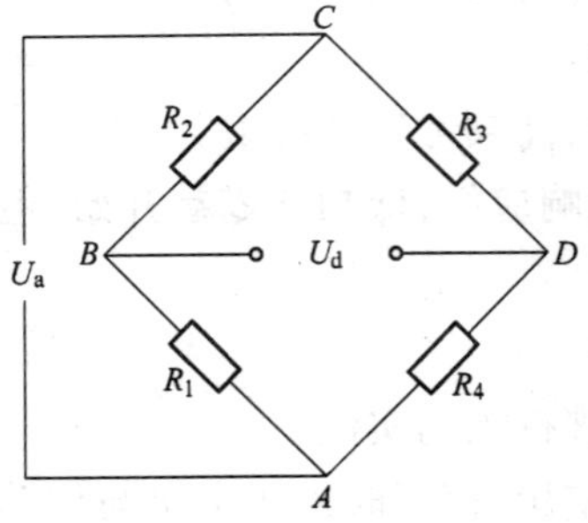

图5-1　电桥

$$U_d = U_a\left(\frac{R_3}{R_3 + R_4} - \frac{R_2}{R_1 + R_2}\right)$$

或写成
$$\frac{U_d}{U_a} = \frac{R_1R_3 - R_2R_4}{(R_1 + R_2)(R_3 + R_4)} \tag{5-1}$$

如果

$$R_1R_3 = R_2R_4 \tag{5-2}$$

由式(5-1)知，$U_d = 0$,称为电桥平衡。

电桥平衡后，若各电阻 R_1、R_2、R_3、R_4 分别都各自变化了 ΔR_1、ΔR_2、ΔR_3、ΔR_4,这时电桥输出电压 U_d 将不再是零,它等于

$$\frac{U_d}{U_a} = \frac{(R_1 + \Delta R_1)(R_3 + \Delta R_3) - (R_2 + \Delta R_2)(R_4 + \Delta R_4)}{(R_1 + \Delta R_1 + R_2 + \Delta R_2)(R_3 + \Delta R_3 + R_4 + \Delta R_4)}$$

由于 $R_1R_3 = R_2R_4$,若略去 ΔR 的乘积项,上式为

$$\frac{U_d}{U_a} = \frac{R_1R_2}{(R_1 + R_2)^2}\left(\frac{\Delta R_1}{R_1} - \frac{\Delta R_2}{R_2} + \frac{\Delta R_3}{R_3} - \frac{\Delta R_4}{R_4}\right)(1 - \gamma) \tag{5-3}$$

及

$$\gamma = \frac{\dfrac{\Delta R_1}{R_1} + \dfrac{\Delta R_4}{R_4} + \dfrac{R_2}{R_1}\left(\dfrac{\Delta R_2}{R_2} + \dfrac{\Delta R_3}{R_3}\right)}{1 + \dfrac{R_2}{R_1} + \dfrac{\Delta R_1}{R_1} + \dfrac{\Delta R_4}{R_4} + \dfrac{R_2}{R_1}\left(\dfrac{\Delta R_2}{R_2} + \dfrac{\Delta R_3}{R_3}\right)} \tag{5-4}$$

γ 就是非线性误差。

在机械量测量中,常遇到以下几种情况:

(1) $R_1 = R_2 = R$ 及 $R_3 = R_4$,称为对称输出电桥,其中当 $R_1 = R_2 = R_3 = R_4 = R$ 时,又称为等臂电桥,这两种电桥的输出方程为:

① 单端变动,即 R_1 变动为 ΔR_1,其他不变动,即 $\Delta R_2 = \Delta R_3 = \Delta R_4 = 0$。这时

$$\frac{U_d}{U_a} = \frac{1}{4}\left(\frac{\Delta R_1}{R_1}\right)(1 - \gamma) \tag{5-5}$$

$$\gamma = \frac{\Delta R_1/R_1}{2 + \Delta R_1/R_1} \tag{5-6}$$

②半桥差动变动,即 $\Delta R_1 = -\Delta R_2$,$\Delta R_3 = \Delta R_4 = 0$。这时

$$\frac{U_d}{U_a} = \frac{1}{2}\left(\frac{\Delta R_1}{R_1}\right) \tag{5-7}$$

③全桥差动变动,即 $\Delta R_1 = -\Delta R_2$,$\Delta R_3 = -\Delta R_4$。这时

$$\frac{U_d}{U_a} = \frac{1}{2}\left(\frac{\Delta R_1}{R_1} + \frac{\Delta R_3}{R_3}\right) \tag{5-8}$$

(2) $R_1 = R_4 = R$ 及 $R_2 = R_3 = R'$ 称为对称输入电桥,若令 $\alpha = R_2/R_1 = R'/R$,则输出方程为:

① 单端变动,即 R_1 变动为 $\Delta R_1, \Delta R_2 = \Delta R_3 = \Delta R_4 = 0$

$$\frac{U_d}{U_a} = \frac{\alpha}{(1+\alpha)^2}\left(\frac{\Delta R_1}{R_1}\right)(1-\gamma) \tag{5-9}$$

$$\gamma = \frac{\Delta R_1/R_1}{1+\alpha+\Delta R_1/R_1} \tag{5-10}$$

②半桥差动,即 $\Delta R_1 = -\Delta R_4, \Delta R_2 = \Delta R_3 = 0$

$$\frac{U_d}{U_a} = \frac{\alpha}{(1+\alpha)^2}\left(2\frac{\Delta R_1}{R_1}\right)(1-\gamma) \tag{5-11}$$

$$\gamma = \frac{-(\Delta R/R_1)^2}{(1+\alpha)^2-(\Delta R_1/R_1)^2}$$

式(5-7)、式(5-11)中的 γ 称为非线性误差。

应注意,上述各公式是在电桥输出负载 $R_L = \infty$ 的情况下(开路时)得到的。若 R_L 不是足够大,电桥的输出电阻为(各 $\Delta R/R$ 较小时)

$$R_{db} = \frac{(R_1+R_4)(R_2+R_3)}{R_1+R_4+R_2+R_3} \tag{5-12}$$

由 Thevenin 定理得到负载两端电压

$$U_L = U_d\frac{R_L}{R_L+R_{db}} \tag{5-13}$$

式中 R_{db} 为输出端的电路等效电阻。因此,只有当 $R_{db} \ll R_L$ 时,$U_L = U_d$。同时,若各 $\Delta R/R$ 不是很小时,也将会产生较大的非线性误差,还应注意,为了使电桥具有最大的输出功率,要求 $R_L = R_{db}$。这时流过负载的电流 I_L 为

$$I_L = \frac{U_L}{R_L} = \frac{U_d}{2R_L} \tag{5-14}$$

另外,从电桥输出电压式子中可以看到,供桥电压 U_a 提高后,输出电压 U_d 也将增加,但是 U_a 增加,会使电阻发热,若电阻允许流过电流为[I],那么对于对称输出电桥或等臂电桥电路,供

桥电压 U_a 的最大允许值为

$$U_{amax} = 2R[I] \tag{5-15}$$

式中 R 为桥臂中最小阻值的电阻值。

为了使电桥平衡，即满足 $R_1R_3 = R_2R_4$，可以在电桥电路中接入一个调零电位器 W_0，见图 5－2。调节 W_0 触头，可以改变三及四臂电阻值，达到平衡目的。

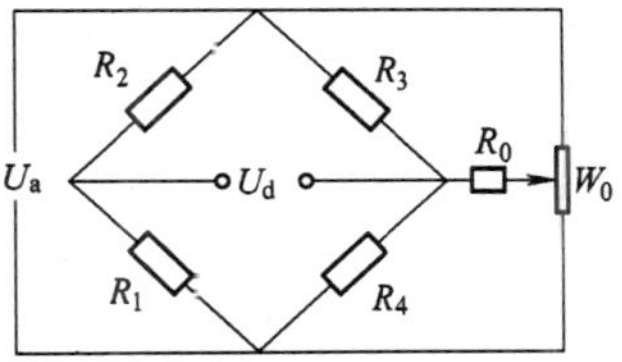

图 5－2　电桥平衡法

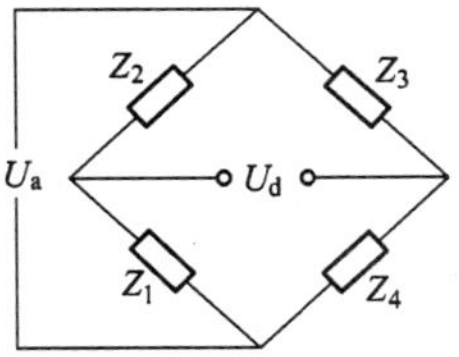

图 5－3　交流电桥

二、交流电桥电路

交流电桥类似直流电桥，见图 5－3。每一臂除接入纯电阻外，也可以接入电感或电容。若用阻抗 Z 代替 R，那么，直流电桥电路中的各公式可以推广用于交流电桥电路中。交流电桥的供桥电压若为 U_a(为交流电压)，输出电压 U_d 为

$$\frac{U_d}{U_a} = \frac{Z_1Z_3 - Z_2Z_4}{(Z_1 + Z_2)(Z_3 + Z_4)}$$

当 $Z_1Z_3 = Z_2Z_4$ 时，$U_d = 0$，称为电桥平衡。

电桥平衡后，若各臂阻抗 Z_1、Z_2、Z_3、Z_4 各自变化了 ΔZ_1、ΔZ_2、ΔZ_3、ΔZ_4(参看图 5－3)，则电桥输出电压 U_d 为

$$\frac{U_d}{U_a} = \frac{Z_1Z_2}{(Z_1 + Z_2)^2}\left(\frac{\Delta Z_1}{Z_1} - \frac{\Delta Z_2}{Z_2} + \frac{\Delta Z_3}{Z_3} - \frac{\Delta Z_4}{Z_4}\right)(1 - \gamma)$$

式中 γ 为非线性误差

$$\gamma = \frac{\frac{\Delta Z_1}{Z_1} + \frac{\Delta Z_4}{Z_4} + \frac{Z_2}{Z_1}\left(\frac{\Delta Z_2}{Z_2} + \frac{\Delta Z_3}{Z_3}\right)}{1 + \frac{Z_2}{Z_1} + \left(\frac{\Delta Z_1}{Z_1} + \frac{\Delta Z_4}{Z_4}\right) + \frac{Z_2}{Z_1}\left(\frac{\Delta Z_2}{Z_2} + \frac{\Delta Z_3}{Z_3}\right)}$$

在交流电桥中经常遇到的是 $Z_1 = Z_2$，$Z_3 = Z_4$，同时经常采

用差动工作方式，即 $\Delta Z_1 = -\Delta Z_2$，上式变为

$$\frac{U_d}{U_a} = \frac{1}{4}\left(\frac{\Delta Z_1}{Z_1} - \frac{\Delta Z_2}{Z_2}\right)$$

非线性误差　$\gamma = 0$

对于单端工作，Z_1 变化了 ΔZ_1

$$\frac{U_d}{U_a} = \frac{1}{4}\left(\frac{\Delta Z_1}{Z_1}\right) \tag{5-16}$$

非线性误差

$$\gamma = \frac{\Delta Z_1 / Z_1}{2 + \Delta Z_1 / Z_1} \tag{5-17}$$

电桥工作前，必须使电桥平衡，即 $Z_1 Z_3 = Z_2 Z_4$。

各阻抗 Z 可以用复数表示，即 $Z_1 = |Z_1| e^{j\phi_1}$，$Z_2 = |Z_2| e^{j\phi_2}$，$Z_3 = |Z_3| e^{j\phi_3}$，$Z_4 = |Z_4| e^{j\phi_4}$ 因此电桥平衡时要求

$$|Z_1||Z_3| = |Z_2||Z_4|$$

$$\phi_1 + \phi_3 = \phi_2 + \phi_4 \tag{5-18}$$

上式说明电桥平衡时，相对臂阻抗模的乘积应相等，同时相对臂的阻抗相角之和应相等。

图 5-4(a)是测量电感 L_1 及 L_2 的电桥，供桥电压 U_a 由 U_p 通过变压器耦合得到。图 5-4(b) 为测量电容 $C_1 C_2$ 的电桥，若略去电阻影响，前者电桥平衡条件为

$$L_1 L_3 = L_2 L_4 \tag{5-19}$$

后者电桥平衡条件为

$$\frac{L_3}{C_1} = \frac{L_4}{C_2} \tag{5-20}$$

图 5-4(c)为纯电阻电桥，若供桥电压频率较高时，它的电容不能略去。假设 R_1 及 R_2 的电容为 C_1 及 C_2，如图可知，它的平衡条件是

$$\frac{R_1 R_3 / (j\omega C_1)}{R_1 + [1/(j\omega C_1)]} = \frac{R_2 R_4 / (j\omega C_2)}{R_2 + [1/(j\omega C_2)]}$$

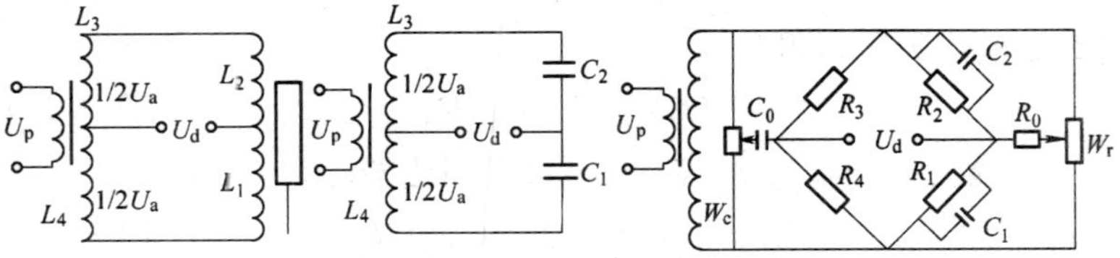

图 5－4 交流电桥

即
$$\frac{R_1R_3}{1+j\omega R_1C_1}=\frac{R_2R_4}{1+j\omega R_2C_2}$$

因此平衡条件为两个

$$\left.\begin{aligned}R_1R_3&=R_2R_4\\R_1C_1&=R_2C_2\end{aligned}\right\}\qquad(5-21)$$

为了使电桥平衡，应设置 W_c、C_0 及 W_r、R_0 两个调零装置(图 5－4c)。

第三节 放大器

在机械量测试中，传感器或测量电路的输出信号电压是很微弱的，还需要进行放大。对放大器的要求是频带宽，且能放大直流信号(频率从零开始)。也就是在通频带内，对各频率的放大系数应该是相同的，它的相频特性与频率成比例关系(参看第四章第四节)，并要求放大器的输入阻抗大，输出阻抗低，噪声低，在机械工程中广泛使用运算放大器。一般的运算放大器是一种高增益的直接耦合差动放大器。由于输入失调电压是温度的函数，因此总会产生零漂，为克服零漂，可以采用调制放大再解调的方法进行放大。但是，由于调制频率的限制，会影响放大器的频带宽度，因而出现了双通道宽带放大器，即一路是调制放大并解调，另一路是高频放大，然后两路合成。下面分别介绍运算放大器，调制放大器及双通道宽带放大器。

一、运算放大器

运算放大器是一种高增益放大器，见图 5－6。通过阻抗反馈

可以得到各种功能。图 5－5(a)是反相比例放大器，由 D 点输入放大器电流为零可得

$$U/e_a = -R_f/R_a \tag{5-22}$$

若输入两路信号 e_a 及 e_b，则得到加法器

$$U = -R_f(e_a/R_a + e_b/R_b) \tag{5-23}$$

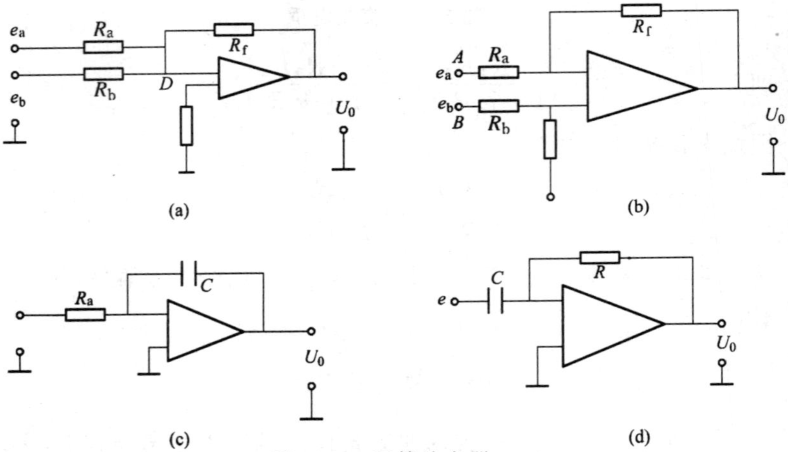

图 5－5　运算放大器

图 5－5(b)是差动放大器，一般 $R_a = R_b$，得到

$$U = (e_b - e_a)R_f/R_a \tag{5-24}$$

因此可做减法器或比较器。若 A 点接地，B 点输入 e_b，可组成同相输入放大器

$$U/e_b = 1 + R_f/R_b \tag{5-25}$$

图 5－5(c)是积分放大器

$$U = -\frac{1}{RC}\int e\,\mathrm{d}t \tag{5-26}$$

图 5－5(d)是微分放大器

$$U = -RC\frac{\mathrm{d}e}{\mathrm{d}t} \tag{5-27}$$

运算放大器还可以组成检波、限幅、稳压、稳流、有源滤波、对数电路等。可参看有关书籍。

二、调制放大器

调制放大器原理图见图 5－6(c)。振荡器供给调制器信号 u_s 及解调器信号 u_r，使 T_1T_2 开关管及 T_3T_4 开关管轮流导通或截止，输入信号 u_x 通过 T_1T_2 后被调制成调幅信号 u_d，见图 5－7(b)。再经过放大为 u_c，并通过 T_3T_4 被解调为 u_b，再经 R_2C_2 滤波，滤去载波信号后，得到放大了的输入信号 u_y。

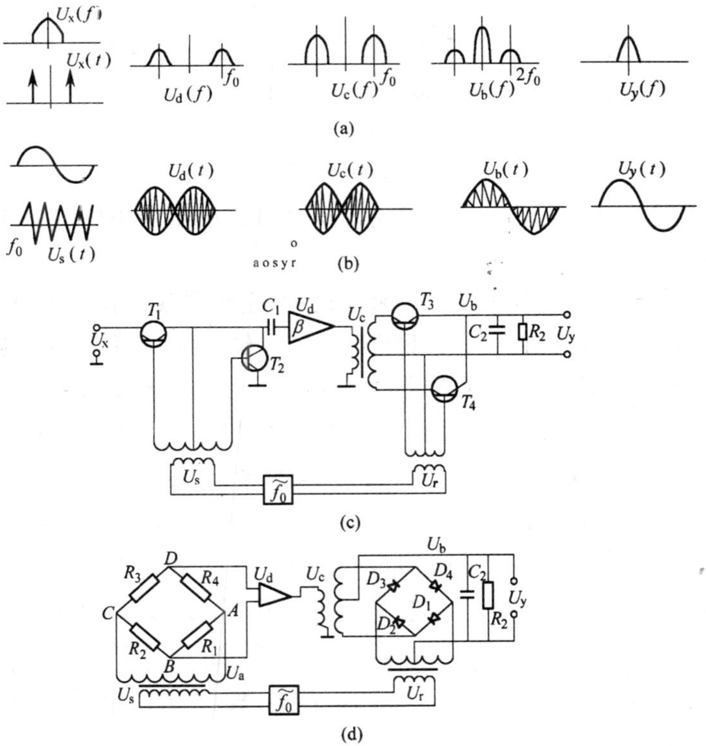

图 5－6　调制放大器

信号调制器是一个乘法器，它将信号电压 u_x 与载波电压(调制电压) u_s 相乘，使高频载波信号的幅值随输入信号大小而变动。若调制载波为

$$u_s = U_s\cos\omega_s t$$

u_d经放大 β 倍后的输出为u_c

$$u_c = \beta u_x u_s = \beta u_x U_s \cos\omega_s t \tag{5-28}$$

上面分析的是在放大器内调制，另外也可以在放大器外调制。

图5-6(d)是电桥调制，电桥的供桥电压 $u_s = U_s\cos\omega_s t$，若电阻 R_1 变化了 ΔR_1，由式(5-6)得电桥输出电压

$$u_d = \frac{1}{4}(\frac{\Delta R_1}{R_1})u_s = \frac{1}{4}(\frac{\Delta R_1}{R_1})U_s\cos\omega_s t \tag{5-29}$$

上式表明，调制过程是乘法过程。另外应注意，假若输入电压为负值，如 ΔR_1 为负值，那么调制后电压为

$$u_d = \frac{1}{4}(\frac{\Delta R_1}{R_1})U_s\cos(\omega_s t + \pi) \tag{5-30}$$

也就是说，它的幅值不变，但输入信号与载波信号相位差180°(反相)。

信号解调过程也是一个乘法过程，它将调幅波按相位进行检波，同相位时输出正值，反相位时输出负值，因此又称为相敏检波。图5-6(c)是三极管解调器。解调信号 u_r 正半周时，T_3 导通 T_4 截止，u_x 与 u_r 同相时 u_b 为正，u_x 与 u_r 反相时 u_b 为负。u_r 负半周时 T_4 导通 T_3 截止，同相时 u_b 为正，反相时 u_b 为负。图5-6(d)是二极管环形相敏检波器，u_r 正半周时，D_1D_2 导通，D_3D_4 截止。若调制信号 $u_d = 0$，那么通过 D_1 与 D_2 后，流过 R_2 的电流方向相反，大小相同，因此 $u_b = 0$。若 u_d 与 u_r 同相，那么，输入信号通过 D_1D_2 及 R_2，使 u_b 输出正值。若反相，输入信号通过 D_1D_2 及 R_2，使 u_b 输出负值。当 u_r 为负半周时，D_3D_4 导通 D_1D_2 截止。若同相，那么输入信号通过 $D_3D_4R_2$，使 u_b 为正值，反相时则为负值。假若解调信号为 $u_r = U_r\cos\omega_s t$，那么解调后信号 u_b 为

$$\begin{aligned} u_b &= u_c u_r = \beta u_x U_s \cos\omega_s t U_r \cos\omega_s t \\ &= \frac{\beta}{2} u_x U_s U_r + \frac{\beta}{2} u_x U_s U_r \cos 2\omega_s t \end{aligned} \tag{5-31}$$

通过滤波器，滤去 $2\omega_s t$ 频率分量，得到输出 u_y 为

$$u_y = \frac{\beta}{2} u_x U_s U_r \qquad (5-32)$$

若以输入信号为余弦函数，即 $u_x = U_x \cos\omega_x t$ 来分析调制及解调的频域问题，调制后信号为

$$\begin{aligned} u_c &= \beta u_x u_s = \beta U_x U_s \cos\omega_x t \cos\omega_s t \\ &= \frac{\beta}{2} U_x U_s [\cos(\omega_s - \omega_x)t + \cos(\omega_s + \omega_x)t] \end{aligned} \qquad (5-33)$$

调制信号是幅值为$\frac{\beta}{2} U_x U_s$，以 ω_s 为中心，以 $\pm \omega_x$ 为带宽的调幅波，若 $u_x(t)$ 及 $u_s(t)$ 的富氏变换为 $u_x(f)$ 及 $u_s(f)$，那么，$U_x(t) U_s(t)$ 的富氏变换为 $u_x(f) * u_s(f)$

即
$$U_c(f) = \beta U_x(f) * U_s(f)$$

上式的频谱图见图 5-6(a)，图中假设 $U_x(f)$ 为有一定频带宽的图形，$U_c(f)$ 便是将 $U_x(f)$ 图形移到 $\pm f_s$ 处（f_s 为调制频率），幅值为$\frac{\beta}{2} U_x U_s$。

解调后的信号为

$$\begin{aligned} u_b = u_c u_r &= \frac{\beta}{2} U_x U_s U_r [\cos(\omega_s - \omega_x)t + \cos(\omega_s + \omega_x)t] \cos\omega_s t \\ &= \frac{\beta}{4} U_x U_s U_r [2\cos\omega_x t + \cos(2\omega_s - \omega_x)t + \cos(2\omega_s + \omega_x)t] \end{aligned} \qquad (5-34)$$

以频域表示：$U_b(f) = \beta U_x(f) * U_s(f) * U_r(f)$，它的频谱图除幅值为$\frac{\beta}{2} U_x U_s U_r$ 的图形外，在 $\pm 2f_x$ 还有幅值为$\frac{\beta}{4} U_x U_s U_r$ 的图形。通过滤波器，滤去 $2f_s \pm f_x$ 频率后，得到放大了的输入信号$\frac{\beta}{2} U_x U_s U_r \cos\omega_x t$。

从上述分析中可以看到，调制频率 ω_s 必须远高于测量信号频带宽 ω_x，否则频域将产生混叠现象，一般要求 $\omega_s > 8\omega_x \sim 10\omega_x$[8]。

三、双通道宽带放大器

双通道宽带放大器是测试中常用的放大器，它具有零漂小、增

益大、频带宽的特点。图 5-7 是该放大器的原理图。输入信号

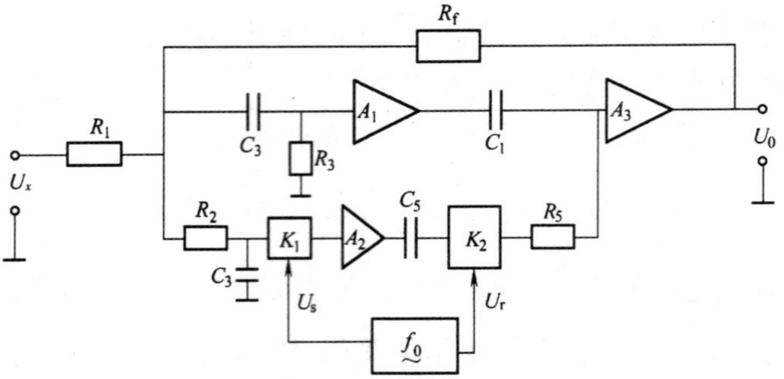

图 5-7　双通道放大器

U_x 通过两个通道进行放大。通过 C_3R_3 及 A_1 的为交流放大通道，通过 R_2C_2 及调制 A_1—放大 A_2—解调系统 K_2 的为直流放大，两通道放大后再按比例合成，通过 A_3 功放并输出。因此该放大器频带宽、零漂小。

第四节　光线示波器

记录仪器的作用是将放大了的信号电压(或电流)记录在磁带(盘)、纸或感光材料上，以便保存。目前，在机械工程中常用的记录仪有光线示波器、笔式记录仪、X—Y 函数记录仪(自动平衡电桥)，磁带记录仪和数据采集存贮仪。从本节开始，将分别介绍这些记录仪。

一、光线示波器的结构和原理

光线示波器是利用细光束使感光纸(胶卷)感光的方法，记录被测信号的。光线示波器由振(动)子、光学系统、纸带传送机构、时标系统组成。光学系统如图 5-8 所示。光源(通常是高压水银灯) D_1 通过聚光镜 l 和反光镜 M 以有一定厚度的平面光束射向振子 G_1 的小反光镜，由反光镜反射出的一小束光射向反光镜 M_2，再通过聚光镜 l_2 以一细小点光束射向感光纸(胶卷)。当振子线圈通电发生偏转时，线圈上部粘贴的反光镜跟着一起偏转，因此反射光在感光纸上形成的光点，将沿纸宽方向移动。纸带传送机构

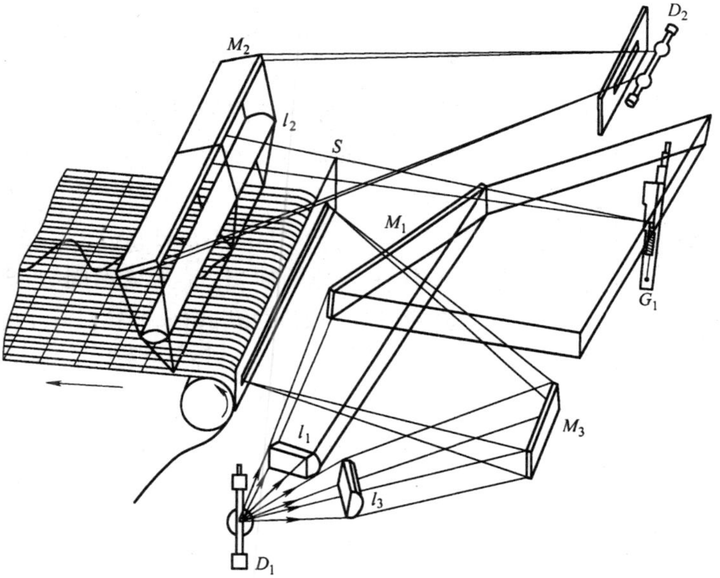

图 5-8　光线示波器的光学系统

由电机和变速箱组成，它使感光纸匀速移动。这样，以感光纸长度方向作为时间坐标，以宽度方向作为振子输入电流坐标，绘出电流时间历程曲线。时标系统由振荡器、脉冲频率闪光灯 D_2 组成，它发射出定时光脉冲，通过光栅细缝和反射镜 M_2，使线状脉冲光束在感光纸上形成等间隔时标横线。另外，高压水银灯光源 D_1 通过柱面聚光镜 l_3 和反射镜 M_3，射向分格线光栅 S，并在感光纸上形成纵向分格线，分格线间距离为 2mm。纸速一般为 5～2500mm/s，可调，时标为 0.01s、0.1s、1s 三种，感光纸宽常用的为 120mm，也有用 60mm 或 300mm 的。

光线示波器动圈式振子结构如图 5-9 所示。上部粘贴反光镜 4 的线圈 5 被上下张丝 2、7 张紧在笔形外壳 1 内的架子 3 上。外壳在反光镜处装有玻璃以便反射光线。外壳内充满绝缘阻尼油，使阻尼比 $\zeta=0.7$。振子插入磁钢槽 6 内，一般在槽内可插入一排振子，以便同时记录数个信号曲线。当线圈内通入电流时，线

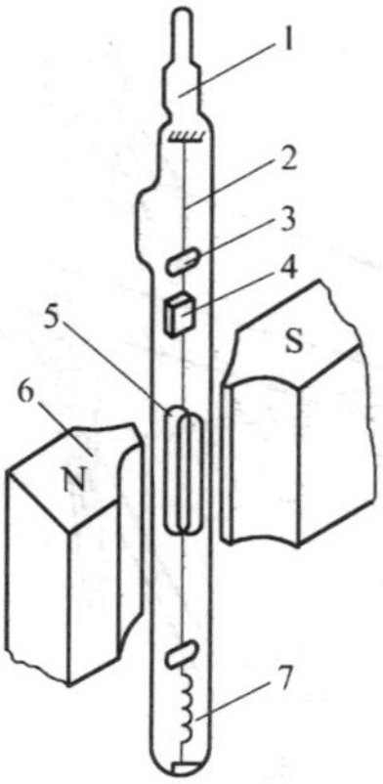

图 5-9 光线示波器振子

圈便偏转，使由振子反光镜反射向感光纸的光点沿纸宽方向移动。我国生产的 FC6、FC7、FC11 是动圈式振子。

假若振子线圈处于磁感为 B 的磁场中，当线圈流入电流 I 时，线圈会偏转，产生力矩 M。

$$M = NBAI\cos\theta \qquad (5-35)$$

式中 A 为线圈面积，N 为线圈圈数，θ 是线圈与磁场的偏转角。式(5－35)又可写成

$$M = QI[1 - \theta^2/2 + \theta^4/24 - \cdots]$$

式中，$Q = NBA$。

当 θ 不大时，上式可近似为线性方程

$$M = QI \qquad (5-36)$$

并得到非线性误差为

$$\gamma = \theta^2/2 \qquad (5-37)$$

假如要求误差 $\gamma \leqslant 3\%$ 时，允许的偏转角 $\theta \leqslant 14°$。

另外，线圈偏转时，将受到拉簧的反扭力矩

$$M_k = K\theta \qquad (5-38)$$

式中 K 为拉簧的扭转刚度。

若电流 I 稳定时可得到

$$QI = K\theta$$

或

$$\theta = IQ/K \qquad (5-39)$$

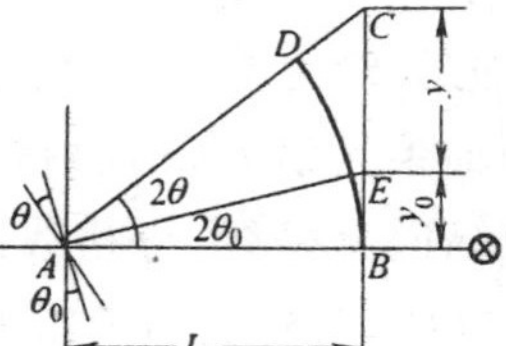

图 5－10 θ－y 关系

假若反光镜与光线入射线初始夹角为 θ_0，则光线被反射到纸面上的 E 点。通电后，线圈偏转 θ，光线由 E 点移动到 C 点，如图 5－10 所示，并得到式子

$$y = L_b\tan(2\theta + 2\theta_0) - L_b\tan 2\theta_0 \qquad (5-40)$$

若 θ_0 及 θ 都不大，$\tan 2\theta_0 \doteq 2\theta_0$，$\tan 2\theta \doteq 2\theta$，则

$$\tan(2\theta + 2\theta_0) \doteq 2\theta + 2\theta_0 \qquad (5-41)$$

上式为 $y = 2L_b\theta$

以式(5 - 39)代入上式得

$$y = 2L_b QI/K = L_b SI \tag{5-42}$$

$$S = 2Q/K = y/(L_b I) \tag{5-43}$$

式中 L_b 称为光臂，S 称为振子的灵敏度，单位是 mm/(mA · m)，即每 1m 光臂，每 1mA 电流，使光点在感光纸上移动的距离(mm)。式(5 - 42)是线性关系式，条件是 θ 及 θ_0 都小。否则将是非线性关系。当 θ_0 及 θ 都不太小时，会产生圆弧误差。由图 5 - 10 可知，式(5 - 41)为一圆弧 BD，但实际是直线(式(5 - 40))，即 EC，它们之间的相对误差为

$$\gamma = \frac{\tan 2(\theta_0 + \theta) - \tan 2\theta_0}{2\theta} - 1 \tag{5-44}$$

又由于

$$\frac{\tan 2(\theta_0 + \theta) - \tan 2\theta_0}{2\theta} \doteq 1 + (2\theta_0)^2 + 4\theta_0\theta + ((2\theta)^2/3)$$

因此非线性误差(圆弧误差)为

$$\gamma \doteq 4\theta_0^2 + 4\theta_0\theta + (4\theta^2/3) \tag{5-45}$$

按式(5 - 45)作出的曲线表示在图 5 - 11 上，由图中曲线可知，初始角 $\theta_0 = 0$ 时，圆弧误差最小。因此，要求振子安放时，应尽量使初始角小，见图 5 - 12。除上述非线性误差外，还应注意纸带速度误差及温度影响 ζ 值而产生的误差。

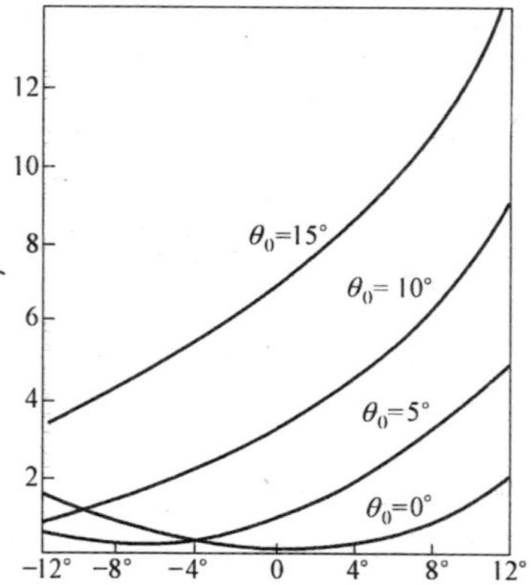

图 5 - 11　圆弧误差与转角的关系

带速误差：驱动记录纸的电机速度不是不变的，因而可能产生误差，另外，有些示波器，如 SC10，它的带速会随带卷的半径变化而变化，因此，应该加上时标信号。

温度误差：由于振子的阻尼比以 $\zeta = 0.7$ 为最佳，但是对于油

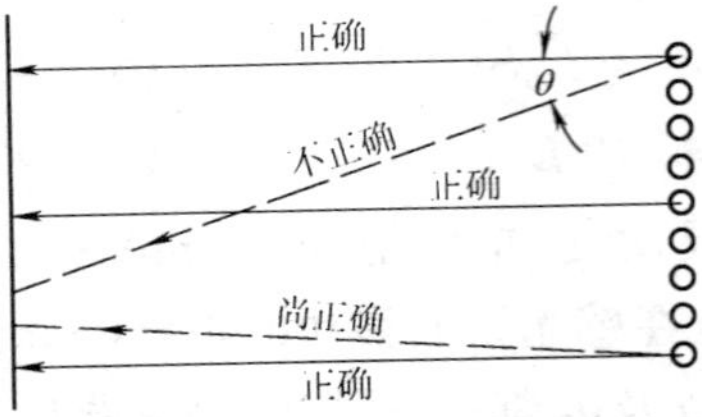

图 5－12　振子安放位置示意图

阻尼来说，油的粘度会随温度而变化，并造成ζ变化。因此，一般示波器都有恒温装置，以保证油温在50℃左右。在使用前应先打开仪器，以保证油温达到规定值。另外在测量时应避免振动，因为振子悬丝很细，可能受振动影响而出现误差。

国产的光线示波器及振子性能见表 5－1 及表 5－2。

表 5－1　光线示波器性能

型号	光臂长 /mm	振子系列	线数	记录带宽 /mm	记录方式	记录带速 /(mm/s)	时标 /s
SC14	200	FC11	10.15	60.120	白炽灯 紫外光	5～1000	0.01　0.1 1
SC16	300	FC6	16	60.90. 120	紫外光	5～2500	0.01　0.1 1
SC18	300	FC6	24	200	白炽灯 紫外光	5～2500	0.01　0.1 1
SC20	200	FC11	16,10 (配功率振子)	120 135 胶卷	紫外光	5～2500	0.01　0.1 1

表 5－2　振子性能

型号	固有频率 /Hz	允许最大电流 /mA	直流电流 /(mm·mA⁻¹)	保证线性度最大偏转值 FC6: l_B = 1m FC7.11 : l_B = 400mm/mm	内阻 Ω	外阻 Ω
FC6-10	10	0.004	65000		120	≥2000
30	30	0.05	10000		120	900±300
120	120	0.02	2800	333±3%	55(20)	275±125
400	400	2.0	250	333±3%	50	27.5±12.5
1200	1200	5	40	166±3%	20	
2500	2500	30	8.1	166±5%	16	
5000	5000	80	1.4	100±5%	12	
10000	10000	100	0.4	±5%	14	
FC11-120	120	0.1	4000	160	95	300
400	400	1.0	250	80±2.5%	60	35±15
1200	1200	5.0	52	60±3%	22	
2500	2500	40	8.5	60±3%	16	
5000	5000	80	2.0	40±5%	14	
10000	10000					

二、振子的动特性

假若输往振子线圈的电流是变化的,而振子又是一个扭振系统,那么应该考虑振子的频响。振子线圈转动时,除产生式(5－35)的电磁力矩及式(5－38)的反扭力矩外,还产生一由转动馈量 J 产生的动力矩(该力矩与 $\frac{d^2\theta}{dt^2}$ 成正比),以及阻尼力矩(该力矩与 $\frac{d\theta}{dt}$ 成正比)(粘性阻尼),阻尼系数为 D,并得到运动方程

$$J\frac{d^2\theta}{dt^2}+D\frac{d\theta}{dt}+K\theta=QI \tag{5-46}$$

上式的频率响应特性为

$$H(f)=\frac{\theta(f)}{I(f)}=\frac{Q}{K}\cdot\frac{1}{1-(f/f_n)^2+j2\zeta(f/f_n)} \tag{5-47}$$

可以得到幅频特性和相频特性分别为

$$A(f)=\frac{Q}{K}\cdot\frac{1}{\sqrt{[1-(f/f_n)^2]^2+[2\zeta f/f_n]^2}}$$

$$\phi(f)=-\arctan\frac{2\zeta f/f_n}{1-(f/f_n)^2} \tag{5-48}$$

当 $f=0$ 时,为静态式

$$\theta/I=Q/K$$

即式(5－39)。

由于振子的阻尼比 $\zeta=0.7$,由式(5－48)可以得到,在允许幅值误差 5% 的条件下,信号最高频率 f_{max} 应小于 $0.5f_n$,即

$$f_n\geqslant 2f_{max} \tag{5-49}$$

对于相频特性来说,当 $\zeta=0.7$ 时,它的波形的滞后时间 t_r 与频率比 f/f_n 有关。例如用 FC6－120 及 FC6－1200 两种振子记录频率为 20Hz 的变化信号,它的频率比分别为 0.167 及 0.0167,两者相位滞后分别为 14° 和 4°,即相差 10°。因此,多路信号同时测量时,最好选用型号相同的振子,以防产生不同的滞后量。

振子的型号大多用固有频率 f_n 作为振子的规格编号。如FC11 - 1200 表示固有频率 $f_n = 1200$，FC6 - 400 表示 $f_n = 400$。油阻尼振子在出厂时的阻尼比已调整到 0.7。对于电磁阻尼振子（一般为低固有频率振子），就需要在电路上配置外接电阻，使阻尼比 $\zeta = 0.7$。图 5 - 13 是电磁阻尼振子的外电阻配置图。当振子线

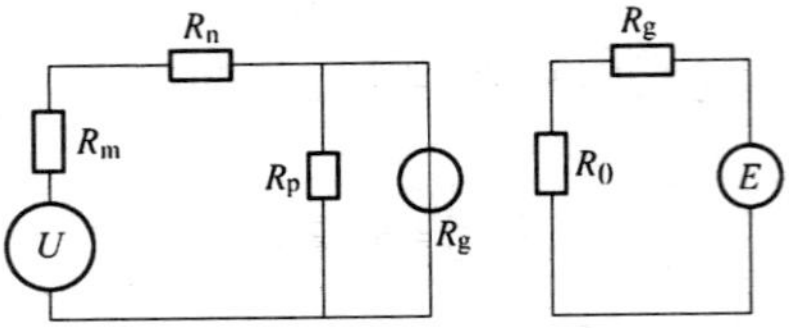

图 5 - 13　电磁阻尼振子外阻配置

圈在磁铁气隙中转动时，会感应出电势 E（见图 5 - 13）：

$$E = Q\frac{\mathrm{d}\theta}{\mathrm{d}t} = I(R_g + R_0)$$

式中 $Q = NAB$（参见式(5 - 35)）。R_g 是振子线圈内阻，R_0 是外接总电阻。又已知阻尼力矩 $M_d = NABI = QI$，因此，可以得到

$$M_d = \frac{Q^2}{R_g + R_0}\cdot\frac{\mathrm{d}\theta}{\mathrm{d}t} = D\frac{\mathrm{d}\theta}{\mathrm{d}t} = 2\zeta\omega_n J\frac{\mathrm{d}\theta}{\mathrm{d}t}$$

所以得到

$$\zeta = \frac{Q^2}{2\omega_n J(R_g + R_0)} \qquad (5 - 50)$$

上式表明，阻尼比 ζ 和 $R_g + R_0$ 有关。对于电磁阻尼的振子，可以在振子性能表中查到需要配置的外接电阻 R_0 值。另外，配接 R_0 时，还要考虑振子最大允许电流 I_{max}，见图 5 - 13，R_m 是测量仪器输出电阻，R_n 及 R_p 为外配电阻，若令 $R_s = R_m + R_n$，可以得到

$$\frac{R_p R_s}{R_p + R_s} = R_0 \qquad (5 - 51)$$

$$\frac{U}{R_s + \dfrac{R_p R_g}{R_p + R_g}}\cdot\frac{R_p}{R_p + R_g} = I_{max}$$

或写成

$$UR_p = I_{max}[R_s(R_g + R_p) + R_sR_g] \qquad (5-52)$$

由上两式可解得

$$\left.\begin{aligned} R_s &= \frac{U}{I_{max}}\left(\frac{R_0}{R_0 + R_g}\right) \\ R_p &= \frac{R_0R_s}{R_s - R_0} \\ R_n &= R_s - R_m \end{aligned}\right\} \qquad (5-53)$$

第五节 笔式记录仪

笔式记录仪由放大器、带有记录笔的检流计、运送纸带系统及时标装置等组成。带有记录笔的检流计如图 5-14 所示。

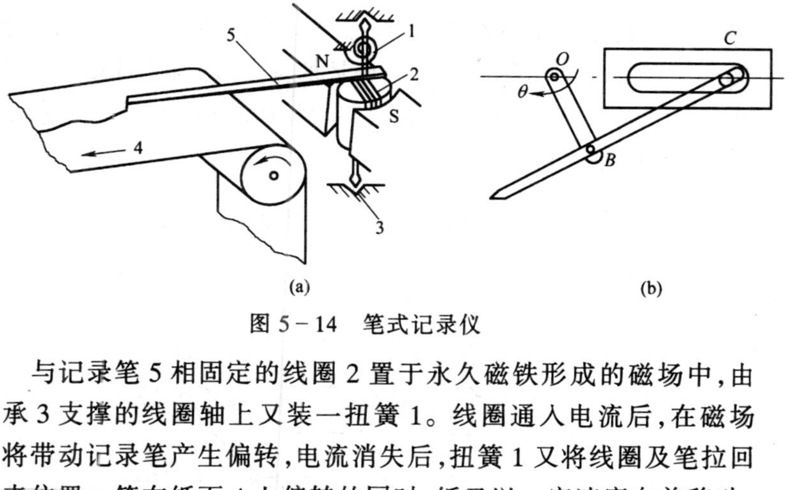

图 5-14　笔式记录仪

与记录笔 5 相固定的线圈 2 置于永久磁铁形成的磁场中，由轴承 3 支撑的线圈轴上又装一扭簧 1。线圈通入电流后，在磁场中将带动记录笔产生偏转，电流消失后，扭簧 1 又将线圈及笔拉回原来位置。笔在纸面 4 上偏转的同时，纸又以一定速度向前移动，因此将在纸带上画出信号曲线。运纸系统就是带动纸运动的装置，它由电机及变速齿轮箱组成，记录笔的运动分析与示波器振子相同，笔尖的位移 Y 为

$$Y = L_b\theta \qquad (5-54)$$

式中 L_b 为记录笔回转半径，θ 为线圈偏转角。它的运动方程式为

式(5－46)。由于记录笔的转动惯量不可能太小,因此它的固有频率不会太高。笔式记录仪的最高工作频率目前为 100Hz 左右。另外,笔尖与纸面之间产生的摩擦力也会造成误差。

记录笔的记录方式以墨水记录为最多,包括喷墨记录,也有用热笔记录或电火花放电记录的。如图 5－14(a)所示的记录笔偏转时,笔尖是作圆弧运动的,因此,近年来有些产品采用直线机构的记录笔,如图 5－14(b)所示。当轴 O 旋转时,笔尖 A 将沿直线运动。

笔式记录仪的阻尼有两种方式:一种是电磁阻尼,即利用线圈偏转时产生的阻尼;另一种为角速度反馈阻尼,即除了驱动线圈外,另绕一个阻尼线圈,该线圈偏转时产生的电势又反馈到输入回路中去,达到阻尼目的。记录仪还要配置放大器,以便驱动带动笔的检流计偏转。笔式记录仪可以做成多线同时记录,例如 LM 型笔式记录仪有 2 线、5 线及 12 线三种,使用频率可达 70Hz,记录振幅为 ±20mm,使用墨水记录。记录纸宽(mm)有 115、295、565 三种。纸速(mm/s)为 0.5、1、2、5、10、25、100、250,并附有时间信号笔 0.1s、1s 或 10s。

第六节　自动平衡电桥和 $X-Y$ 记录仪

自动平衡电桥的原理如图 5－15 所示,它由电桥、稳压电源、

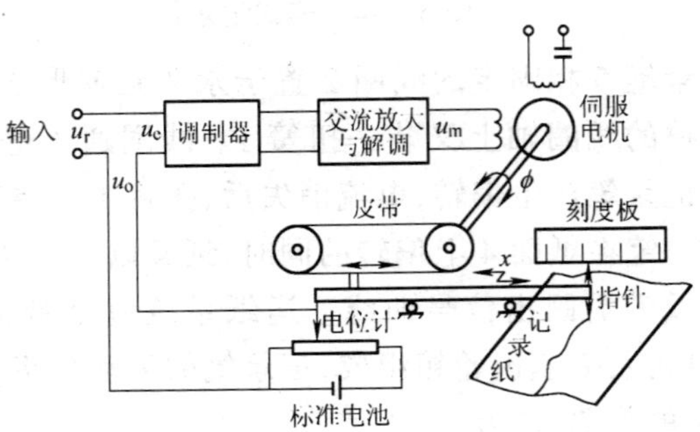

图 5－15　自动平衡电桥

放大器、伺服电机、运纸机构组成。电桥电路中有电位器、标准稳压电源。初始时，即输入信号为零时，电桥输出为零。当输入信号不为零时，调制器和放大解调器将放大了的信号驱动伺服电机，使电机带动电位器触头运动。同时，将输出一个与信号反相的电压，直至两信号抵消，伺服电机停转。在电位器触头运动时，同时带动记录笔和指针沿纸宽方向运动，在等速前进的记录纸上画出信号曲线。

自动平衡电桥的优点是由于采用了零位法测量原理，因此精度较高，指示精度可达 0.5%，记录精度高于 1%，另外，由于使用了放大器，它的灵敏度也很大，0.5mV 的输入量就可以使记录笔走全程。它的缺点是响应时间长，为 0.25～1s。因此通常用来记录缓慢变化的信号。目前除单笔自动平衡电桥外，已有双笔及三笔的自动平衡电桥。

$X-Y$ 记录仪的原理与自动平衡电桥相类似，它除了 Y 方向使用自动平衡电桥外，X 方向也是一个自动平衡电桥。由外界输入的 X 及 Y 两个电压信号，使两个电桥各自平衡。因此将记录下 $Y(X)$ 曲线。若 X 为时间信号，那么记录下的为 $Y(t)$ 信号，即时间历程曲线。$X-Y$ 记录仪由于 X、Y 轴同时输入信号，因此可以记录各种特性曲线。例如标定传感器时，将标定装置的指示值转换成电信号作为 X 轴输入，将传感器输出信号作为 Y 轴输入，就得到标定曲线。

第七节　磁带记录仪

磁带记录仪是磁记录中的一种记录仪，另外还有磁盘记录和磁鼓记录等。磁带记录仪可以以电信号的方式重放，对后续处理带来很大方便。

一、结构和原理

磁带记录仪由放大器（包括记录和重放放大器）、磁头、磁带、磁带传送装置和附件组成，见图 5－16。磁带是一种聚酯塑料基带上涂有 $\gamma-Fe_2O_3$ 型针状磁粉的带子。它的厚度为 38～23μm，涂层厚12～5μm。带宽(mm)为3.8、6.35、12.7和25.4。磁头在与磁带接触处有缝隙，记录磁头缝隙宽 10μm，重放磁头为 3μm 左右。当记录磁头通入交变电流时(见图 5-17)，磁力线将通过磁带涂层，使涂层磁粉磁化。若磁场强度为 H，磁感应强度为 B(磁通密度)，它们之间的关系为

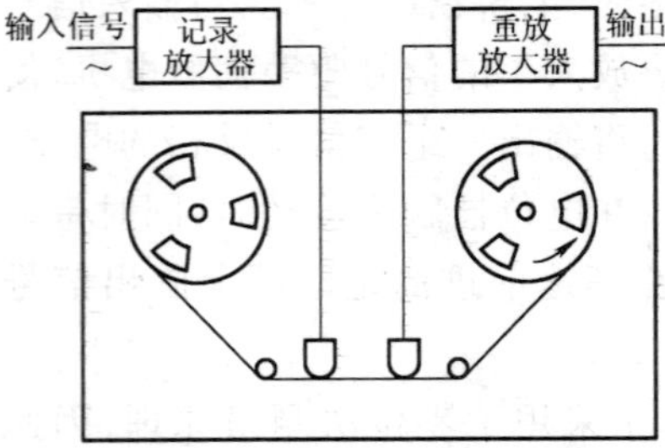

图 5-16　磁带记录仪

$$B = \mu H$$

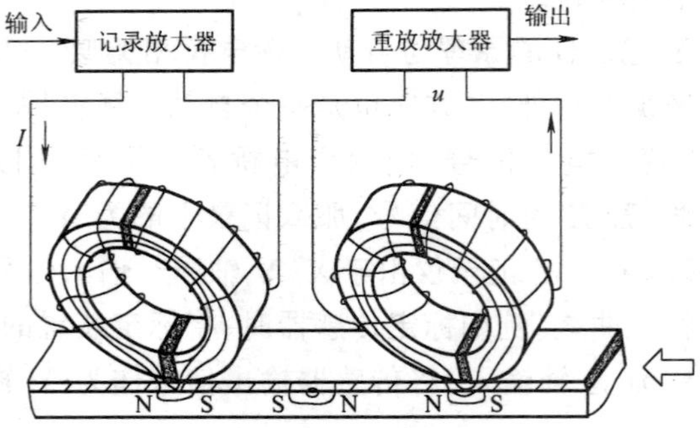

图 5-17　磁带记录原理

式中 μ 为导磁率，该关系曲线见图3-18。当磁场强度为 H_1 或 H_2 时，材料中的磁通密度为 B_1 或 B_2，当磁场强度消失后，材料中仍保持剩余磁通密度 B_{R_1} 或 B_{R_2}。因此，只要磁带移动速度达到一定值，便可以记录下这些剩余磁通密度。但是，由于 $H-B$ 曲线是非线性的，它的剩磁 B_r 与 H 的曲线也是非线性的，见图 5-18 中 OCD 曲线，因此应设法消除非线性。

重放时，磁带通过磁头，由于磁带等速运动，磁头磁隙处磁通

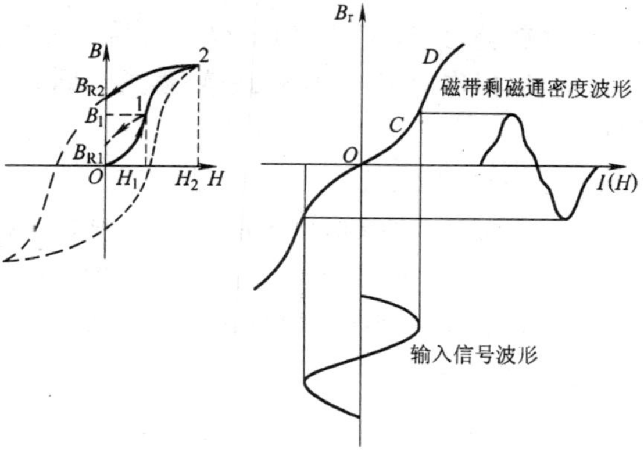

图 5－18　磁滞回线和磁化曲线

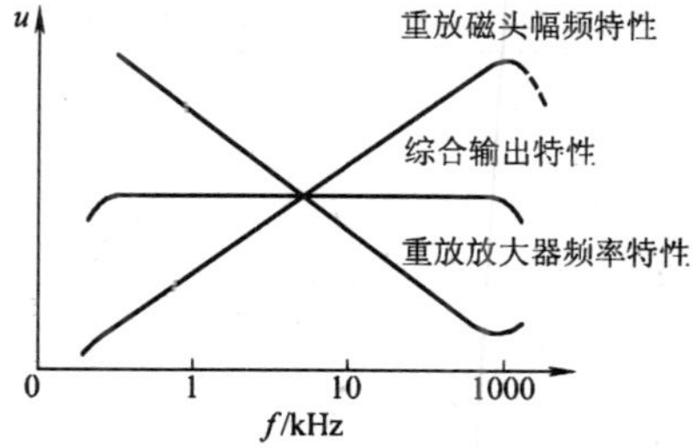

图 5－19　积分校正

发生变化，因此，线圈的感应电势 $E=-N\dfrac{d\phi}{dt}$(N 为匝数)。也就是说，输出电势和磁通变化率(微分)成比例。因此，要设置积分电路(见图 5－19)，校正后，E 将为水平线，而不像未校正前的低频衰减曲线。

对磁带抹磁采用通入极高频大电流方式。也就是让磁带上一微段通过磁头间隙时，反复多次磁化，当微段逐渐离开间隙时，高频磁场逐渐减小，剩磁也将逐渐减小而消磁。

二、磁带记录方式

按磁带记录方式不同可以分为模拟和数字两类。在模拟记录方式中最常用的是直接记录(DR)和调频记录(FM)两种。

1．直接记录方式(DR 式)

直接记录方式一般用于语言、音乐录制。为了克服非线性的 $H-B_r$ 关系，可以采用偏磁技术，即将高频振荡信号和录制信号相叠加(不是调幅)见图 5－18，叠加后，避开了小电平信号的非线性。直接记录方式的优点是结构简单，工作高频限高，可达1MHz，但低频性能差，无法记录50Hz以下信号。另外，由于磁带上磁层不匀、尘埃、损伤而造成“信号跌落”误差。同时，对噪声(低频)特别敏感。

2. 调频记录方式(FM式)

信号进入后，先调制成等幅变频的信号。例如，输入为零时，输出100kHz(中心频率)的等幅波，输入±1V时，偏调±40kHz，即频率为60～140kHz。然后录制在磁带上。因此，输出的为疏密不同的等幅波，见图5-20。

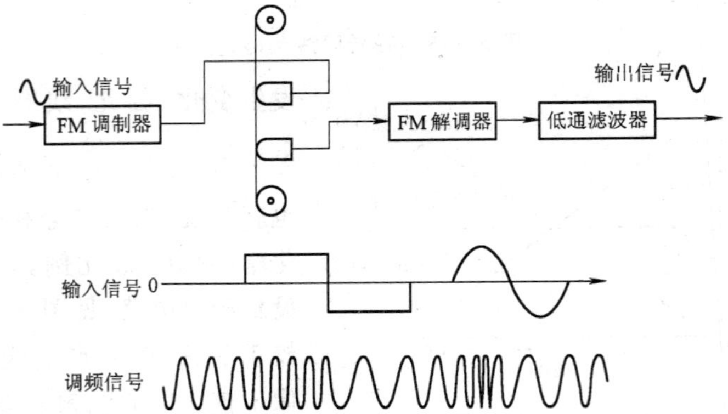

图5-20　调频记录方式

这样将不会受B_r-H的非线性影响，并且可以记录直流输入信号。在重放时，将调频信号转换为解调后的原信号。目前调频记录可以记录0～100kHz信号。

数字记录方式是将模拟量转成二进制数字脉冲，并记录在磁带上。因此，干扰减小，精度提高。

三、磁带记录仪性能

磁带记录仪的主要性能指标如下。

1. 磁带速度和频率特性

由于磁带运动时，在磁头间隙部分需完成记录过程，即产生剩余磁通密度，若频率太高，而磁带运动速度又慢，将会出现消磁。因此带速与最高频率是有关系的。目前频带分中频带、高频带、第一和第二宽频带四种，它们的关系见表5-3。

表5-3 FM方式带速和频带关系(ISO标准)

磁带速/($cm \cdot s^{-1}$)	窄频带/kHz	中频带/kHz	宽频带/kHz
4.75	0.313	0.625	-
9.5	0.625	1.25	2.50
19	1.25	2.50	5.00
38	2.50	5.0	10.00
76	5.00	10.00	20.00
152	10.00	20.00	40.00

2. 磁道数

带宽6.35mm有4或7磁道；12.7mm有7或21磁道；25.4mm有14或28或42磁道。

3. 信噪比

在输入额定最大信号时，重放输出电压和零输入时重放输出噪声电压的有效值之比。一般FM式的信噪比要求小于40～45dB。

4. 线性度

输入信号与输出信号关系曲线与理想直线的偏差与最大输出信号之比。一般要求小于1%。

5. 直流漂移

当记录放大器输入短路时，重放放大器直流输出电压变化值和额定输出之比值。

6. 抖动

磁带带速要求稳定，瞬时变化即抖动要求小。因为抖动的结果对FM式来说，相当于产生幅值变动；对DR式来说相当于产生频率抖动，一般应小于0.5%。

第八节 数据采集器

随着计算机技术在测试领域中广泛应用(如波形存贮、非线性校正、系统误差修正、数字滤波、信号处理、参数估计和系统识别、计算机辅助测试等)，需要将模拟信号转换为数字信号，即 A/D 转换；同时，也可将数字信号转换成模拟信号，即 D/A 转换。目前已开发出各种 A/D 和 D/A 的集成电路芯片，本节将介绍其中用得最多的 A/D 和 D/A 转换器原理。

一、数模转换器(D/A 转换器)

数模转换器中，在计算机技术中应用最多的是 T 型网络，见图 5－21。它输出的模拟量 A 和末位数字对应的最小参考(基准)电压 E_0 的关系为

$$A = \sum_{m=0}^{n-1} 2^m a_m E_0 \tag{5-55}$$

式中 n 为位数，a_n 只能取 0 或 1，因此，$\sum 2^m a_m$ 是二进制数。例如 $a_3a_2a_1a_0 = 1010$，其中 0 表示开关 K 输出接地，1 表示开关输出接基准电压 E_r。假设某开关 K_m 的 $a_m = 1$，即接入 E_r。由于与开关输出串接 $2R$ 电阻的另一端 B_m 的左边和右边总阻都是 $2R$，因此该点电压 $U_m = E_r/3$。往网络输出端移一个电阻 R 的点 B_{m+1} 的电压 $U_{m+1} = U_m/2 = (E_r/3)/2$。因此，往输出端每移一个电阻 R，电压降低到前一点的 1/2。若二进制码有 n 位，开关 K_m 打开时，网络输出电压

$$U = \left(\frac{1}{2}\right)^{n-1-m}\left(\frac{E_r}{3}\right) = 2^m\left(\frac{E_r}{3\times 2^{n-1}}\right) = 2^m E_0 \tag{5-56}$$

$$E_0 = \frac{E}{3\times 2^{n-1}} \tag{5-57}$$

当 $n = 10$ 时，$2^9 = 512$，即可以将 $E_r/3$ 分成 512 等分。如 0110101010 表示 $2^8 + 2^7 + 2^5 + 2^3 + 2^1 = 426\left(\frac{E_r}{512\times 3}\right)V$。

若要求进行双极性 D/A 转换，第一位将是符号位，0 为正，1 为负。在电阻网络中，只需将开关 K_{n-1} 接 $-E$(单极性时接 $+E$)，也可以在网络输出端，通过极性开关接入($-E_r/3$)。

二、模数转换器(A/D 转换器)

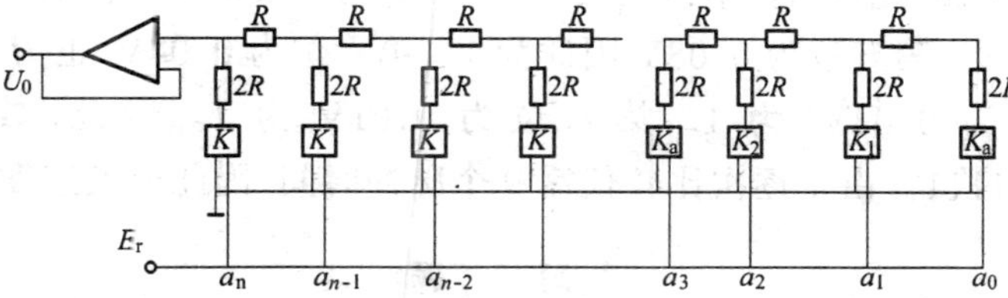

图 5－21　T 型电阻网络

实现A/D转换的方式很多，如斜坡比较式、双积分式、逐次逼近式等。由于动态测试需要转换速度快的 A/D，而双积分约为每秒 20 次，因此采用逐次逼近式 A/D。

逐次逼近式 A/D 转换器原理见图 5－22。以 8 位 A/D 为例说明转换过程。若模拟量满输入 1.28V，信号输入 0.82V。当启动脉冲到来之后，通过控制逻辑使寄存器清零。同时，打开时钟脉冲门，通过脉冲分配器，逐级打开寄存器和 D/A 数模转换开关。D/A 输出值与信号比较。若 D/A 输出值大于信号值则该位数为 0，若D/A输出值小于信号值则保留为1。如此逐渐比较到最后

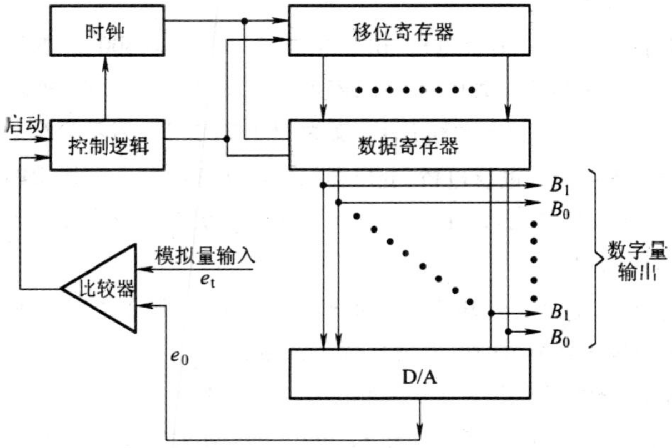

图 5－22　逐次比较逼近式 A/D 转换器

一位。第一位为符号位，显示 0。第二位使 A/D 网络输出 0.64V，小于 0.82V，因此为 1。第三位为 0.32V，由于 0.96V 大于

0.82V,因此为 0。第四位为 0.16V,由于 0.80V 小于 0.82V,因此为 1。第五位为 0.08V 因此为 1。第六位为 0.04V,也为 1。第七位为 0.02V,为 1。第八位为 0.01V 为 1。因此,数据为 01011111。由于逐次比较仅需 9 个脉冲时间,因此转换速度快。

习　　题

1. 用电桥电路测电阻,如图 5-1 所示,R_1 是被测电阻,若已知 $R_2 = 1200\Omega$,$R_3 = 1000\Omega$,$R_4 = 100\Omega$,求被测电阻为多少。

2. 若上题中 $R_2R_3R_4$ 阻值不变,ac 馈以供桥电压 $U_a = 5V$,测得 db 输出电压 6.835mV,求 R_1 电阻值。

3. 题 1 电桥图中 $R_1 = R_2 = 120\Omega$,$R_3 = R_4 = 120\Omega$,ac 电压 $U_a = 6V$。若 R_1 电阻发生变化,测得 da 电压 $U_d = 12.0mV$,问 R_1 变化了多少欧姆。

4. 题 1 电桥图中 $R_1 = R_2 = 100\Omega$,$R_3 = R_4 = 100\Omega$ 若 R_1 变化了 10Ω,求输出 U_d 为多少。若 $R_2 = R_3 = 1000\Omega$,其他值不变,求 U_d 为多少(注意非线性误差)。

5. 单臂变化电桥,若 $R_1 = R_2 = R_3 = R_4$,求非线性误差为 5% 时,$\Delta R_1/R_1$ 最大为多少,又若 $R_1 = R_4$,$R_2 = R_3 = 5R_1$,求非线性误差为 5% 的最大 $\Delta R_1/R_1$ 值。

6. 如图 5-4(b) 电容电桥,初始电容 $C_1 = C_2 = 500pF$,变压器初级与次级中每一个线圈的匝数比为 1∶2,若 $U_p = 5V$(交流),又 C_1 变为 800pF,求 U_d 为多少。又若 C_1 变为 800pF,C_2 变为 200pF,求 U_d 为多少?

7. 如图 5-4(a) 电感电桥,变压器初级与次级中每一个线圈的匝数比为 1∶2,$U_p = 5V$(交流),若 $\Delta L_1/L_1 = 0.2$,求 U_d 为多少,又若 $\Delta L_1/L_1 = 0.2$,$\Delta L_2/L_2 = -0.2$,求 U_d 为多少。

8. 假若调制放大器输入信号的频带为 1kHz,那么调制频率应该选多少?并画出输入调制、解调、滤波后的频谱图。

9. SC20 光线示波器光臂长 200mm,若选用振子 FC11-2500,它的灵敏度为 8.5mm/(mA·m)。当振子输入 20mA 时,问光点在感光纸上扫描高度为多少。

10. 测量简谐振动信号,若振动频率为 450Hz,应该选取什么型号振子(幅值误差小于 5%)。

11. 采用 FC11-2500 振子测正弦振动,若振动频率为 2000Hz,求测量的幅值误差为多少？相角为多少？

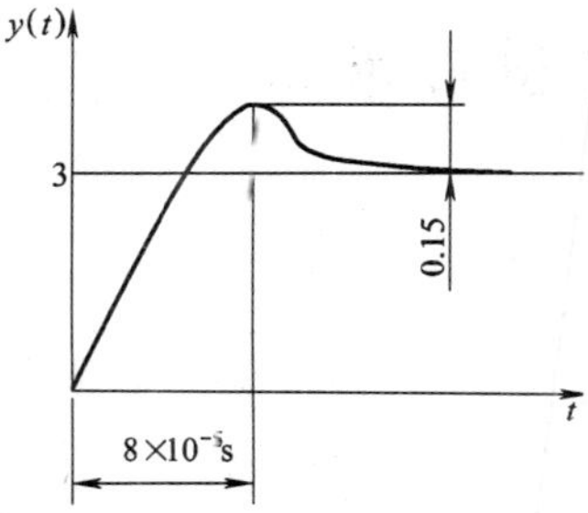

图 5－23　习题 12 图

12. 若光线示波器输入为阶跃，其响应曲线如图 5－23，求振子的阻尼比 ζ 及固有频率 f_n 并写出它的频率特性表达式。

13. 光线示波器中插入电磁阻尼振子 FC11－400，已知该振子内阻 60Ω，要求外阻 35±15Ω，允许电流最大为 1mA。又已知应变仪输出电压最大为 1V，输出电阻为 10Ω，问应该如何配置串联及并联电阻（不考虑仪器输出阻抗匹配问题）。

14. 一台中频带（ISO 标准）FM 磁带仪记录 5kHz 正弦信号，问应该选择带速为多少。假若记录 5kHz 正弦信号的幅值为 1V，调频波中心频率为 100kHz，偏调 40kHz，当带速变动 ±1% 时，会引起什么误差，大小为多少。若用 DR 式记录 5kHz 正弦信号，带速变动 ±1% 会产生什么误差，大小为多少？

15. 采用 8 位 D/A 型电阻网络如图 5－21 所示，第一位为符号位，基准电压 $E_r=3.84V$。若开关二进制码为 10101110，若考虑符号位，求网络输出端输出电压为多少？

第六章　应变片测试技术基础

第一节　电阻应变计

电阻应变计是一种测量应变的片状量具，为与其他应变计相区别，以下简称应变片。将应变片粘贴在需要测量应变(应力)的零件上后，便将应变转换成应变片电阻的变化量。应变片测量具有精度高、频响宽、体积小、重量轻等优点，已成为测量应力、外力、扭矩、重量等的主要方法。

一、应变片构造及材质

应变片是一种在绝缘层上粘贴具有一定形状的电阻栅丝的片状元件。绝缘层称为基底，电阻栅丝称为敏感栅。

敏感栅是用电阻率高，有良好加工性能、机械性能与焊接性能，具有一定热稳定性，灵敏系数大的材料做成的。目前常用的敏感栅材料有康铜(铜镍合金)、镍铬合金、铁铬铝及贵金属铂(铂合金)等，其中前两种用得最多，见表6－1。

表6－1　常用敏感栅材料性能

材　料	成分/%	$\rho / \frac{\Omega \cdot mm^2}{m}$	灵敏系数 K_s	应变范围 $\mu\varepsilon$	使用温度 /℃
康　铜	Ni40～44 Cu60～55	0.43～0.54	2.0～2.3	200000	300
卡玛合金 Karma 6J22,6J23	Ni75　Cr20 Al3　Fe2	1.24～1.42	2.3～2.5	20000	450
0Cr25Al5	Fe70　Cr25　Al5	1.3～1.5	2.5～2.8	4000	800
Pt－W	Pt92　W8	0.74～0.76	3.0		900

目前一般将工作温度为－30～70℃的应变片称为常温片，70～300℃的为中温片，大于300℃的为高温片，低于－30℃的为低

温片。按栅丝断面形状可以分成丝状(圆断面)及箔状(扁断面)两种。前者是用电阻丝绕制成一定形状,上下覆盖基底制成的;后者是用覆盖基底的厚 5～10μm 电阻箔材,经光刻腐蚀后制成的。前者称为应变丝片,后者称为应变箔片。由于箔片具有散热性能好,横向效应系数小,粘贴接触平整等优点,已逐渐取代应变丝片。另外还有一种薄膜应变片,它是采用将电阻材料通过真空蒸发沉积在基底上或喷溅在基底上制成的。图 6－1 是各种的应变片,其中图(a)是常规单轴箔片,(b)为单轴半导体应变片,(c)为二轴片,(d)为剪力片,(e)为直角三轴片,(f)为三角三轴片,(g)为压力片,(h)为裂纹探测片。其中(a)～(f)各种应变片在以后有关章节中将作介绍。裂纹探测片是利用裂纹扩展时,其栅丝随裂纹扩展逐步断裂,以电阻值变化量来测量裂纹扩展深度。除上述外,还有测量应力集中的应力集中片,测量薄壳的弯曲应力及薄膜中面应力的双层弯曲片,测量高压的测压片,测量温度的温度片,测量疲劳次数及当量载荷的疲劳片,以及大变形片,残余应力片等等。

二、基底材料及粘接剂

应变片基底材料有纸及合成树脂(胶基)两种。纸只用于丝片。目前,胶基应变片几乎已取代了纸基应变片。

目前常用的基底材料有胶膜,如环氧树脂、酚醛树脂、聚酰亚胺等。它们的特点是柔软,易于粘贴。还有一种玻璃纤维布,它可耐高温(450℃),多用于中高温测量,刚度比胶膜大。第三种是金属薄片,它用不锈钢或 6J22 合金做成,测量时,需要用焊接方法将应变片焊接到零件上。

粘接剂种类较多,常用的有下列数类:

酚醛类胶:常用的是酚醛－缩醛胶,主要由酚醛树脂和聚乙烯醇缩醛组成。一般需要加压加温聚合。聚合温度 140～160℃。使用温度为－70～120℃。另外一类为酚醛－环氧树脂组成。聚合温度 150℃左右,使用温度可达 200℃左右。

环氧树脂胶:由环氧树脂和固化剂组成。根据不同成分,在各种温度下进行聚合。也有室温固化胶, 在室温下经过一定时间即

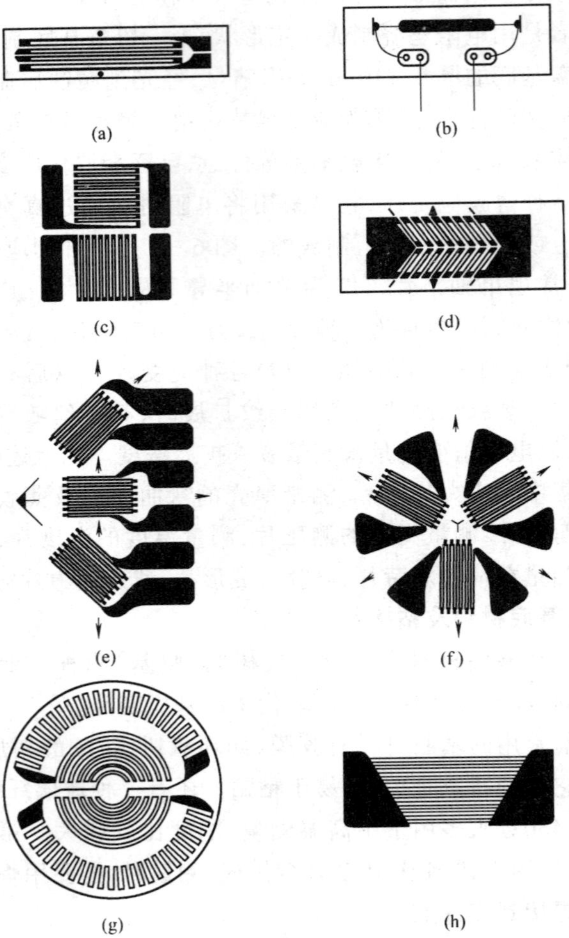

图 6－1　几种常用的应变片

可聚合。使用温度不超过 200℃。

聚酰亚胺类：即 30－14 胶，聚合温度 280℃，使用温度为 250℃。

氰基丙烯酸胶也是种常温固化胶，又称快干胶，呈液体状，使用非常方便，牌号为 501。一般粘贴后 40 分钟即可应用，是目前用得很多的一种胶，粘贴后若能在 60℃ 温度下固化，粘贴效果更好,使用温度为 - 50～80℃。

有机硅粘接剂:由有机硅树脂和改性剂组成。聚合温度较高,400℃左右,使用温度有的可达450℃。

磷酸盐粘接剂:以磷酸二氢铝为主要成分,再加一些金属氧化物制成。经过400℃固化形成类似水泥的粘接剂,可用于600℃左右。

氧化物喷涂:如欲在600～1000℃高温下测应变,可以喷涂氧化物将应变片敏感栅直接固定在试件上。这种方法,还可在 - 260℃低温下工作。

应变片粘贴、联线后,还应在表面涂上一层密封胶,以便防水、防氧化。常用的防护胶可以用914环氧胶或用氯丁橡胶、丁腈橡胶等。

三、应变片粘贴

应变片粘贴的关键是除锈、去油。一般先在粘贴表面用砂纸除锈,并最好沿粘贴应变片的45°方向打砂纸,对于传感器也可用浓磷酸与工业乙醇(1∶2)在60℃下洗10min后,用水洗干净并干燥,或用10%盐酸在60℃下处理10min。洗净后,用丙酮或四氯化碳擦洗去油(用脱脂棉)。待干燥后涂一层薄胶,将应变片放上,填一层薄塑料纸后,压紧并去除气泡,然后加压加温聚合。并检查电阻值及绝缘性能,然后联线。再经检查后涂上防护胶或密封胶。最后再检查一次。

应变片粘贴时应加压挤出气泡及多余胶,因为胶层厚薄对测试有影响,例如试件厚12.7mm,当胶层厚76μm时误差1.2%,胶层厚20μm时误差0.4%;试件厚6.4mm,当胶层厚0.76mm时误差2.8%,总之胶层越薄越好。另外,零件应变通过胶层以剪应变方式使敏感栅产生拉压变形,因此,必须使两端及中间各部分全面粘贴牢固。

第二节　应变片转换原理

应变片的转换原理,实质上就是应变片被粘贴在零件上,随零件变形而变形。这时，其电阻值也相应发生变化。假若一根应变栅丝的长度为 l，断面积（一般为矩形，如图 6－2）为 $b \times h$（宽×高），栅丝比电阻为 ρ，其电阻值 R 为

$$R = \rho \frac{l}{bh} \qquad (6-1)$$

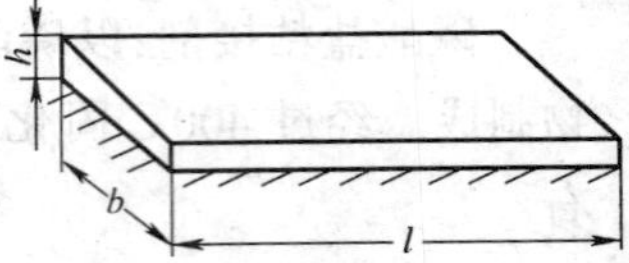

图 6－2　应变片敏感栅

当应变栅丝随零件变形而跟着变形时，可以将 ρ、l、b、h 看成独立微小变动的变量。对式（6－1）取全微分得

$$dR = \frac{\partial R}{\partial \rho}d\rho + \frac{\partial R}{\partial l}dl + \frac{\partial R}{\partial b}db + \frac{\partial R}{\partial h}dh \qquad (6-2)$$

上式又为

$$\frac{dR}{R} = \frac{d\rho}{\rho} + \frac{dl}{l} - \frac{db}{b} - \frac{dh}{h} \qquad (6-3)$$

又由压阻效应可以得到，$\frac{d\rho}{\rho}$与应力成正比，或与应变成正比。即

$$\frac{d\rho}{\rho} = M_l\varepsilon_l + M_b\varepsilon_b + M_h\varepsilon_h \qquad (6-4)$$

式中 M_l、M_b、M_h 为长、宽、厚三个方向的压阻应变系数。代入式（6－3）得

$$dR/R = \varepsilon_l(1 + M_l) + \varepsilon_b(M_b - 1) + \varepsilon_h(M_h - 1) \qquad (6-5)$$

由于应变片粘贴在变形零件上，只有 l 及 b 两方向随零件变形而产生变形，若只考虑 l 方向有应变，即 $\varepsilon_b = 0$，可以得到

$$(dR/R)_l = \varepsilon_l(1 + M_l) - \mu\varepsilon_l(M_b - 1) = K_l\varepsilon_l$$

若只考虑 b 方向有应变，即 $\varepsilon_l = 0$，可以得到

$$(dR/R)_b = \varepsilon_b(M_b - 1) - \mu\varepsilon_b(M_h - 1) = K_b\varepsilon_b$$

因此，考虑两者都有应变时，可得

$$dR/R = K_l\varepsilon_l + K_b\varepsilon_b \qquad (6-6)$$

式中 K_l 称为纵向灵敏系数，K_b 称为横向灵敏系数，令横向效应系数 H 为

$$H = \frac{K_b}{K_l} \qquad (6-7)$$

式(6-6)可写成

$$\frac{dR}{R} = K_l\varepsilon_l(1 + H\frac{\varepsilon_b}{\varepsilon_l}) \qquad (6-8)$$

由上式可知,当应变片沿单向应力状态的主应力方向(l 方向)粘贴时,$\frac{\varepsilon_b}{\varepsilon_l} = -\mu_0$($\mu_0$ 为材料的泊桑比),这样$\frac{dR}{R}$与 ε_l 成正比,即

$$dR/R = K_l\varepsilon_l(1 - H\mu_0) \qquad (6-9)$$

若令 $K_s = K_1(1 - H\mu_0)$

那么式(6-9)为(写成增量式)

$$\Delta R/R = K_s\varepsilon_l \qquad (6-10)$$

K_s 称为应变片的灵敏系数(Strain Gage Factor)

以 K_l 代入式(6-8)得

$$\Delta R/R = K_s\varepsilon_l\frac{1 + H\frac{\varepsilon_b}{\varepsilon_l}}{1 - H\mu_0} \doteq K_s\varepsilon_l\left[1 + H(\frac{\varepsilon_b}{\varepsilon_l} + \mu_0)\right] \qquad (6-11)$$

应变片的灵敏系数 K_s 值一般由制造厂用单向应力状态的梁,按式(6-10)求得的。因此在使用时,若零件应力为单向应力状态,且$\frac{\varepsilon_b}{\varepsilon_l} = -\mu_0$;或 $H=0$,$\frac{\Delta R}{R}$将只与 ε_l 有关。否则,不但与 ε_l 有关,而且还与$\frac{\varepsilon_b}{\varepsilon_l}$有关。若零件处于两向应力状态中,测量时仍按式(6-10)求出 ε_l,这时会产生误差,相对误差为

$$\gamma = H(\mu_0 + \frac{\varepsilon_b}{\varepsilon_l}) \qquad (6-12)$$

由上式知,当 $H=0$,或单向应力状态下$\frac{\varepsilon_b}{\varepsilon_l} = -\mu_0$ 时,$\gamma = 0$。

例如,当 $H = 0.05$,$\mu_0 = 0.28$,若 $\varepsilon_b = -4\varepsilon_l$,$\gamma = -19\%$;若 $\varepsilon_b = -5\varepsilon_l$ 时,$\gamma = -0.24\%$,$\varepsilon_b = 10\varepsilon_l$ 时,$\gamma = 52\%$。

近年来出现了半导体应变片,它主要有体形半导体应变片、薄膜型半导体应变片以及扩散型半导体应变片。

体形半导体应变片是半导体应变片中最早发展起来的一种应变片，这种应变片一般采用单晶硅半导体，若是P型硅，可以沿{1 1 1}晶轴方向切成小条；若是N型硅，可以沿{100}晶轴方向切成小条，这类半导体应变片的灵敏系数 $K_s=80\sim120$。除了切割方法制造半导体应变片外，还可以用光刻腐蚀的工艺制造一定形状的半导体应变片，例如制成W型的半导体应变片。

另外一种半导体应变片采用真空蒸发或真空沉积等方法，使半导体材料在基底材料上制成一层薄膜敏感栅，并通过改变蒸发时的基底温度，或沉积薄膜层电阻率的方法来制造适用于不同试件材料的温度自补偿薄膜应变片。这种半导体应变片的 K_s 可做到30以上，同时，线性度，电阻温度系数及灵敏系数的温度变动都比前者小。

半导体应变片的灵敏系数较大，横向效应系数较小。但是，温度变化时灵敏系数会随之变动，且电阻值也会随之变动。另外，由于杂质浓度对电阻值 R 及灵敏系数影响较大，因此，成品的电阻值 R 及灵敏系数的离散度较大。所有这些缺点，限制了半导体应变片的使用范围。

第三节　应变片灵敏系数测定

一、应变片灵敏系数 K_s

应变片灵敏系数 K_s 是由制造厂在单向应力状态下的梁上测定的（又称标定），一般采用等弯矩梁或等强度（应力）梁。测定时，将应变片粘贴在梁的等应力区。利用千分表测出梁的挠度，或通过已知大小的作用力F，求得等应力区的应变 ε，按下述公式求出灵敏系数 K_s

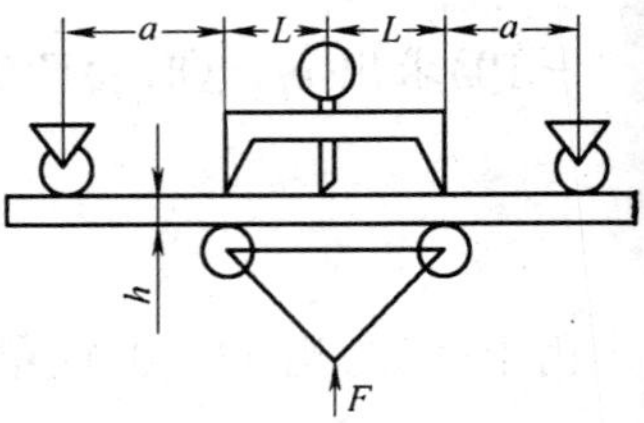

图6－3　等弯矩梁

$$K_s=\frac{\Delta R/R}{\varepsilon} \tag{6-13}$$

式中 ΔR 为梁产生应变后，应变片电阻值的变化量。

图 6－3 为等弯矩梁，在梁下表面中点贴应变片 R，在上表面放置三点式挠度计架，由千分表测出中点相对于 L 距离的挠度 y。那么可以得到

$$\varepsilon = hy/L^2 \tag{6-14}$$

图 6－4 是等强度悬臂梁，在梁上表面贴应片 R，并在距梁根部 L 处放置千分表，当挂砝码 F 后，测出千分表处的挠度 y，按式(6－14)可计算出梁表面应变 ε 值，也可以在悬臂梁上放置三点式挠度计架测挠度 y，按式(6－14)计算应变 ε。此外，也可测出梁各尺寸后，按下式计算应变 ε。

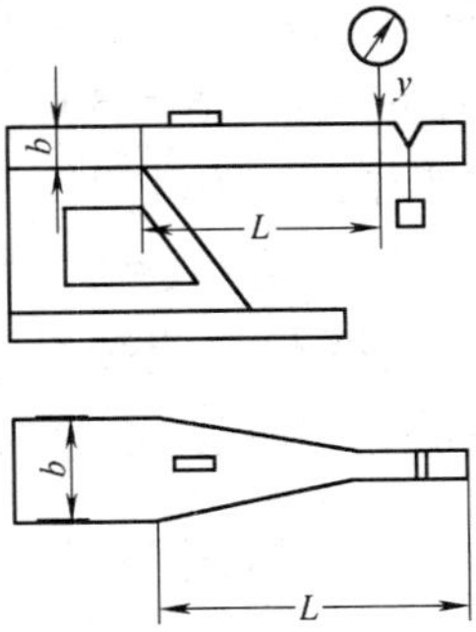

图 6－4　等强度梁

对于悬臂梁

$$\varepsilon = \frac{6Fl}{Ebh^2} \tag{6-15}$$

对于等弯矩梁

$$\varepsilon = \frac{3Fa}{Ebh^2} \tag{6-16}$$

测量灵敏系数时，常用应变仪来测量。将应变片与一固定电阻(补偿片)组成半桥后接入应变仪，然后调零。应变仪的灵敏系数指示钮调 2.00。当梁受力后，用应变仪测得应变值为 ε_s，而梁的实际应变值为 ε，可以得到灵敏系数

$$K_s = 2\varepsilon_s/\varepsilon \tag{6-17}$$

测定应变片 K_s 时，一般采用抽样 1% 的方法测定(参看第六节电阻应变仪)。

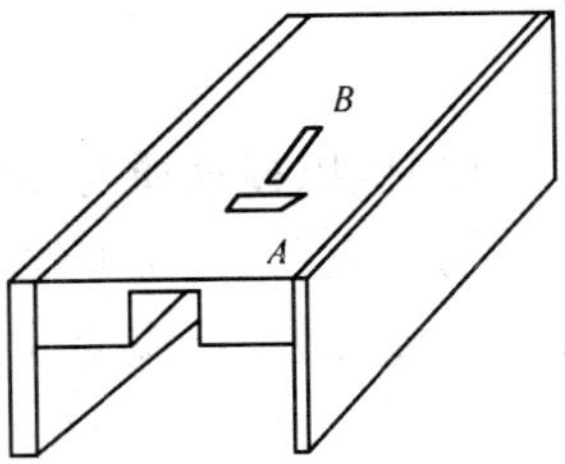

图 6－5　横向效应系数测定

二、应变片横向效应系数测量

横向效应系数 H 的测量方法是在如图 6－5 的单向应变梁上测量的。在梁上粘贴互相垂直的两片应变片 R_a 及 R_b。当加力 F 后，梁沿 A

方向发生应变。(例如 $1000\mu\varepsilon$, 即 1000×10^{6}),这时沿 B 方向应变几乎为零(小于 $2\mu\varepsilon$),若测得应变片 R_a 的应变为 ε_a,R_b 片的应变为 ε_b,可得

$$H = \varepsilon_b/\varepsilon_a = \Delta R_b/\Delta R_a \tag{6-18}$$

下面举一个用图 6-4 等强度梁测量灵敏系数 K_s 的例子,若梁 $L=200$, $h=15$, $b=30$。加 F 后测得 $y=1.60$mm,应变片电阻由 120Ω 变化到 120.152Ω。由式(6-14)求得 $\varepsilon=600\times10^{-6}$,再由式(6-13)求得 $K_s=2.11$。也可将应变片与 120Ω 电阻组成半桥后接入应变仪。应变仪灵敏系数钮调到 2.00,梁加载后 $y=1.60$mm,应变仪指示应变 $633\mu\varepsilon$,由式(6-17)求得 $K_s=2.11$。

第四节　应变片的温度补偿及性能

一、应变片的温度补偿

当温度变化时,应变片的某些性能也会发生变化。其中对测量影响大的性能有灵敏系数 K_s 变动和电阻值 R 的变动。前者称为灵敏系数温漂,后者将影响电阻电桥的平衡,使零指示值变动,称为温度零漂。下面分别讨论这两种漂移。

1. 温度零漂

应变片的温度零漂主要是由下述两方面原因引起的:

(1)电阻温度影响:假若令 α 是电阻温度系数,ΔT 为温度变动量,那么,由 ΔT 引起的电阻 R 变动量为 ΔR_α

$$\Delta R_\alpha = R\alpha\Delta T \tag{6-19}$$

(2)敏感栅材质与零件(钢材)的膨胀系数不同,引起敏感栅产生变形。假若 β_s 为零件的膨胀系数,β_c 为敏感栅的线膨胀系数。在温度差 ΔT 下,应变片由于受到应变而产生的电阻变化为

$$\Delta R_\beta = K_s R(\beta_s - \beta_c)\Delta T \tag{6-20}$$

总的电阻变化为

$$\Delta R = [\alpha + K_s(\beta_s - \beta_c)]R\Delta T \tag{6-21}$$

若对于康铜或卡玛合金,$\alpha = 20\times10^{-6}$,$\beta_s = 15\times10^{-6}$,对于一般

钢材取 $\beta_c = 11 \times 10^{-6}$,若按 $K_s = 2$ 代入式(6－21)可得

$$\Delta R = 12 \times 10^{-6} R \Delta T$$

又若温度差 $\Delta T = 10℃$,那么得到 $\frac{\Delta R}{R} = 1.2 \times 10^{-4}$。该值相当于 $\varepsilon = 60 \times 10^{-6}$ 的电阻相对变化值。若换算成单向应力,当 $E = 2.0 \times 10^5 N/mm^2$ 时。$\sigma = 12N/mm^2$。因此,应该注意温度的影响。

2. 灵敏系数的温度漂移

灵敏系数 K_s 随温度变动也会变化,例如,对于康铜来说,温度升高一度,K_s 升高 $1.0 \times 10^{-2}\%$,对于卡玛合金来说,K_s 下降 $3 \times 10^{-2}\%$。由于变动不大,因此可以不考虑。但是对于温度变动较大的精确测量,必须予以考虑。

3. 温度零漂补偿

补偿温度零漂的方法有下述四种:

(1)曲线修正法:将粘贴应变片的零件或按相似原则制成的零件置于恒温箱中加温,作出温度零漂曲线。测量时,只要测出温度,然后按曲线修正即可。

(2)电桥电路的相邻片补偿:将贴在零件上的两片应变片置于相邻两臂。这样,可以抵消温度零漂,参看电桥电路。

(3)自补偿应变片:康铜或卡玛合金由于退火温度不同,它的电阻温度系数 α 也不同。图 6－6 便是康铜的 α 曲线。由图知,通过控制退火温度可以控制 α 值。只要使

$$\alpha = K_s(\beta_s - \beta_c) \quad (6-22)$$

温度零漂可以减到最小。另外一种自补偿片是用两种金属电阻材料串在一起做成的。一般用康铜及镍铬丝(镍丝)串联,如图 6－7。这时康铜的 α 为负值而镍铬丝为正值,串联后,可以抵消温度零漂。但还应注意热电势的作用。

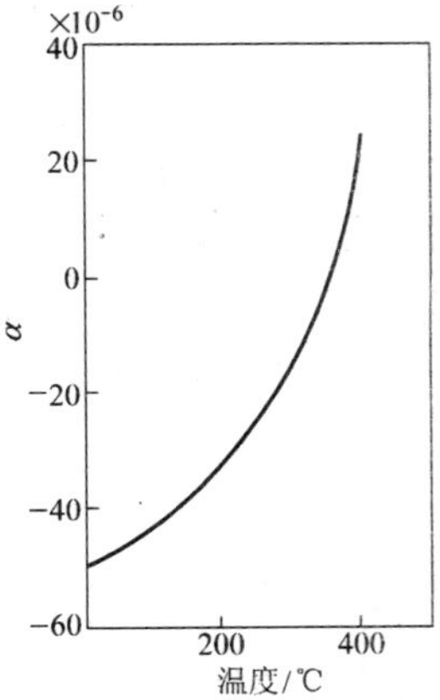

图 6－6　康铜退火温度与 α 关系

应变计所需要测定的性能参数由需要来决定，本节介绍的是用于测量一般应力及用于一般传感器所需要的性能参数。

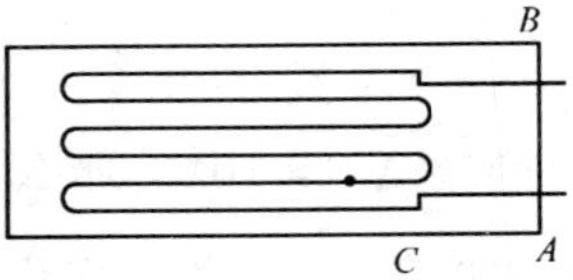

图 6-7　自补偿应变片

二、应变片参数与性能要求

1. 应变片的电阻值及偏差

应变片的电阻值(Ω)大部分按下列数值生产，即 60、120、240、350、600、1000，其中常用的为 120Ω，上述这些阻值称为标称名义值。实际生产的应变片阻值不可能正好等于上述名义值，即产生偏差。对这偏差按四个等级规定了要求值，见表 6-2。表中的平均值是一批应变片的各个阻值的平均值。

2. 灵敏系数 K_s

采取抽样检查的方法测定 K_s，对于箔片采用 1% 抽样率，对丝片为 5%，并以公差或相对标准差(根均方差)来表示误差。

3. 横向效应系数 H

按抽样 0.1% 测量，并加载到 1000 $\mu\varepsilon$。

4. 应变极限

采用抽样检查，抽样 0.01%。检查时要均匀慢加力，当应变片的输出应变值大于机械应变的 10% 时，该应变值即为极限应变。

5. 疲劳寿命

在应变 ±1500$\mu\varepsilon$(允许差 -50～+100$\mu\varepsilon$)及频率 30Hz 下检查，当输出应变值相差 100$\mu\varepsilon$ 或出现穗状应变波形时的应变循环次数即为疲劳寿命。抽样 0.1% 检查。

6. 机械滞后

应变片测拉压应变时，虽然应变量 ε 相同，但应变片阻值变化 $\frac{\Delta R}{R}$ 是不同的。由此引起输出应变也不同，该差值就作为机械滞后的指标。一般用抽样 0.1% 来做实验。

7. 蠕变

一般在 1000±100 $\mu\varepsilon$ 下，在 1h 内，输出应变发生的变动量作为衡量指标，一般以抽样 0.01% 检查。

8. 绝缘电阻

应变片粘贴后，敏感栅与粘贴片零件之间的电阻。

9. 灵敏系数的温度漂移

随温度逐渐增加到一定限度后，灵敏系数会发生变化，以变化的百分比作为漂移大小。

10. 温度零漂

在实际应变为零的状态下，当温度变化时，会产生输出应变，该输出应变即为温度零漂。

11. 允许电流

应变片通过电流时，将产生热量而发热，当电流超过一定值后，还会使敏感栅丝烧断，若应变片敏感栅面积为 S (mm^2)，电阻值 120Ω，允许电流 $[I]$ (mA) 为

$$[I] = (13.5 \sim 16)\sqrt{S} \tag{6-23}$$

静态，精密测量取小值；动态，一般测量取大值。上述值适用于应

表 6-2 应变片参数的偏差及要求

特性	数据说明	等级 A	等级 B	等级 C	等级 D
电阻值	对标准名义值的偏差/%	±0.5	±2.0	±5.0	±10.0
	对平均值的公差/%	0.1	0.2	0.5	1.0
灵敏系数	对平均名义值的公差/%	1	2	3	5
横向灵敏度	横向应变为 1000$\mu\varepsilon$ 时为指示应变的%	0.3	0.5	3.0	5.0
应变极限	室温下应变/%	2	1	0.5	0.25
	极限温度下应变/%	2	1	0.5	0.25
疲劳寿命	循环次数	10^7	10^6	10^5	10^4
机械滞后	指示应变的/$\mu\varepsilon$	25	50	100	200
蠕变	室温下的指示应变	很小	5	10	25
	在极限温度下的指示应变	20	30	60	100
绝缘电阻	室温下(MΩ)	50K	10K	2K	500
	极限温度下(MΩ)	1K	200	30	5
灵敏系数随温度的变化	极限温度下平均变化/(%/50℃)	0.4	2	6	10
	极限温度下相当于室温应变灵敏系数变化公差/(%/℃)	±0.1	±0.4	±2.0	±6.0
温度零漂	极限温度下 $\mu\varepsilon$/h	5	25	250	2000

变片粘贴在钢制零件上，若粘贴在塑料上，[I]应降低到30%左右。

第五节　应变片组桥及其输出电压

应变片贴在零件上后，还需要组成电桥，以便将应变转换成电压变化量。在测试中，一般可以按单臂（一片），双臂（二片）及四臂工作组桥。

一、单臂工作

单臂工作就是指在零件上贴一片应变片，如图6-8(b)所示，当圆轴拉伸时，在表面沿拉伸方向贴应变片$1^{\#}$，当悬臂梁端部作用力F时（图6-8(c)），在梁根部沿长度方向贴一片应变片$1^{\#}$，将$1^{\#}$应变片作为R_1，并和另外三个电阻R_2，R_3，R_4组成电桥（零件上不贴2、3应变片），见图6-8(a)。一般电阻R_2也是应变片，并贴在$1^{\#}$应变片附近不受力地方（材质相同），这样可以减少温度影响。因为，温度变动时，R_1与R_2将产生相同的变化，但由于置于相邻臂，因此不影响电桥输出值。

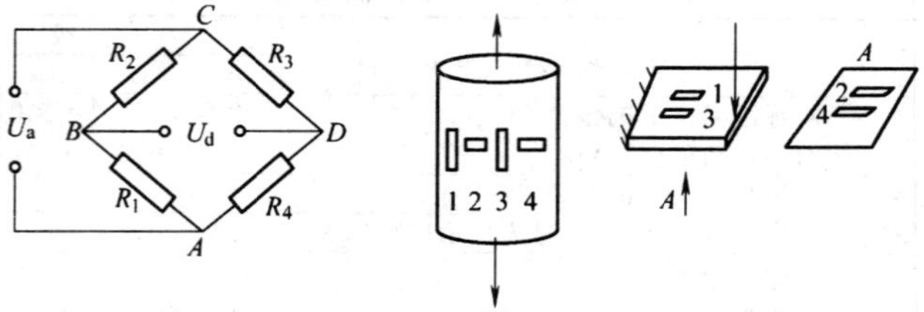

(a)　(b)　(c)

图6-8　应变片组桥

电桥输出U_d为（见式5-3）

$$\frac{U_d}{U_a}=\frac{1}{4}\left(\frac{\Delta R_1}{R_1}\right)=\frac{1}{4}K_s\varepsilon_a \qquad (6-24)$$

式中ε_a为零件的轴向应变，K_s为应变片灵敏系数。另外，若圆轴受压，或悬臂梁作用力向上，那么ε为负值，ΔR也为负值，U_d输出也将是负值。

二、双臂工作

双臂工作是指在零件上贴两片应变片，如图 6－8(b)所示，在圆轴表面贴 1# 及 3#（无 2#、4# 片）或 1# 及 2# 片（无 3#、4# 片），并以 1# 作为 R_1，3# 作为 R_3 置入电桥相对两臂，或 1# 作为 R_1，2# 作为 R_2 置于电桥相邻臂。

又如图 6－8(c)悬臂梁，沿轴线贴 1# 及 3# 片（无 2#4# 片）或贴 1# 及 2# 片（无 3#、4# 片），并以 1# 及 2# 置于相邻臂，或 1# 及 3# 置于电桥相对臂，然后配以其他两电阻组成等臂电桥。

对于圆轴沿轴向贴 1# 及 3# 片或悬臂梁上贴 1#、3# 片（相对臂）或悬臂梁上贴 1#、2# 片（相邻臂），电桥输出 U_d 为

$$U_d/U_a = K_s\varepsilon/2 \tag{6-25}$$

对于圆轴表面，贴 1# 及 2# 片（相邻片）

$$\frac{U_d}{U_a} = \frac{1}{4}(1+\mu)K_s\varepsilon \tag{6-26}$$

式中 μ 为泊桑比（应注意，2# 片的 $\frac{\Delta R_2}{R_2} = -\mu K_s\varepsilon$）。另外，若 1# 作为 R_1，3# 作为 R_2 置于电桥相邻臂，那么 $U_d = 0$。同样，若 1# 作为 R_1，2# 作为 R_3 置于电桥相对臂，那么 $U_d = \frac{1}{4}U_a(1-\mu)K_s\varepsilon$。

三、四臂工作

四臂工作是指在零件上贴四片应变片，如图 6－8(*b*)及 6－8(*c*)所示。若将 1# 作为 R_1，2# 作为 R_2，3# 作为 R_3，4# 作为 R_4 组成电桥后，则输出电压为（等臂电桥）：对于圆柱拉伸：

$$\frac{U_d}{U_a} = \frac{1}{2}(1+\mu)K_s\varepsilon \tag{6-27}$$

对于悬臂梁弯曲：

$$\frac{U_d}{U_a} = K_s\varepsilon \tag{6-28}$$

四、等臂电桥输出电压

综合以上分析，等臂电桥 $R_1 = R_2 = R_3 = R_4 = R$，各应变片

R_1, R_2, R_3, R_4 的应变分别为 $\varepsilon_1, \varepsilon_2, \varepsilon_3, \varepsilon_4$。应变片灵敏系数为 K_s,可以得到

$$\frac{U_d}{U_a} = \frac{K_s}{4}(\varepsilon_1 - \varepsilon_2 + \varepsilon_3 - \varepsilon_4) \tag{6-29}$$

上式可改写成

$$\frac{U_d}{U_a} = \frac{C}{4} K_s \varepsilon_a \tag{6-30}$$

且 $$C = \varepsilon_1/\varepsilon_a - \varepsilon_2/\varepsilon_a + \varepsilon_3/\varepsilon_a - \varepsilon_4/\varepsilon_a \tag{6-31}$$

式中 C 又称桥臂工作状态系数,ε_a 是轴向的应变。因此,组桥的原则是,拉应变的应变片置于一、三臂,压应变的应变片置于二、四臂。这时,对于单向应力状态的零件来说,桥臂工作状态系数 C 为:

单臂工作:$C = 1$

双臂工作:都沿轴向贴片,$C = 2$

一沿轴向,一垂直轴向,$C = 1 + \mu$

四臂工作:都沿轴向贴片,$C = 4$

二沿轴向,二垂直轴向,$C = 2 + 2\mu$

例如图 6-8(b)四片应变片组成电桥(a)时,若 $\mu = 0.28$,$\varepsilon = 500\mu\varepsilon$,供桥电压 $U_a = 2V$,应变片 $K_s = 2$,由于 $C = 2(1 + \mu)$,由(6-30)得

$$U_d = \frac{C}{4} K_s \varepsilon_1 U_a = 0.00128$$

五、应变片的串并联

一般来说,应变片组成电桥后,采用高阻放大器放大。因此,若每臂应变片超过一片时,大都采取串联方法组桥。以图 6-8(c)悬臂梁上下表面各贴 6 片为例,将上面受拉片等分成两组,每组各片串联后接入电桥第一及第三臂,同样将下面受压片等分成两组,串联后接入第二及第四臂,见图 6-9(b)。若一臂内有 n 片应变片串联,每片的阻值为 R_0,每片的电阻变化为 ΔR_0,那么,一臂总电阻变化为$(n\Delta R_0)/(nR_0) = \Delta R_0/R_0$。因此,应变片串联后

的电阻相对变化 $\Delta R/R$，与其中一片的相对变化 $\Delta R_0/R_0$ 相等(每片的应变都相同)。也就是说，电桥的 $U_d/U_a = K_s\varepsilon C/4$。若想提高输出电压 U_d，必须提高供桥电压 U_a。当然，若每片的允许电流为[I]，那么串联 n 片后，允许的供桥电压可以提高为 $U_a = 2n[I]R_0$，即一片时的 n 倍。

应变片的并联见图 6－9(b)所示。其大多是为了使电桥输入或输出电阻与供桥电源内阻或输出电表内阻匹配时采用的。并且一臂电阻变化 $\Delta R_1/R_1 = \Delta R_0/R_0$ 及每臂电流 $I = nI_0$，I_0 为一片应变片电流。

六、电桥的串并联

1. 电桥的串联

电桥的串联如图 6－10 所示，每个电桥都由单独的供桥电压供电。若供桥电压都是 U_a，则电桥的输出总电压将为各个电桥输出电压 U_d 之和

$$U_d = \sum_{i=1}^{n} U_{di} \qquad (6-32)$$

利用电桥串联，可以得到各桥输出电压之和及差(反接)。例如求两侧机架轧制力之和或差，求轨道衡四个传感器的输出总和。

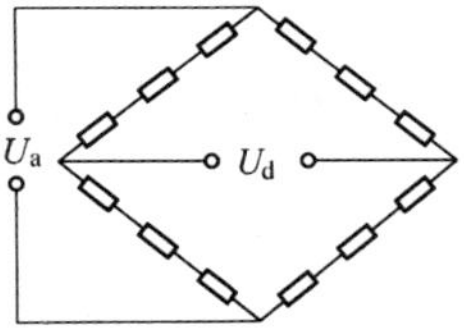

(a)

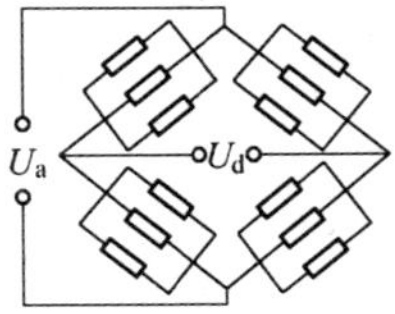

(b)

图 6－9　应变片串并联

2. 电桥的并联

电桥的并联如图 6－11 所示，其总输出电流为各电桥输出电流之和。即

$$I_d = \sum I_{di}$$

或写成

$$U_d = \frac{\sum U_{di}/R_{db}}{\sum 1/R_{db}} \qquad (6-33)$$

R_{db} 为电桥的输出电阻，见式(5－12)。

若电桥电阻都相同,那么, n 个串联电桥的

$$\sum 1/R_{db} = n/R_{db}$$

因此

$$U_d = \sum U_{di}/n \tag{6-34}$$

上式说明了电桥并联后的输出电压为各电桥输出电压的平均值。

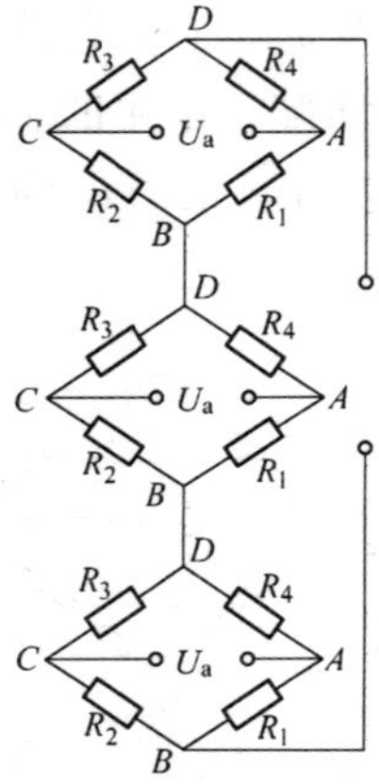

图 6-10　电桥串联

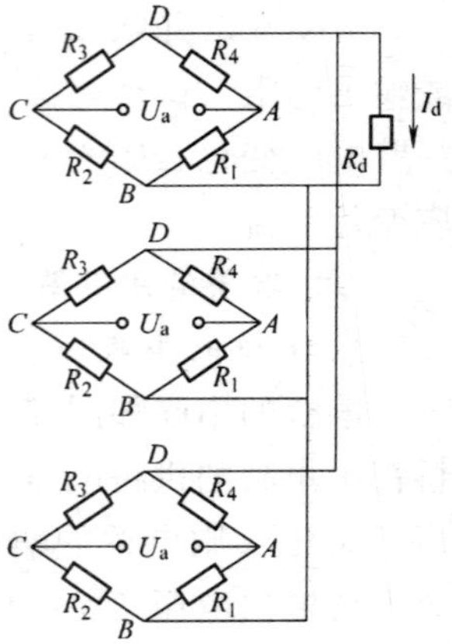

图 6-11　电桥并联

第六节　电阻应变仪

电阻应变仪是配合电阻应变片用来测量应变的仪器。应变仪按用途可以分为静态应变仪,动态应变仪及超动态应变仪三种。按供桥电源性质,应变仪可分为交流及直流供桥电阻应变仪两种。为了减少零漂,直流供桥的应变仪需采用调制—解调型放大器。直流供桥的应变仪由于调零简单,频响宽,线间电容影响小,通过调理板,可以接微机或数字显示器,因此应用日益广泛。交流供桥的应变仪也是一种调制—解调应变仪,它采用交流供桥电压,对电桥的输出信号进行调制,再经放大及解调(即相敏检波)。因此线路简单,造价低,但需要有 R 及 C 两调零装置,线间电容影响稍大,是目前常用的一种应变仪。电阻应变仪一般由供桥电源(振荡器),电桥及调零装置,标定装置,放大器,相敏检波及滤波器组成。

对于直流供桥的应变仪还需要调制器。下面将介绍常用的交流供桥的静态及动态应变仪。

一、静态应变仪

图 6-12 是静态电阻应变仪，左边部分是读数桥，中间上面部分是测量桥。测量桥就是由应变片及补偿片组成的电桥，在 A、B、C、D 接线柱上跨接 R_1,R_2,R_3,R_4 应变片或补偿片。也可用铜片将 $A'DC'$ 短接，使仪器内固定电阻 R'_3,R'_4 接入第三及第四臂，这样，只需在 ABC 端接入应变片即可。前者称全桥接线，后者称半桥接线。读数桥是由许多固定电阻及一个滑线式电位器组成。它有 3 个旋钮，分别是微调、中调及粗调旋钮。微调旋钮可调节 0.61Ω 的滑线变阻器（电位器），调节该钮可使电阻变化 ±0.29Ω（并联 11.790Ω）。中调旋钮可调节 10 个 1Ω 电阻，每调一格使电阻变化 0.29Ω（并联 4.0845Ω）。粗调旋钮可调节 4 个 1.45Ω 电阻，每调一格使电阻变化 1.45Ω。调节微调及中调旋钮时，相当于两臂工作。微调相应于应变最大变化 ±1000 $\mu\varepsilon$，中调变化一格相应于应变变化 ±1000 $\mu\varepsilon$。粗调旋钮变动时，相当于四臂工作，动一格相应于 ±10000 $\mu\varepsilon$。将读数桥与测量桥反串联接并输往放大器。若该两桥电压相同时，放大器输入为零，因此电表 A 指零。若不同，电表 A 不指零，这时调节各旋钮，使电表 A 指零。这时，旋钮指示的应变便是单臂工作时的应变。图中与供桥电源串接的电阻 210Ω 及电位器 $W_k=100\Omega$ 是用作调节应变片的灵敏系数 K_s，若测量桥的单臂工作应变为 ε，供桥电压为 U_a，那么电桥输出电压为 $\frac{1}{4}U_aK_s\varepsilon$。若读数桥每臂电阻为 $R_0=1.29\Omega$，变化了 ΔR，串入供桥电源的调 K_s 电阻为 R_k，那么读数桥输出

$$\frac{U_a}{2}\cdot\frac{R_0}{R_0+R_k}\cdot\frac{\Delta R}{R_0}=\frac{U_a}{2}\cdot\frac{\Delta R}{R_0+R_k}$$

即 $$K_s(R_0+R_k)=\Delta R/2$$

由图中阻值可知

$R_k=210\sim310\Omega, R_k+R_0=222.9\sim322.9\Omega$

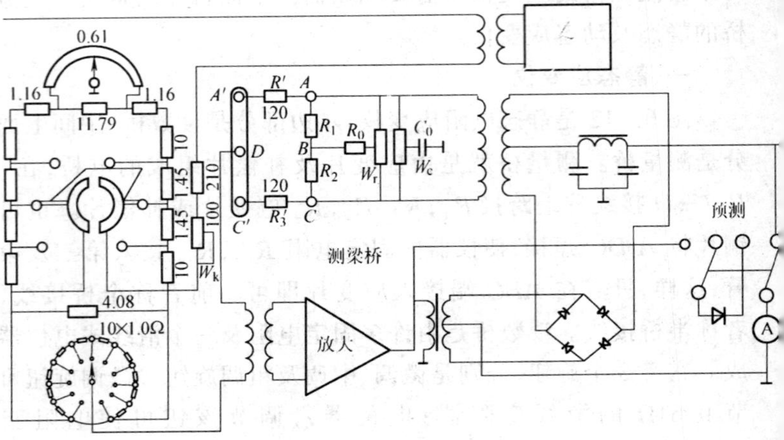

图 6－12　静态电阻应变仪

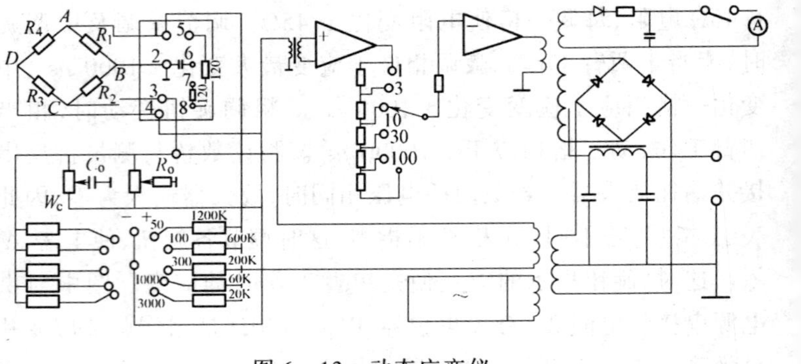

图 6－13　动态应变仪

若 $\varepsilon = 1000\mu\varepsilon, \Delta R = 0.29\Omega$,这时

$K_s = 2.60 \sim 1.80$

因此,调节 100Ω 电位器可以使用 $K_s = 1.80 \sim 2.60$ 的应变计。这样可使读数桥的应变指示值与电阻变化 ΔR 相对应。

放大器的输出信号也是交变的,因此,需要用相敏检波获得应变正负相应的正负电信号。(其原理参看第五章第三节调制放大器)相敏检波后接滤波器,滤去载波信号,即可获得放大了的电桥输出信号。

二、动态应变仪

动态应变仪的原理图见图 6－13。将测量电桥 $ABCD$（或 1234）分别接入应变片电桥的四个臂（电阻），若用半桥接法，可将 R_1，R_2 分别接入 AB 及 BC，然后将 4－8，3－7，1－5 短接，这时 R_3，R_4 将接入测量电桥。信号通过一级放大，然后经衰减器（衰减倍数 1/3，1/10，1/30，1/100）后再经放大和相敏检波滤波后输出。

当应变片接入应变仪后，首先应该调零，即先将电表开关 K 合上，使电表通过二极管接入放大器的输出端。然后调节 $W_r(R)$ 钮及 $W_c(c)$ 钮，使电表输出最小（一般可调整到零）。再将 K 打开，即可测量。

动态应变仪一般采用并联电阻法标定，见图 6－13 标定钮。标定时，将电阻 R_s 并联在第四臂（若并联在第三臂将输出负值），这时，第四臂电阻将减少，减少量为 ΔR_4

$$\Delta R_4 = \frac{R_4 R_s}{R_4 + R_s} - R_4 = -\frac{R_4^2}{R_4 + R_s}$$

电桥输出电压 U_d 为

$$\frac{U_d}{U_a} = \frac{1}{4}\left(\frac{R_4}{R_4 + R_s}\right) \tag{6－35}$$

若以第四臂并联 R_s 来模拟第一臂应变 ε_m，这时，第一臂应变 ε_m，使电压输出为

$$\frac{U_d}{U_a} = \frac{K_s \varepsilon_m}{4}$$

因此得

$$\varepsilon_m = \frac{1}{K_s}\left(\frac{R_4}{R_4 + R_s}\right) \doteq \frac{R_4}{K_s R_s} \tag{6－36}$$

一般应变仪的标定电阻不可能太多，在求标定电阻与应变关系时，令 $R_4 = 120\Omega$，$K_s = 2.00$，这时的应变 ε_s 表示为

$$\varepsilon_s \doteq \frac{60}{R_s} \tag{6-37}$$

因此得到如下关系：

$\varepsilon_s/\mu\varepsilon$	50	100	300	1000	3000
$R_s/k\Omega$	1200	600	200	60	20

在应变仪标定电阻旋钮上标明的都是应变 ε_s 值。这时应注意，只有 $R_3 = R_4 = 120\Omega, K_s = 2.00$ 时，输出大小才代表 ε_s 值。若 $R_3 = R_4 \neq 120\Omega, K_s \neq 2.00$，那么面板上应变为 ε_s，实际上，应变仪输出代表的应变 ε_m 应该是

$$\varepsilon_m = \frac{R_4}{60K_s}\varepsilon_s \tag{6-38}$$

使用动态应变仪时，可利用电流表测量输出电流，也可后接光线示波器来记录应变仪输出变化曲线(低阻输出)。还可以将高阻输出电压接入磁带记录仪或数据采集存贮仪。在测量前，先用标定电阻定标，然后再测量应变。

若在第四臂并联标定电阻时，仪器输出为 I_m，测量时，仪器输出 I_x，并且已知应变片工作状态系数 C，可以得到(线性关系)测量应变 ε_x

$$\varepsilon_x = \varepsilon_m \frac{I_x}{CI_m} \tag{6-39}$$

式中 ε_m 值有两种方法标定。若在第四臂并联已知阻值 R_s，输出 I_m，那么 ε_m 可由式(6－36)求出。若用应变仪内标定电阻，即已知仪器面板上注明的标定应变 ε_s，这时仪器输出 I_m，那么 ε_m 可由式(6－38)求得。

例 测量图 6－14 梁的弯曲应力，在梁上及下面各贴应变片 R_a, R_b，并以导线 r 接入应变仪。$R_a = R_1$ 接入第一臂，$R_b = R_2$ 接入第二臂。当调平衡后，合上相当于 $1000\mu\varepsilon$ 标定电阻开关。这时，在第四臂并联标定电阻，仪器输出 10mA。若梁加 F 力后，仪器输出 6mA，求梁应力值。已知应变片 $R_1 = R_2 = R_3 = R_4 = 100\Omega$，灵敏系数 $K_s = 2.20$，梁的 $E = 2.00 \times 10^5$MPa，$\mu = 0.3$。

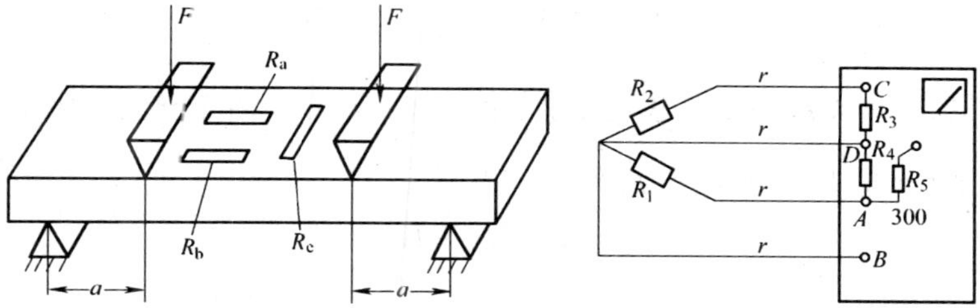

图 6－14　梁的弯曲应力

解　先求标定时应变 ε_m，由式(6－38)求得

$$\varepsilon_m = \frac{R_4}{60K_s}\varepsilon_s = 757.6\mu\varepsilon$$

由于 $C=2$，由式(6－39)得梁的应变 $\varepsilon_x = \varepsilon_m \dfrac{I_x}{CI_m} = 227.3\mu\varepsilon$

因此，当梁处于单向应力状态下，应力 $\sigma = E\varepsilon_x = 45.45\text{MPa}$。

若将 $R_a = R_1$ 接入第一臂，$R_c = R_2$ 接入第二臂，其他不变，求梁的应力。这时 $C = 1+\mu = 1.3$，因此 $\varepsilon_x = 349.65\ \mu\varepsilon$，应力 $\sigma = 69.93MPa$。

另外，DL 系列动态应变仪采用感应分压器标定装置，应变片电阻在 60～600Ω 范围内不用修正，仅需考虑 K_s 即可。其方法是实际应变 ε 与标定应变 ε_s 的关系为

$$\varepsilon = \frac{2}{K_s}\varepsilon_s$$

感应分压器是将供桥电压通过线圈变压器抽头产生相应于各应变的输入电压的方法进行标定的。

三、联接导线电阻影响

测量时，若联接导线电阻 r 与 R 相比不能略去时，应该考虑其影响。一般长导线电阻 r 如果在电桥各臂内联接，它将使仪器指示值减少。图 6－15(a)中的应变片 R_1 离仪器较远，通过总电阻为 r 的两根导线接入电桥 AB(第一臂)。这时应变片阻值为 (R_1+r)，若应变为 ε_x，灵敏系数为 K_s，电桥输出为

$$\frac{U_d}{U_a} = \frac{C}{4}\left(\frac{\Delta R}{R + r}\right) = \frac{C}{4}K_s\varepsilon_x$$

式中 C 为桥臂工作状态系数，本例为 $C=\frac{1}{4}$。由于导线电阻 r 的影响，应变片的实际应变是 ε_x'，并且

$$\Delta R/R = K_s\varepsilon_x'$$

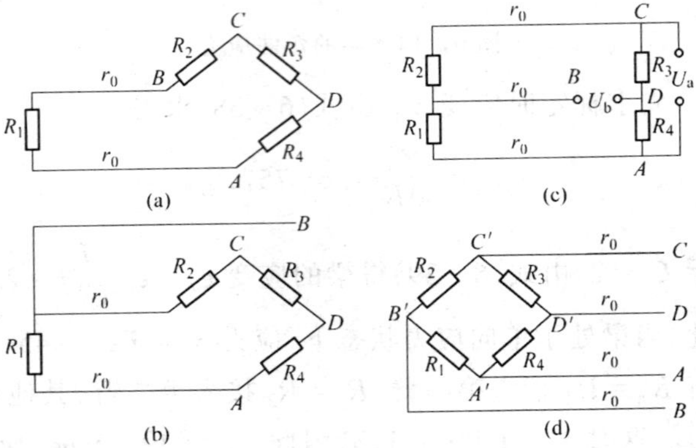

图 6－15　导线电阻影响

代入前式得到

$$\varepsilon_x' = \varepsilon_x(1 + r/R) \tag{6-40}$$

应注意，对于图 6－15(a)，$r=2r_0$（r_0 为一导线电阻）。对于图 6－15(c)半桥联接仍可用上式，但是这时的 $r=r_0$（每臂导线总电阻为 r_0）。对于图 6－15(d)全桥联接，若采用动态应变仪的并联电阻法定标，由于 $2r \ll R_s$，因此不考虑导线电阻影响；若采用静态应变仪，或直接测量输出 U_d，那么导线电阻 $r=2r_0$ 将会使供桥电压 U_a 降低到 U_d'，并得到

$$U_d' = U_d\frac{R}{R + 2r_0}$$

电桥输出 U_a 与应变仪指示值 ε_x、应变片实际应变 ε_x' 关系为

$$\varepsilon_x' = \varepsilon_x(1 + r/R)$$

式中 $r=2r_0$。

还应注意，图 6-15(a)中，导线电阻 $2r_0$ 会随温度而发生变化，因此引起温度误差。为了克服这一缺点，可以采用三线法，见图 6-15(b)。由于导线已分别接入第一与第二臂，因此由温度引起的电阻影响对输出没有影响。应注意这时 $r=r_0$。

另外还应注意，交流供桥的动态应变仪，若供桥电源频率较高，应注意导线分布电容影响。同时应使电桥电容调平衡，否则会使放大器进入饱和状态，造成过大的测试误差。

习　　题

1. 测量应变片灵敏系数，在图 6-16 矩形梁下部粘贴应变片 R_1，并和 R_2，R_3，R_4 电阻组成电桥。未加载时，电桥平衡，千分表指零。加载后电桥输出 3.27mV，千分表 D 示值为 2.25mm。已知 $L=150$mm，$h=10$mm，供桥电压 6V，求应变片灵敏系数。

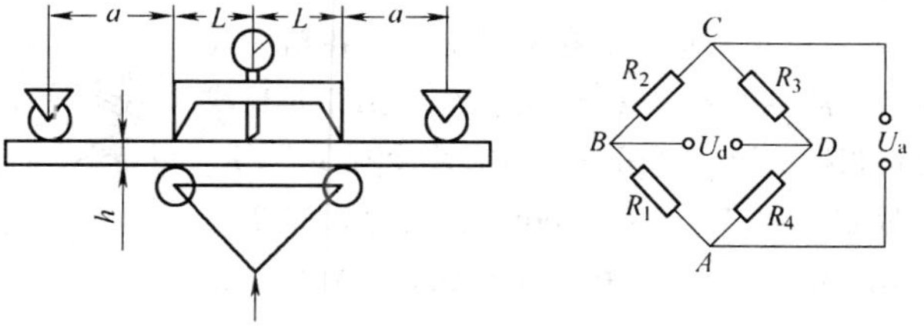

图 6-16

2. 图 6-17 为一等应力悬臂梁，测得梁尺寸为 $h=6$mm，$b=30$mm，$L=400$mm，在上表面贴应变片 R_1 与补偿应变片组成电桥后，若供桥电压 $U_a=5.00$V，梁端部加砝码 50N 时，输出变成 1.528mV。已知 $E=2.00\times10^5$MPa，求灵敏系数 K_s。

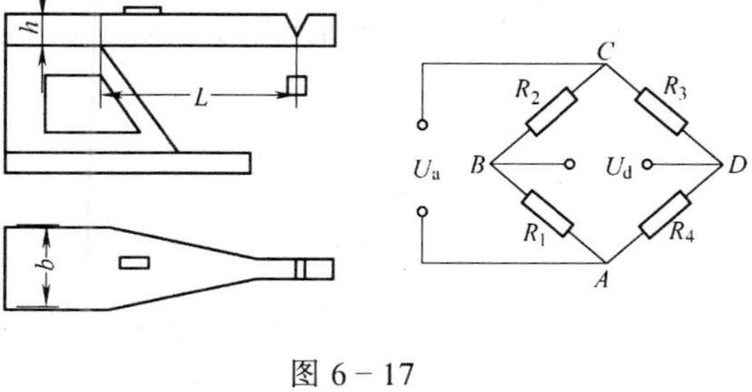

图 6-17

3. 一根管子承受内压，沿管圆周方向粘贴四片应变片 R_0，并按图 6-

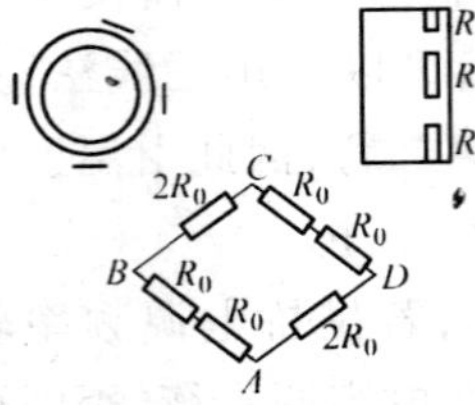

图 6－18

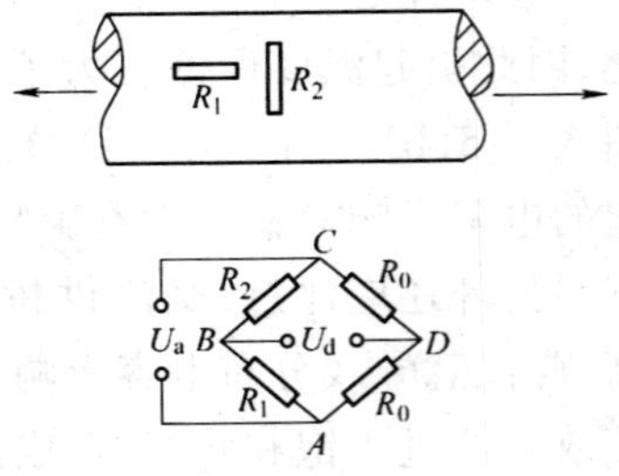

图 6－19

18 联成电桥。若已知 $U_a=10\mathrm{V}$，$K_s=2.00$，$E=2.00\times10^5\mathrm{N/mm^2}$，测得 $U_d=12\mathrm{mV}$，问该管周向应力为多少($2R_0$ 为固定片)？

4．图 6－19 为一圆断面杆，在拉杆上贴互相垂直两应变片。$K_s=2.00$，杆直径为 40mm。将应变片组成电桥(R_0 为固定片)，$\mu=0.25$，$E=2.00\times10^5\mathrm{N/mm^2}$，$U_a=10\mathrm{V}$。测得 $U_d=2.5\mathrm{mV}$(不考虑横向效应)，问杆应力为多少？又问作用力 F 为多少？

5．测量梁根部应力。在根部上下面各贴一片应变片 R_1，R_2，按图 6－20 组成半桥，然后用长导线与应变仪相接。导线电阻 $r=10\Omega$，应变片 $R_1=R_2=60\Omega$，固定电阻 $R_3=R_4=60\Omega$(补偿片)，应变片 $K_s=2.20$。梁的 $E=2.10\times10^5\mathrm{N/mm^2}$。测量前先调平衡，之后在第四臂并联 $R_s=60\mathrm{k\Omega}$ 电阻，这时，应变仪指示 20.0mA。测量时，应变仪指示 12mA，求梁根部应力。

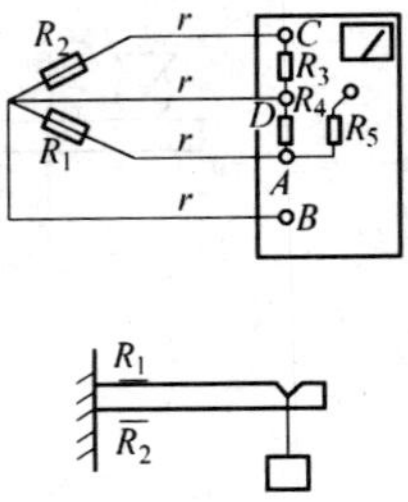

图 6－20

6．测量应变片平均灵敏系数 K_s。在等强度梁

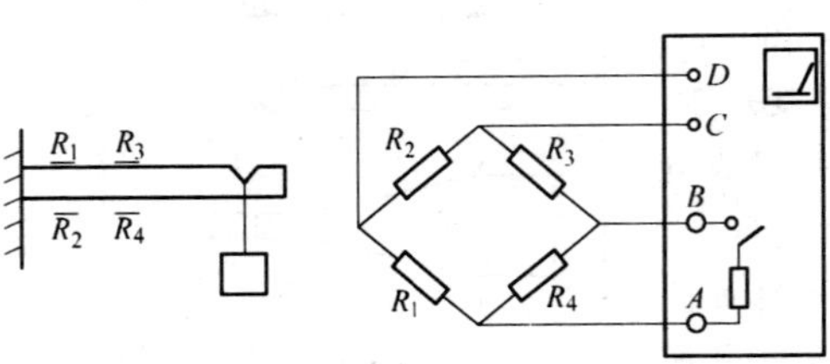

图 6－21

的上下面各贴两片应变片 R_1，R_3 及 R_2，R_4，组成全桥见图 6－21。测量前在第四臂并联 $R_s(3000\mu\varepsilon)$时应变仪输出 10mA。在梁端部挂砝码 $G=72\mathrm{N}$

时，应变仪输出 6.88mA。若梁的尺寸为：宽 $b=30\text{mm}$，厚 $h=6\text{mm}$，长 $l=300\text{mm}$，$E=2.00\times10^5\text{N/mm}^2$，应变片阻值 $R_1=R_2=R_3=R_4=150\Omega$，求灵敏系数。

7. 图 6－22 为一个矩形拉杆，厚 10mm，宽 20mm，在杆上下面沿轴线各粘贴一片应变片 R_1，R_3，并用 $r=5\Omega$ 导线与应变仪连接。应变片 $R_1=R_2=R_3=R_4=200\Omega$，$K_s=2.20$。测量前在第四臂并联 $1000\mu\varepsilon$ 的 R_s，这时应变仪输出 20mA。测量时应变仪输出 16mA，杆的 $E=2.10\times10^5\text{N/mm}^2$，问杆所受拉力 F 为多少？

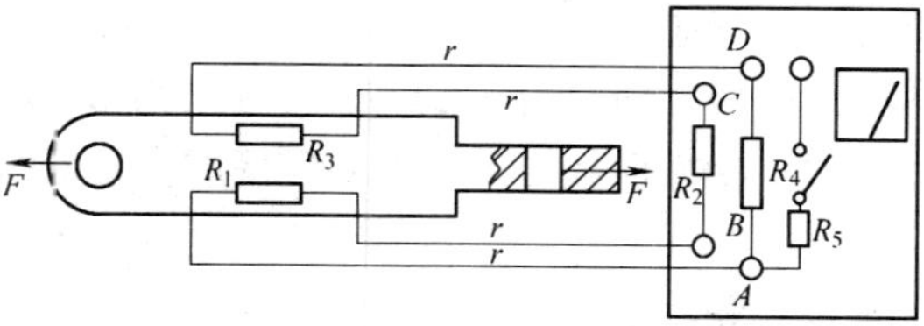

图 6－22

8. 图 6－23 为一实心圆柱体，直径 $D=50\text{mm}$，承受压力 F。在圆柱表面粘贴四片应变片，两片横贴，两片竖贴，用四根电阻 $r=5\Omega$ 导线与应变仪连接。测量前在第四臂并联 R_s（$1000\mu\varepsilon$），应变仪输出 20mA。测量压力 F 时，输出 12mA。已知 $\mu=0.30$，$E=2.10\times10^5\text{N/mm}^2$，应变片 $R_1=R_2=R_3=R_4=110\Omega$，$K_s=2.15$。问该圆柱体所受力 F 为多少？

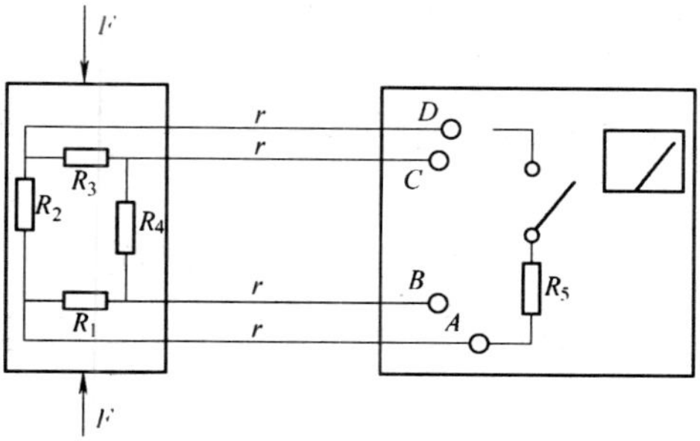

图 6－23

第七章　应力与外力测量

第一节　平面应力测量

用应变片测量零件的应力,实质上是先测量应变,然后计算出应力。应变片的粘贴角度及数量由应力状态决定。

一、单向应力状态

当主应力 σ_1 的方向已知时,应变片可以沿 σ_1 方向贴片。亦即应变片轴线与 σ_1 方向成0°角,这时测得应变 ε,通过 $\sigma = E\varepsilon$ 可以求出应力。

二、平面应力状态

在平面应力状态下,当主应力 σ_1 方向已知时,可以沿 σ_1 及 σ_2 方向粘贴两片互相垂直的应变片。若两片应变片测得的应变值为 Q_1、Q_2,可求得 σ_1 及 σ_2 方向应变

$$\varepsilon_1 = C(Q_1 - HQ_2), \quad \varepsilon_2 = C(Q_2 - HQ_1)$$

$$C = 1 - \mu_0 H \tag{7-1}$$

式中 H 为横间效应系数,μ_0 为标定梁泊桑比。若 H 很小,可以认为 $\varepsilon_1 = Q_1$,$\varepsilon_2 = Q_2$。主应力 σ_1 及 σ_2 由 ε_1,ε_2 计算得到

$$\left.\begin{aligned} \sigma_1 &= \frac{E}{1+\mu^2}(\varepsilon_1 + \mu\varepsilon_2) \\ \sigma_2 &= \frac{E}{1+\mu^2}(\varepsilon_2 + \mu\varepsilon_1) \end{aligned}\right\} \tag{7-2}$$

式中 μ 为所测零件的泊桑比。

当主应力方向未知时,至少要粘贴三片应变片(应变花)。一般常用下述两种粘贴方法。

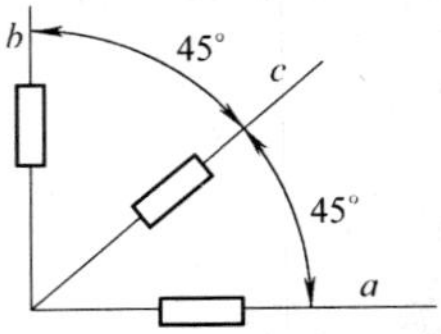

图 7-1　直角花

(1)直角法:三片应变片(同阻值同灵敏系数)按图 7-1 方法粘贴。a 及 b 片与 c

片间夹角均为45°,若得到各片所测得的应变值为 Q_a, Q_b, Q_c。可得实际应变[21,22]

$$\left.\begin{aligned}\varepsilon_a &= [Q_a - HQ_b]C, \varepsilon_b = (Q_b - HQ_c)C \\ \varepsilon_c &= [(1+H)Q_c - H(Q_a + Q_b)]C, C = 1 - \mu_0 H\end{aligned}\right\} \tag{7-3}$$

若 H 很小,可得 $\varepsilon_a = Q_a, \varepsilon_b = Q_b, \varepsilon_c = Q_c$,求得 $\varepsilon_a, \varepsilon_b, \varepsilon_c$。然后按下面公式计算 σ_1, σ_2 及 a 片夹角 α。首先计算

$$\left.\begin{aligned}\varepsilon_m &= (\varepsilon_a + \varepsilon_b)/2 \\ R &= \sqrt{(\varepsilon_a - \varepsilon_m)^2 + (\varepsilon_m - \varepsilon_c)^2}\end{aligned}\right\} \tag{7-4}$$

式中 ε_m 为平均应变, R 为应变圆半径。

由 ε_m 及 R 可求得主应力 σ_1 及 σ_2 和 σ_1 与 a 片夹角 α

$$\left.\begin{aligned}\sigma_1 &= E\left(\frac{\varepsilon_m}{1-\mu} + \frac{R}{1+\mu}\right) \\ \sigma_2 &= E\left(\frac{\varepsilon_m}{1-\mu} - \frac{R}{1+\mu}\right) \\ \tan 2\alpha &= \frac{\varepsilon_m - \varepsilon_c}{\varepsilon_a - \varepsilon_m}\end{aligned}\right\} \tag{7-5}$$

(2)三角形法:三片应变片按图7-2方法粘贴,三片夹角均为60°。若 a、b、c 的应变片读数为 Q_a, Q_b, Q_c,可得实际应变[21,22]

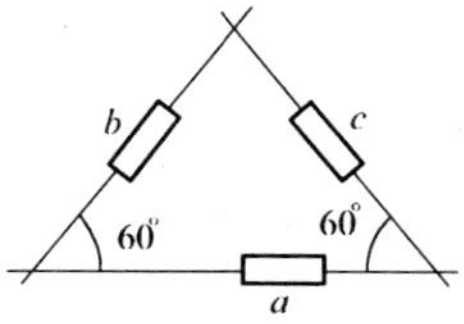

图7-2 三角花

$$\left.\begin{aligned}\varepsilon_a &= Q_a - \frac{2H}{3+H}(Q_b + Q_c) \\ \varepsilon_b &= Q_b - \frac{2H}{3+H}(Q_c + Q_a) \\ \varepsilon_c &= Q_c - \frac{2H}{3+H}(Q_a + Q_b)\end{aligned}\right\} \tag{7-6}$$

同样, H 很小时,可得 $\varepsilon_a = Q_b, \varepsilon_b = Q_b, \varepsilon_c = Q_c$。主应力 σ_1, σ_2、主应力 σ_1 与 a 片的夹角 α 计算如下

$$\left.\begin{aligned}\varepsilon_m &= (\varepsilon_a + \varepsilon_b + \varepsilon_c)/3 \\ R &= \sqrt{(\varepsilon_a - \varepsilon_m)^2 + (\varepsilon_c - \varepsilon_b)^2/3}\end{aligned}\right\} \tag{7-7}$$

$$\left.\begin{aligned}\sigma_1 &= E\left(\frac{\varepsilon_m}{1-\mu} + \frac{R}{1+\mu}\right) \\ \sigma_2 &= E\left(\frac{\varepsilon_m}{1-\mu} - \frac{R}{1+\mu}\right) \\ \tan 2\alpha &= \frac{\varepsilon_c - \varepsilon_b}{\sqrt{3}(\varepsilon_a - \varepsilon_m)}\end{aligned}\right\} \tag{7-8}$$

另外,还有四片粘贴法,例如 $T-\triangle$ 形、双直角形等,可参看有关参考文献。

三、贴片角度不准引起的误差问题

若应变片的轴线与 ε_1 夹角应该是 α,但是,由于贴片误差使实际上的夹角是 $\alpha+\Delta\alpha$,这样,使真正的应变 ε_a 变成了 $\varepsilon_a+\Delta\varepsilon$,由于

$$\varepsilon_a + \Delta\varepsilon = \frac{\varepsilon_1 + \varepsilon_2}{2} - \frac{\varepsilon_1 - \varepsilon_2}{2}\cos 2(\alpha + \Delta\alpha)$$

可得相对误差:

$$\gamma = \frac{-2\sin 2(\alpha + \Delta\alpha)\sin\Delta\alpha}{E + \cos 2\alpha}$$

$$E = \frac{\varepsilon_1 + \varepsilon_2}{\varepsilon_1 - \varepsilon_2} \tag{7-9}$$

若是单向应力状态,又若 $\mu=0.28$,当 $\alpha=0°$ 时,$\Delta\alpha=1°$,则 $\gamma=0.04\%$;$\Delta\alpha=5°$,则 $\gamma=0.97\%$;当 $\alpha=45°$ 时,$\Delta\alpha=5°$,则 $\gamma=32.3\%$。因此,单片测应力应尽量采用 $\alpha=0°$ 方向贴片。

应用应变花测量应力时,应变花各栅丝轴线的夹角误差也会引起应力误差。对于直角应变花,当 45°夹角相差 1°时,应变测量可能产生的误差最大为 7%;对三角形应变花,当 60°角相差 1°时,应变测量可能产生的最大误差为 4.1%。因此一般规定这两种应变花的 45°及 60°夹角不应超过 ±0.5°,这时 45°片误差约为 3.5%,60°的误差约 2.01%。

第二节　轴、梁应力及外力测量

轴、梁、柱以及由它们组成的机架(框架)等是机械设备中重要的零件。测试这些零件的应力,不但是研究零件强度所需要的,而且通过应力测试,可以推出外力,因此是测量外力的基础。这一节将分析圆断面及矩形断面轴梁应力与外力的测试。

一、正应力及外力(外载)测量

圆断面及矩形断面轴或梁,见图 7 − 3(a)及(b)。在上下面的表面弯曲应力最大处粘贴应变片 5#、6#,便可以测出水平力 F、垂直力 P 引起的应变片处应力 σ_F、σ_p 以及最大最小应力 σ_{max},σ_{min}。如图 7 − 3(c)所示,上下应变片应力相同,若将它们分别置于相邻臂,即 5# 为 R_1,6# 为 R_2,测出的是符号相反的应变,亦即测量的是 P 力引起的弯曲应变;若将它们分别置于相对臂,即 5# 为 R_1,6# 为 R_3,测出的是符号相同的应变,亦即测量的是 F 力引起的拉应变。若只将 5# 置于第一臂,测出的是 P 和 F 引起应变之和。若只将 6# 置于第一臂,测出的是 F 与 P 引起应变之差。

若测出 P 力引起的应变 ε_p,可以得到应力 σ_F 及外力 P 为

$$\sigma_p = E\varepsilon_p \tag{7-10}$$

$$P = W\sigma_p / l \tag{7-11}$$

式中 W 为抗弯截面模量,对于圆截面 $W = \frac{\pi}{32}D^3$,对于矩形截面 $W = \frac{1}{6}bh^2$。

若测出 F 力引起的应变 ε_f,可以得应力 σ_f 及外力 F

$$\sigma_f = E\varepsilon_f \tag{7-12}$$

$$F = S\sigma_f \tag{7-13}$$

式中 S 为截面面积。

二、剪应力及外力矩(扭矩)测量

如图 7 − 3(a)、(b)所示的剪应力测量图,当受扭力 T 及向下作用力 P 时,轴都会产生剪应力。

1. 剪应力测量

为了避免其他应力影响，大多采用贴四片应变片，组成全桥来测量剪应力及外力。见图 7－3(a)及(b)中的 1[#] ～4[#] 应变片。在剪应力最大处沿轴线 ±45°方向的正面及后面各贴二片应变片。以 1[#]，2[#] 应变片来说明剪应力测量。若应变片受纯剪力，那么沿轴线 45°方向将是主应力方向。主应力 σ_1，σ_2 方向的应变为 $\pm\varepsilon_{45}$。由于 $\sigma_1 = -\sigma_2$，并且 $|\tau| = |\sigma_1|$，又 $\varepsilon_{45} = (\sigma_1 - \mu\sigma_2)/E$，因此可以得到 τ 的数值为

$$\tau = \frac{E\varepsilon_{45}}{1+\mu} = 2G\varepsilon_{45} \qquad (7-14)$$

式中 $G = \dfrac{E}{2(1+\mu)}$ 是剪切弹性模量。对钢材 $G = (8.0 \sim 8.2) \times 10^4$ MPa 左右。上式表明，测出 45 度方向应变 ε_{45}，就可以求出剪应力 τ。

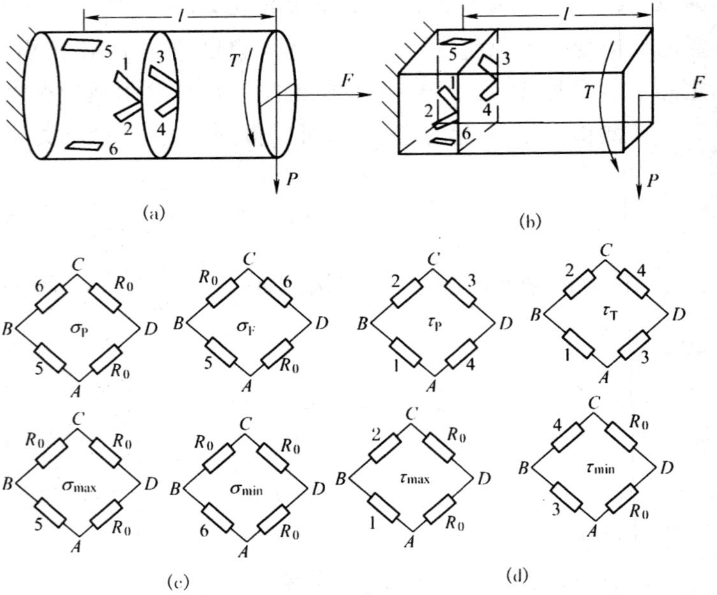

图 7－3 剪应力测量

2. 剪应力与扭转力矩及 P 力关系

若按图 7-3(d)组桥，可以测出扭转与弯曲剪应力，若将 1#，2#，3#，4#片分别置于一、二、三、四臂，测量的值是 1#，3#为正应变，2#，4#为负应变，即由 P 力引起的应变 ε_{45}，并用 $(\varepsilon_{45})_p$ 表示。若将 1#，2#，4#，3#分别置于一、二、三、四臂，测量的值是 1#，4#为正应变，2#，3#为负应变，即由 T 引起的 ε_{45}，并用 $(\varepsilon_{45})_T$ 表示。代入式(7-14)，即可求得弯曲剪应力 τ_P 及扭转剪应力 τ_T。

3. 剪应力与外力 T、P 关系

若已知扭转剪应力 τ_T，可求出扭矩 T，对圆形断面，直径为 D

$$T = (\pi/16)D^3\tau_T \tag{7-15}$$

对矩形断面，应变片贴在长边中点 45 度方向

$$T = cb^2h\tau_T \tag{7-16}$$

式中 C 可查表 7-1。

表 7-1[15] 矩形截面 C 值

b/h	1	0.9	0.8	0.7	0.6	0.5	0.4	0.3	0.2	0.1
C	0.208	0.21	0.23	0.23	0.24	0.246	0.258	0.27	0.29	0.31

若已知弯曲应力 τ_p，可求出 P 力。

对圆形断面

$$P = \frac{1+\mu}{1+2\mu}S\tau_p \tag{7-17}$$

式中 S 为截面积，μ 为泊桑比。

对矩形断面

$$P = \frac{2}{3}\beta bh\tau_p \tag{7-18}$$

式中 β 可查表 7-2。

表 7-2[15] 矩形截面 β 值

b/h	4.0	3.5	3.0	2.5	2.0	1.8	1.6	1.4	1.2	1.0	0.8	0.6	0.4	0
β	0.50	0.54	0.59	0.64	0.72	0.74	0.77	0.80	0.84	0.89	0.92	0.95	0.98	1.00

测量剪应力时，若应变片的横向效应系数 H 较大，那么还应该考虑 H 的影响。这时，ε_{45}与剪应力 τ 的关系应该是

$$\tau = 2G\varepsilon_{45}[1 + H(1-\mu_0)] \tag{7-19}$$

式中 μ_0 为标定应变片灵敏系数时的梁的泊桑比。

另外，弯曲剪应力沿梁高度方向分布是不均匀的，因此应变片长度与梁高度相比越小越好。当应变片长 L 与梁高之比小于 1/3 时，即 $L/h=1/2$ 时，误差小于 4.2%。

第三节　传动轴扭矩测量

传动轴扭矩的测量方法很多。根据测量原理大致可分成三类：第一类是剪应力法。即利用测量轴的剪应力来计算扭矩。这类方法中常用的是应变片测剪应力方法。第二类是扭转变形法。这种方法是通过测量一定长度上轴截面的扭转变形来测量扭矩的。常用的方法有相对位移法、光电法及磁阻法。第三类方法是电功率法。即利用测量驱动轴的电机功率及转速来推算扭矩。由于电机的效率及空载功率等因素的影响，第三类方法的精度较低，但是测量简单方便。第二类方法中的光电法及磁阻法需要将电机与传动轴断开，然后接入专用传感器，故只在实验室中应用。第一类方法中的应变片法，可以不用断开电机与传动轴的联接，是一种很好的测量法。假若通过这种方法与电机功率测量法比较，求出系数，以后就可以用电机功率及转速来计算扭矩了。本节将介绍应变片测量方法及电功率推算扭矩方法。

一、应变片测量扭矩方法

应变片测量扭矩实际上是测量轴表面沿轴线夹角 ±45°方向的应变 ε_{45}，见图 7－4。在轴相隔 180 度两面，沿轴线方向 ±45°各贴一片应变片，并组成电桥。由式(7－14)、式(7－15)得到应变 ε_{45} 与扭矩 T 的关系

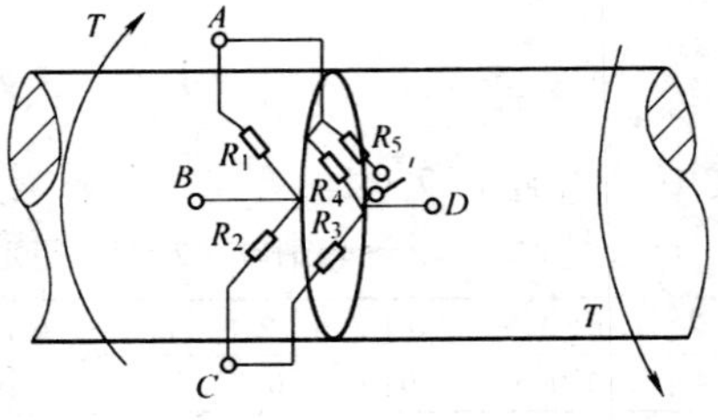

图 7－4　扭矩测量

$$T = \frac{\pi}{8} G D^3 \varepsilon_{45} \tag{7-20}$$

式中 D 为轴外直径，若为空心轴，内径为 d，那么扭矩

$$T = \frac{\pi}{8} G \varepsilon_{45} (D^4 - d^4) / D$$

式中 $G = (8.0 \sim 8.2) \times 10^4 \mathrm{MPa}$（对钢材），若考虑应变片的横向效应系数 H，那么式(7－19)可写成

$$T = \frac{\pi}{8} G D^3 \varepsilon_{45} [1 + H(1 - \mu_0)] \tag{7-21}$$

对于空心轴，只要将(7－20)乘以$(1 + 0.72H)$即可。

测量 ε_{45}大多采用并联电阻标定方法，其他像模拟小轴法等，由于标定精度提高不大，因此应用较少。当在应变片电桥第四臂并联电阻 R_s 时，仪器将产生输出信号 I_m，测量扭矩时，若输出信号大小为 I_x，那么，ε_{45}值为

$$\varepsilon_{45} = \frac{R_4}{K_s R_s} \left(\frac{I_x}{C I_m} \right) \tag{7-22}$$

式中 C 在四片应变片工作情况下(图 7－4)，$C = 4$。

例 以图 7－4 为例。测试前在第四臂并联 $R_s = 60\mathrm{k\Omega}$ 电阻，这时仪器输出 $I_m = 10\mathrm{mA}$。当轴受扭转，仪器输出 8mA，轴直径 $D = 100\mathrm{mm}$，$G = 8.2 \times 10^4 \mathrm{MPa}$ 时，应变片阻值都是 240Ω，灵敏系数 $K_s = 2.20$，求轴扭矩为多少？

解 由式(7－22)得

$$\varepsilon_{45} = \frac{240}{2.2 \times 60 \times 10^3} \left(\frac{8}{4 \times 10} \right) = 363.6 \times 10^{-6}$$

$$T = \frac{\pi}{8} G D^3 \varepsilon_{45} = \frac{\pi}{8} \times 8.2 \times 10^4 \times 100^3 \times 363.6 \times 10^{-6}$$

$$= 11.7 \times 10^6 \mathrm{N \cdot mm} = 11.7 \mathrm{kN \cdot m}$$

若考虑横向效应系数，$H = 0.05$，那么 $T = 12.1\mathrm{kNm}$。不考虑 H 时，误差为 $\gamma = -3.6\%$。

旋转轴扭矩测量的另一个主要问题是如何将电桥的供桥电压和输出电压从旋转轴引到仪器上，这就需要引电器。引电器主要

有炭刷滑环式、感应式及遥测三种。

1. 炭刷滑环式引电器

图 7－5 为炭刷滑环式引电器原理图。(a)为径向刷式滑环引电器。滑环 3 套在旋转轴 2 外，在滑环与轴间有绝缘筒 1，一般有四个并列滑环，彼此间绝缘。电桥的连接点 a、b、c、d 分别与四个滑环相联。炭刷 5(银与石墨制成)一端安装在电刷架 4 上，一端与滑环接触。为了减少接触电阻，一般每个刷架 4 上装有两个炭刷，每个滑环与四个炭刷接触，并在滑环与电刷间保持适当的压力。但压力过大磨损加快，一般压力可在 $0.6N/mm^2$ 左右。滑环表面光洁度应高，径向跳动应小。径向刷式集流环一般用于线速度不大于 10m/s 的场合中。

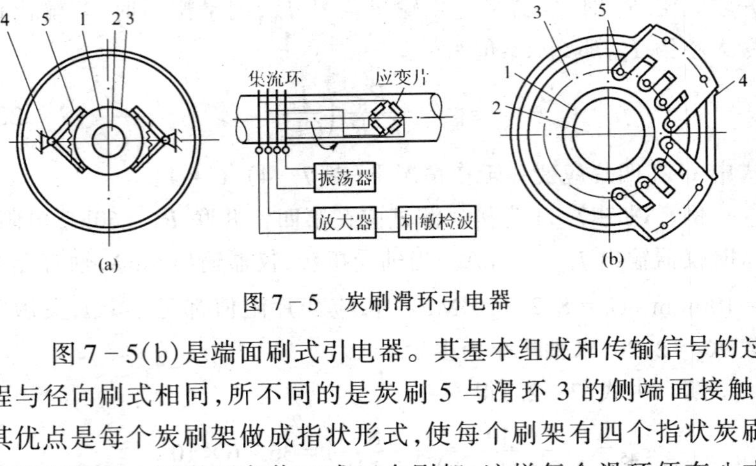

图 7－5　炭刷滑环引电器

图 7－5(b)是端面刷式引电器。其基本组成和传输信号的过程与径向刷式相同，所不同的是炭刷 5 与滑环 3 的侧端面接触。其优点是每个炭刷架做成指状形式，使每个刷架有四个指状炭刷与滑环接触。沿滑环安装二或四个刷架，这样每个滑环便有八或十六个接触点，使接触电阻减少。在每个电刷上还安装有高压气喷嘴，喷出的高压气流，不仅可以冷却接触点，而且可以吹去磨粒。这种电刷可用于测量线速度高达 40～50m/s 的场合。

2. 感应式引电器

感应式引电器是非接触式引出信号方法之一，如图 7－6 所示。在与轴固定的套筒 1 上套装二个线圈骨架 5 和 8，骨架内分

别有线圈 S_1, P_2。在骨架外与线圈相离一间隙的外圆处，也有两线圈 S_2, P_1 与 S_1, P_2 对应。线圈被固定在不动的外壳 2 内的骨架 6,7 里。线圈 P_1 通入振荡电压，线圈 S_1 的感应电压作为应变片电桥的供桥电压。电桥的输出电压则接入线圈 P_2，线圈 S_2 的感应电压作为输出信号电压。这种引电方式的转速较高，主要受线圈结构强度限制。

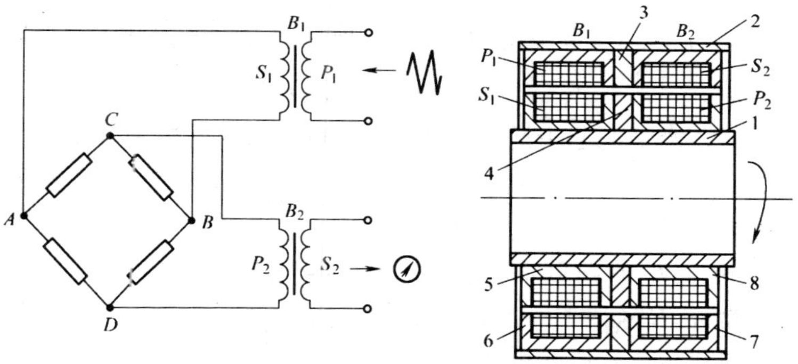

图 7－6　感应式引电器

3. 近程遥测

近程遥测实际上也是一种感应引电方法。如图 7－7 所示，应变片电桥的供桥电压由银氧电池或可充电电池通过稳压集成电源块供给。电桥输出电压被放大后控制压控振荡器的振荡频率，然后再通过与轴绝缘的环状天线向外发射。例如，当电桥输出 $U_d = 0$ 时，发射机频率为 200kHz，如果应变片应变为 ±100$\mu\varepsilon$，电桥输出使压控振荡频率偏调 ±2kHz，即变成 108～202kHz，通过环状天线发射出去。在天线旁安上接收天线，接收调频信号。再通过鉴频电路，将频率转变成模拟电压，即

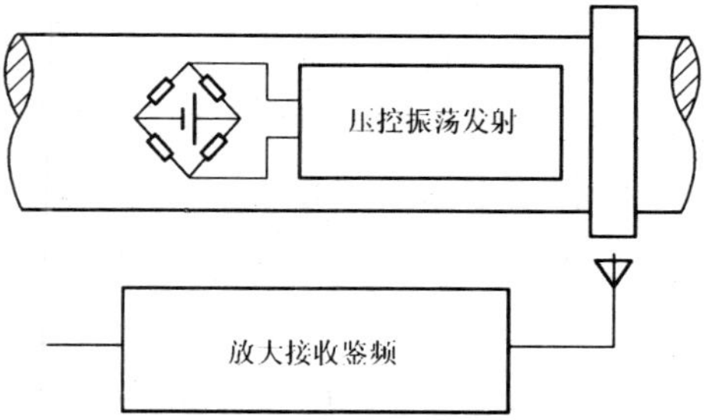

图 7－7　近程遥测原理图

可输出放大了的应变信号。近程遥测方式是一种较好的引电方式，适合于工厂测试或应用。另外，还有远程遥测方法，可参看有关文献。

二、扭转变形法测扭矩

扭转变形法是测量轴上相距 L 的两截面的相对扭角 θ，并推出扭矩 T 为

$$T = GJ_{\rho}\theta / L \tag{7-23}$$

式中 G 为剪切弹性模量，J_{ρ} 为扭轴惯性矩。对圆形截面

$$J_{\rho} = D^4(\pi / 32)$$

扭角测量的方法是，在相距 L 的两截面上安装测量相对位移的装置，如在图 7-8 中的卡环凸台 A、B 上安装电涡流传感器或电容位移传感器测转角；也可以在相距 L 的两截面上安装齿轮盘 A、B，如图 7-9 所示。用磁阻式传感器或光电传感器检测相对位移（转角）时，旋转齿盘 A、B 每通过 C、D 两传感器一个齿间距，则两传感器将分别输出一个近似正弦波。初始时，A、B 齿盘尽量对准。若两正弦波初始相位差为 φ，这时信号电压分别为

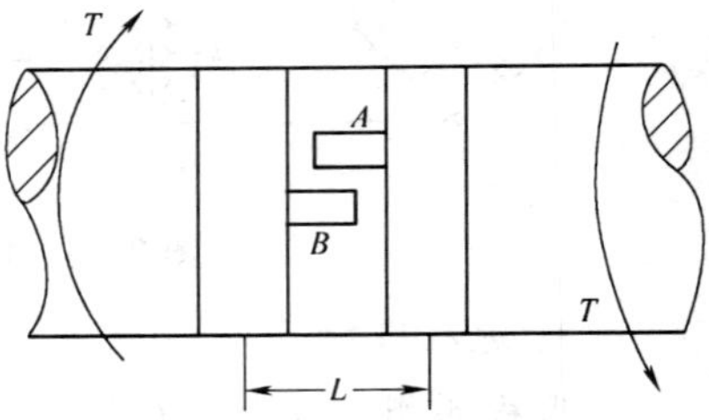

图 7-8　扭转变形法测扭矩

$$E_a = \sin(\omega t + \varphi / 2)$$

$$E_b = \sin(\omega t - \varphi / 2)$$

若轴受扭矩 T，A、B 输出分别为

$$E_a = \sin(\omega t + \varphi / 2)$$

$$E_b = \sin(\omega t - \varphi / 2 + \theta)$$

式中 θ 是扭矩引起的扭角。C 传感器信号使过零比较器控制门控为 1，D 传感器信号使过零比较器控制门控为 0。这样形成的矩形脉冲打开 E 与门，通过的时钟脉冲序列，便是扭角引起的脉

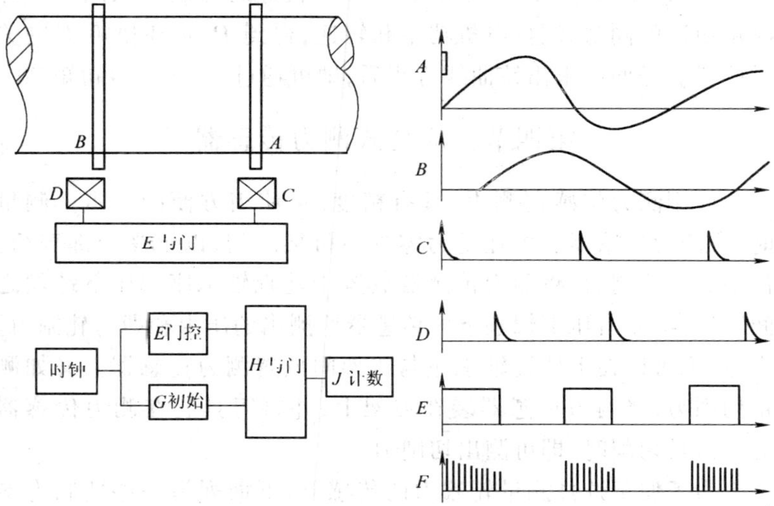

图 7－9　相位法测扭矩

冲序列。若初始时序列为 N_0，A、B 相位差通过的时钟脉冲序列为 N，可以得到扭矩 T 为

$$T = \frac{2\pi K}{fz}(N - N_0) \tag{7-24}$$

及

$$K = \frac{\pi G D^4}{32L}$$

式中 f 为时钟频率；z 为齿数；K 为轴扭转刚度；$N - N_0$ 为每秒计数的脉冲序列差；D 为轴的直径。

三、电功率推算扭矩方法

传动轴扭矩的大小也可以通过测量驱动该传动轴电机的功率和转速，并通过计算得到。假若我们已经测得电机功率 P（kW）及转速 n（r/min），又测得空载时功率 P_0 和转速 n_0，那么电机轴的转矩 T(Nm)为

$$T = 9550(P\eta/n - P_0\eta_0/n_0) \tag{7-25}$$

式中 η 为电机效率，当功率为额定功率的(0.5～1.2)时，$\eta = 0.80$

~0.94；η_0 为空载效率，为 0.4~0.5。较好的方法是采用应变片测量扭矩的同时，测量电机功率和转速，得到 P/n 和扭矩 T 的关系曲线。经回归求出该曲线方程后，即可通过 P/n 求得扭矩 T。

第四节 应变式测力传感器

应用测力传感器测力，具有精度高，使用方便的优点。测量时，将测力传感器放置在受力零件与机架之间，以承受全部载荷。例如测量轧制力，将测力传感器放置于轧辊轴承座与压下螺丝之间。这样，左右压下螺丝下的传感器所测出的压力和即为轧制力。当然，也可以在下轧辊轴承座与机架间放置测力传感器。又如测量切削力，将测力传感器装在刀架上，并将刀具装在测力传感器上。刀具切削时，即可测出切削力。

为了便于选择测量轧制力的传感器，下面列举一些轧制力参考值供参考(单位为 MN)。

初轧机:750 方坯为 4~6;850 方坯为 6~8;950 方坯为 8~9;1000 方坯为 10~11;1150 方坯 12~17;1200 方坯 14~18;1300 方坯 15~20。

厚板轧机:2800 厚板为 25~30;4200 厚板为 40~45;4700 厚板为 45~70;5000~5500 厚板为 60~90。

薄板轧机:500 板带为 3.5~5;800 板带为 8~12;1200 板带为 12~18;1700 板带为 25~30;2300 板带为 30~40。

轨梁及型材轧机:800/850 为 4.5~6;750/800 为 4~5;500/650 为 3.5~4.5;350/450 为 2~3;250/300 为 1~2;250 线材为 0.5~0.8。

测力传感器的种类很多，有应变片式、压磁式、压电式、电感式、电容式、油压式等。前两种是目前大量采用的测力传感器。应变片式测力传感器精度高，但是需要放大设备；压磁式传感器精度一般，后接设备简单、耐用。压电式传感器用于测量快速变动的作用力，如振动、冲击力等。本节将介绍应变式测力传感器。应变式测力传器一般由粘贴应变片的弹性元件、加载装置(球面垫、凸头、侧向弹簧片及外壳等组成。其中加载装置是为了减少弹性元件承受作用力时，可能出现的偏斜或出现侧向分力。外壳是起防护及防潮作用的。弹性元件是主要元件，它将所测力线性地转换成应变片粘贴处的应变值，然后通过应变片电桥再转换成电压输出。弹性元件的形式是多种多样的，按应变片测试的应力可分成拉压应力式、弯曲应力式及剪切应力式三类。按弹性元件形状可以分成柱式、环式、梁式、轮辐式、S 式等。

下面将按应力分类来介绍测力传感器的各种弹性元件。

弹性元件一般采用合金结构钢或弹簧钢来制造，要求制造弹性元件的钢材具有较高的屈强比、较好的耐疲劳、耐冲击性能、较低的滞后及蠕变。常用的材料为 40CrNiMo、40CrMnMo，35CrMnSi，也可采用 50CrV，60Si2Mn，40Cr，42CrMo 等。

为了使弹性元件性能稳定，可以在 200℃ 温度下保持 18～20h，以消除残余应力，并在 120％载荷下保持 4～6h。有可能的话在疲劳试验机上反复加载额定载荷 3000 次。

弹性元件的许用应力$[\sigma]$一般为

$$[\sigma] = (0.25 \sim 0.35)\sigma_s \tag{7-26}$$

$$[\tau] = 0.6[\sigma] \tag{7-27}$$

下面介绍几种常用的弹性元件。

一、柱式弹性元件（拉压应力式）

柱式弹性元件一般做成空心圆柱体或矩形柱体。图 7－10(a)是拉力传感器的结构图。它的弹性元件是圆筒 1。为了传递外力，圆筒两端有螺纹。应变筒的中间表面上贴有应变片 2，通过外壳 3 上的接线插头 4 引出导线。为了防止灰尘和水气浸蚀应变片，两端与外壳相连处均放有密封圈 5。一端利用内压环 6 压在筒体上，并通过压盖 7 压紧在外壳上。另一端直接压在外壳上。图 7－10(b)是荷重传感器结构图。它的弹性元件是应变圆筒 1，通过底座的螺孔将其固定在测量系统中，外力通过凸头 8 传给应变筒，应变筒体表面贴有应变片 2，通过插头 4 将信号引出，为了防止灰尘和有害气体，装有防尘圈 5，密封垫 6，利用压环和压盖 7

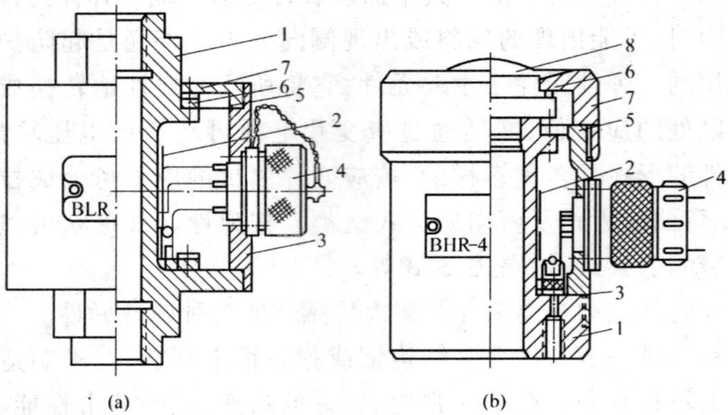

图 7－10　柱式测力传感器

(a) 拉力传感器；(b) 荷重传感器

分别压在应变圆筒和外壳 3 上。沿弹性元件外表面中部，均匀粘贴竖横间隔布置的应变片。片数是 4 的倍数。将受拉片串联后置于一、三臂，受压片串联后置于二、四臂，组成电桥如图 7－11。弹

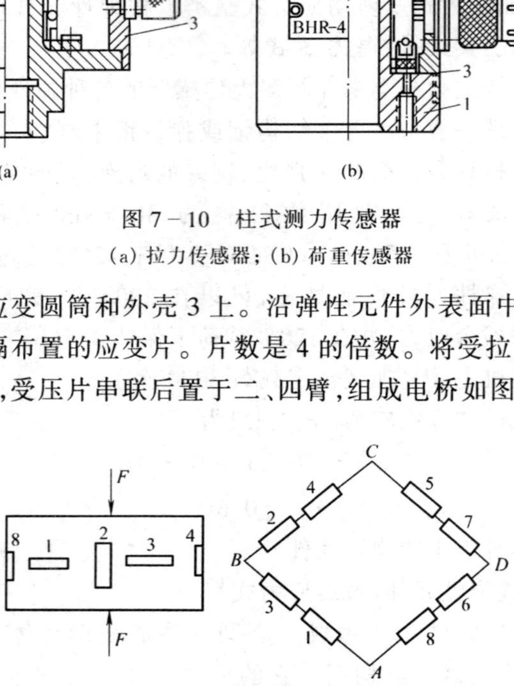

图 7－11　柱式传感器组桥图

性元件应变 ε 为

$$\varepsilon = \frac{F}{ES} \tag{7-28}$$

式中 F 为作用力，S 为断面积，E 为弹性模量，应变片组成电桥(全桥)后，单位供桥输出值为

$$\frac{U_d}{U_a} = \frac{1+\mu}{2}K_s\varepsilon = \left(\frac{1+\mu}{2}\right)\frac{K_sF}{ES} \tag{7-29}$$

式中 K_s 为灵敏系数，μ 为泊桑比。

一般柱式传感器外表面粘贴应变片处的应变分布可能出现不均匀，同时柱体短时会出现三向应力状态，使作用力 F 与单位供桥输出 U_d/U_a 呈现非线性关系。为改善非线性关系，可采取如下措施：

(1)应变 ε 不应大于 $1000 \sim 1500\mu\varepsilon$(相当于 $[\sigma] = 200 \sim 300$MPa)

(2)采用空心圆柱体，它的高度 H 应满足 $H/(D-d)>1$，而且越大越好。对于实心圆柱体，要求 $H/D>2$。D 为外径，d 为内径。

(3)上下两接触表面应平行并磨光，最好能通过球面垫或凸球面形来传递力。

(4)沿外圆表面均匀地多粘贴些应变片。

(5)加置测向弹簧片(参看圆环形弹性元件)，减少侧向力影响。

(6)采用图 7-12 形状的双曲线型(或圆弧形)的外表。在加载表面上车成圆环沟槽，上面垫以厚铝板，下面垫入紫铜板。应变片贴在圆弧形中部，这种弹性元件高度可以很小，所以又称垫圈式传感器，它可以放在轧机压下螺母与机架螺母孔之间来测量轧制力。

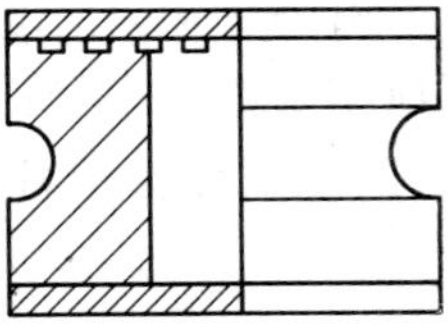

图 7-12　垫圈式传感器

二、梁式弹性元件(弯曲应力及剪切应力式)

梁式弹性元件一般都是固支形式，图 7-13(b)、(h)是悬臂梁，前者厚度小，为弯曲应力式，后者厚度大，为剪切应力式。图(d)、(g)为单梁式，前者为弯曲应力式，后者为剪切应力式。图(a)、(f)为桥式(双侧梁)，前者为弯曲应力式，后者为剪切应力式。图(i)为轮辐式，即四梁式。轮辐式也可以做成三梁式，这时各梁间夹角为 120 度。

1. 弯曲应力式弹性元件

以图 7-13(a)来分析弯曲应力式弹性元件。它的弯矩图见图 7-13(e)。以两梁相连点，即中点 O 作为 x 轴原点，若每侧梁

的剪切力为 Q(双梁式弹性元件 $Q=F/2$),原点 O 的弯矩为 M_0,梁的弯矩方程为

$$M_x = M_0 - Qx$$

式中 M_0 由中点转角 $\mathrm{d}y/\mathrm{d}x = 0$ 决定,即

$$\frac{\mathrm{d}y}{\mathrm{d}x} = \int_0^l \frac{M_x}{EJ}\mathrm{d}x = 0$$

得到

$$M_0 l - Ql^2/2 = 0$$

即

$$M_0 = Ql/2$$

因此

$$M_x = Q(l/2 - x) \tag{7-30}$$

由图可知,1#、3#、5#、7# 应变片为拉应变,2#,4#,6#,8# 为压应变。因此,组桥时,拉应变的应变片置于一、三臂,压应变置于二、四臂。应变片的应变为

$$\varepsilon = \frac{3Ql}{Ebh^2} \tag{7-31}$$

一般 ε 应小于 1000～1500$\mu\varepsilon$。

组桥后单位供桥输出为

$$\frac{U_\mathrm{d}}{U_\mathrm{a}} = \frac{3K_\mathrm{s}lQ}{Ebh^2} \tag{7-32}$$

式中 l、b、h 为每根梁的长宽高,K_s 为应变片的灵敏系数。

图 7-13(b)、(c)、(d)中的各应变片的应变符号为 1#、3# 为正;2#、4# 为负。

例如图 7-13(a)状的双固支梁,宽 $b=10\mathrm{mm}$,高 $h=3.0\mathrm{mm}$,长 $l=30\mathrm{mm}$,$E=2.0\times10^5\mathrm{MPa}$,应变片 $K_\mathrm{s}=2.00$。若作用力 $F=600\mathrm{N}$,可求得梁根部应变 $\varepsilon=1500\mu\varepsilon$,并求得每伏供桥输出

$$U_\mathrm{d}/U_\mathrm{a} = \frac{3\times2\times600\times30}{2\times10^5\times10\times3^2} = 3.0\times10^{-3}\mathrm{V/V} = 3.0\mathrm{mV/V}$$

2. 剪切应力式弹性元件

图 7－13(f)～(i)是剪切应力弹性元件。其中(h)是悬臂梁。(g)是单固支梁式(梁两侧面转角为零),(f)为双固支梁式,(i)为四固支梁式(轮辐)式。当梁受力 F 时,每根梁受到剪切力 Q(单梁的 $Q = F$,双梁的 $Q = F/2$),这时,梁中性面的剪切应力最大,大小为

$$\tau_{\max} = \frac{3Q}{2bh\beta} \qquad (7-33)$$

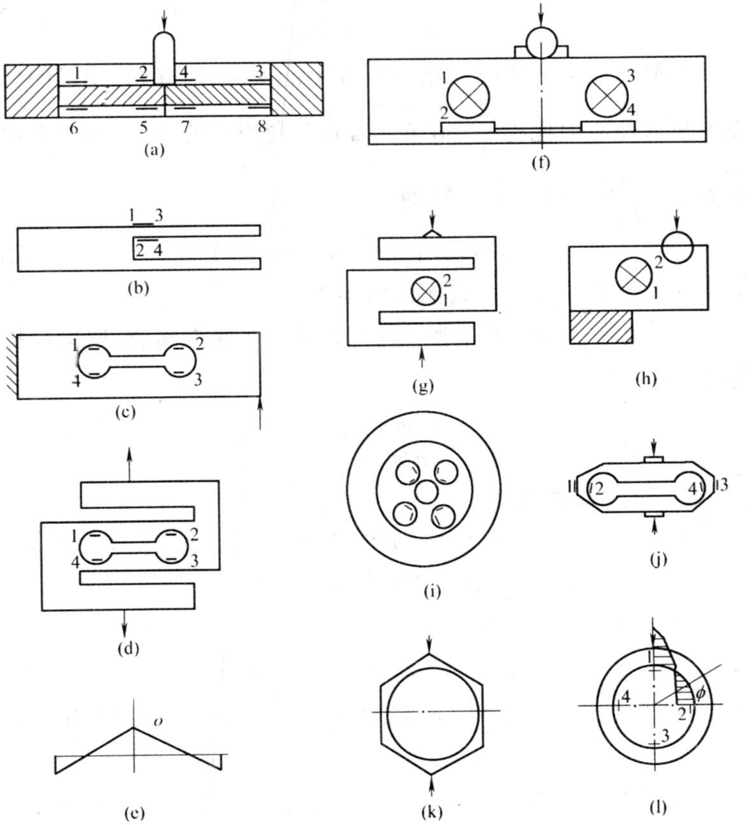

图 7－13　弯曲应力、剪应力式传感器

式中 β 值见式(7－18),一般要求 $\tau_{max} \leqslant 0.6[\sigma]$。

由于梁中性面受纯剪应力作用,沿轴线 ±45°度方向为主应力方向,因此沿 ±45°方向粘贴应变片,可以测量剪应力。45 度方向应变为

$$\varepsilon_{45} = \frac{3Q}{4Gbh\beta} \qquad (7-34)$$

应变片 1# 及 3# 为拉应变,2# 及 4# 为压应变,再加上图中另一面(背面)的应变片组成全桥后,电桥单位供桥输出为

$$\frac{U_d}{U_a} = \frac{3K_sQ}{4Gbh\beta} \qquad (7-35)$$

一般剪应力式传感器梁的厚度不能太薄,因此,希望梁的剪切应力与弯曲应力比为 $\frac{\tau}{\sigma}=0.6$。为充分利用梁的强度,由于弯曲应力为 $\sigma=\frac{3Ql}{bh^2}$,因此,要求梁的

$$h/l \doteq 1.2 \quad 及\ b/h < 1 \qquad (7-36)$$

上式比值供设计剪应力式元件时参考。

为了保护弹性元件,梁中间受力柱体与底面间隙,即梁的挠度为($E/G=5/2$)[4]

$$y = \frac{Ql^3}{Ebh^3}\left(1 + 3\frac{h^2}{l^2}\right) \qquad (7-37)$$

三、环式弹性元件

环式弹性元件有单环形(见图 7－13(k)、(l))及扁环形(双环形)(见图 7－13(j))。如果圆环的平均半径为 R_m(内外半径和之半),圆环弯矩与角 ψ 有关,大小为

$$M_\psi = FR_m(1/\pi - \cos\psi/2) \qquad (7-38)$$

令 $\psi=\pi/2$ 及 0 时,可得垂直截面弯矩 M_1 及水平截面弯矩 M_2

$$M_1 = 0.3183FR_m, M_2 = -0.1817FR_m \qquad (7-39)$$

弯矩图画在图 7－13(l)外环上,在 1、3 及 2、4 点贴片,其中 1、3 应变片受拉应变,2、4 应变片受压应变。将它们分别置于一、三及二、四臂后,可以测量力 F。受力 F 后,1、2 应变分别为

$$\left.\begin{aligned} \varepsilon_1 &= \frac{1.910R_m}{Ebh^2} \\ \varepsilon_2 &= -\frac{R_m F}{Ebh^2}(1.09K - 0.5h/R_m) \end{aligned}\right\} \tag{7-40}$$

式中 h 为圆环厚，b 为圆环宽。K 查下表：

h/R_m	0.2	0.4	0.6	0.8	1.0	1.2	1.4	1.6
K	1.07	1.15	1.25	1.37	1.52	1.73	2.05	2

对于扁环，也可以在环内侧及外侧分别贴片，1、3 应变片受拉应变，2、4 应变片受压应变。

电桥的单位供桥输出为（图 7－13l）

$$\frac{U_d}{U_a} = \frac{K_s}{2}(\varepsilon_1 - \varepsilon_2) = \frac{3K_s R_m F}{2Ebh^2} \tag{7-41a}$$

（图 7－13j）为

$$\frac{U_d}{U_a} = K_s\varepsilon_2 \tag{7-41b}$$

另外，圆环受压时，1 点应变 ε_1 不应大于 1000～1500$\mu\varepsilon$（相当于$[\sigma]=200\sim300$MPa）。

四、应变杆测力计

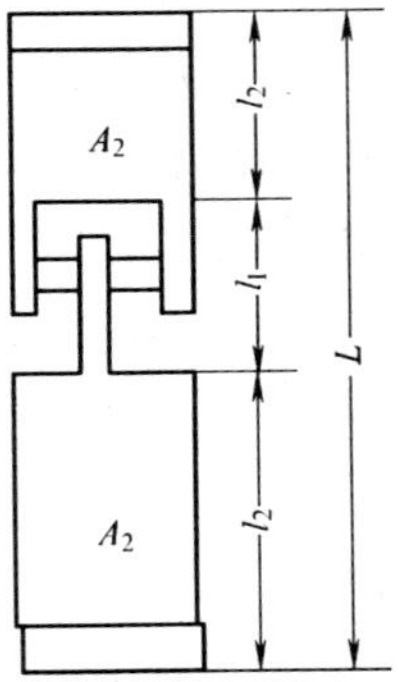

图 7－14 应变杆

应变杆是具有放大应变作用的一种测应变的传感器，如图 7－14 所示。该杆由三部分组成：两端都是刚度 K_2，长 l_2，截面积 A_2 的测量杆；中间是刚度 K_1，长 l_1 的测量（位移）变形元件，例如很细的杆、梁或环。在这些测量元件上的应变最大部位粘贴应变片，并且组成电桥，便可以通过测量变形元件的应变来测量外载荷（力）。若应变杆总长 L 被定在机架立柱上，机架受力 F 后，产生变形，应变杆 L 也产生变形 ΔL。变形 ΔL 等于测量杆变形 $2\Delta l_2$ 和变形元件变形 Δl_1 之和

$$\begin{aligned} \Delta L &= \Delta l_1[1+2(\Delta l_2/\Delta l_1)] \\ &= \Delta l_1[1+2(K_2/K_1)] \\ &= \Delta l_1\beta \end{aligned} \tag{7-42}$$

式中　$\beta = 1 + 2K_2/K_1$ 一般 $\beta = 5 \sim 18$, $L = 400 \sim 500$mm。若在测量长度 L 内应变是均匀的,大小为 ε_0,可以得到

$$\varepsilon_0 = \Delta L / L = \beta \Delta L_1 / L \qquad (7-43)$$

放置应变杆立柱的截面积为 A_0,主柱受力 F 为

$$F = EA\varepsilon_0 \qquad (7-44)$$

应变杆变形元件上应变片电桥单位供桥输出与 $\Delta L_1/L$ 成正比,亦即与 ε_0 成正比,或与 F 成正比。由于 $\beta > 1$,因此应变杆起到了放大应变的作用。例如测量轧制力,找出机架立柱的中性面以及截面不变化的一段长度。在每个立柱这样的长度上挂上应变杆,便可以测量轧制力。若条件不许可,至少应在两个对角线的立柱上挂应变杆,利用机架对称,两立柱受力认为相等的条件测量轧制力。标定方法有三种:一种是在上下轴承座间加油压缸直接对机架加力,利用油压表的压力及活塞面积求得加力大小进行标定。另一种是在压下螺丝与轴承座间放置已经标定过的测力传感器对应变杆进行标定。第三种是对应变杆所测应变 ε_0 进行标定,即求得应变 ε_0 与应变杆电桥单位供桥输出的关系曲线,并由式(7-44)求得力 F。第三种方法标定简单,只要测准中性面及截面积 A_0、弹性模量 E,测量误差不会太大。

五、应变计测力传感器的调整及补偿

测力传感器在组装完毕后,一般要进行温度零漂及温度对输出灵敏度影响的补偿,还要进行零点,输出电阻及总的输出灵敏度的调整。

1. 温度零漂补偿

由于温度变动时,电阻温度系数及应变片与零件膨胀系数不同,因此引起温度零漂。此时在电桥的某一个臂中串入一段补偿电阻丝,使该电阻丝在温度变动时所引起的电阻值变化,恰能抵消上面叙述的温度零漂,达到补偿的目的。图 7-15 中的 R_t 电阻丝便是补偿温度零漂的电阻,该电阻丝一般用纯铜或镍丝做成,前者的电阻率及电阻温度系数为 $\rho = 0.017\Omega\text{mm}^2/\text{m}$, $\alpha_t = 0.0039$;

后者为 $\rho=0.072\Omega mm^2/m, \alpha_t=0.0061$。

2. 对灵敏度的温度补偿

灵敏度受温度变动的影响是由下述两方面原因引起的：

(1)弹性模量 E 会随温度增加而减少，在 $-50\sim+50$℃范围内，对一些钢材来说，弹性模量的温度系数 $\alpha_E=-(2.0\sim3.0)\times10^{-4}1/℃$。

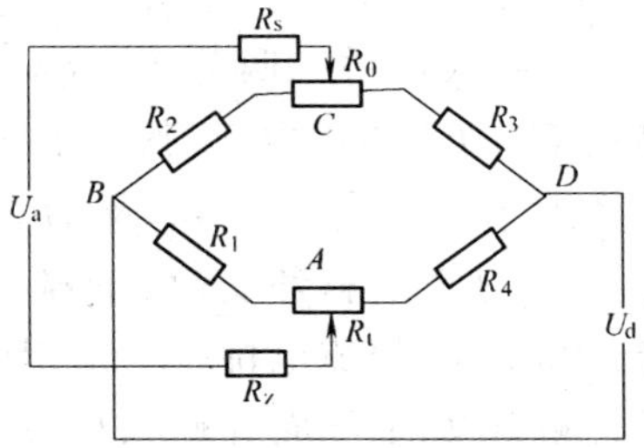

图 7-15 传感器调整电阻

(2)当温度变动时，应变计灵敏系数 K_s 也会发生变化，它的温度系数约为 $\alpha_k=-2.5\times10^{-4}1/℃$。

对于康铜，总的灵敏度变动为 $(3\sim4)\times10^{-4}1/℃$。对于卡玛合金影响很小，补偿的方法是在输入回路中串接电阻 R_z，如图 7-15 所示。此电阻可以用纯铜丝，也可以用镍丝绕制而成。

3. 零点调整电阻

经过温度补偿后，电桥平衡破坏，因此需要在某一臂串入电阻以达到平衡。图 7-15 中的 R_0 便是调零电阻，它由锰铜丝绕成。

4. 传感器总的灵敏度的调整

一般传感器的灵敏度都有一固定值，它以单位力作用下电桥单位供桥电压输出表示。如 1.0mV/(kN·V)表示 1kN 力，供桥电压 1V 时输出 1.0mV，一般设计时灵敏度总比它大，因此可以串入电阻 R_s。这样，相当于使 a、c 点的供桥电压降低，以便使灵敏度达到一个固定值的目的。

第五节 三向力及张力测量

一、三向力测量

在机械工程测试中，有时需要测量三向力，如测量机床的切削力等。一般，作用于某零件(如刀具)的力可以分解成 F_x, F_y, F_z 三方向分力，下面将介绍一些常用的三向力传感器。图 7-16 介绍了四种测力传感器，其中图 7-16(a)是八角环式三向力传感器。传感器分上下两层，右边应变片以 a 表示，左面与右面对称的应变片以 b 表示。作用力 F_x 使上下两扁环受压，将 $6a$、$5a$ 及 $6b$、$5b$ 组成电桥二四臂，$9a$、$8a$ 及 $9b$、$8b$ 组成电桥一三臂，即可测量 F_x 力。作用力 F_y 使上下两扁环受切向力，将 $1a$、$2a$ 及 $3b$、$4b$ 组成在一三臂，$3a$、$4a$ 及 $1b$、$2b$ 组成电桥二四臂即可测量 F_y 力。F_z 力使上扁环受拉，下扁环受压，将 $7a$，$7b$ 组成电桥二四臂，$10a$、$10b$ 组成电桥一三臂，即可测量 F_z。图 7－16(b)是悬臂梁式测力仪，上下面各贴三片应变片（上为 a，下为 b），左右侧面各贴两片应变片（右为 a，左为 b）。将 $2a$，$2b$ 接入二四臂，一三臂为补偿片可测力 F_y，$1a$，$1b$，$3a$，$3b$ 组成一二三四臂可测 F_z 力；$4a$，$4b$，$5a$，$5b$ 组成一二三四臂可测 F_x 力。

图 7－16(c)是压电式测力仪，利用 1234 四个压电式传感器测量四点压力，并由四个传感器输出信号的和与差，即 1，3 差，2，4 差，1，2，3，4 总和可以分别测出三向分力中的垂直力、水平力、轴向力。

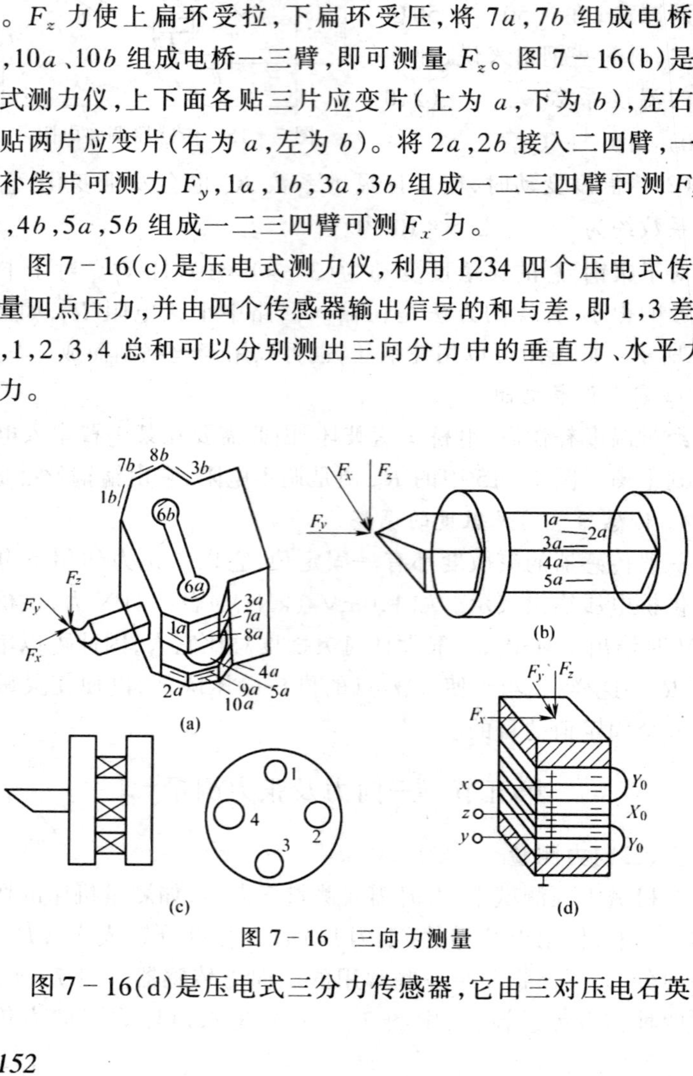

图 7－16　三向力测量

图 7－16(d)是压电式三分力传感器，它由三对压电石英晶片

组成。其中一对具有纵向压电效应，用以测 F_z，另外两对具有横向压电效应，且方向互相垂直，分别用以测 F_x，F_y 力。参阅第九章第二节。

图 7－17 是机器人腕部力传感器的示意图。它是由铝合金整体框架、支柱和支承块等组成。作用在支承块上的力和力矩，通过四根支柱，传到框架的四壁。为了提高测力的灵敏度，框架的四壁切割了两条长缝，使每个壁成为一个简支板梁，框架的中心支承块连接到夹持器上，而框架的边缘则连接到机器人的手臂上。在传递力的过程中，四根支柱的变形通过贴在每根支柱四个侧面上的半导体应变片测出，经放大后作为输出信号。在其弹性变形的范围内，应变正比于所受之力。因此，传感器的输出信号代表了作用在它上面的力和力矩。和车床的三向测力刀架比较，机器人腕部力传感器不仅可以测出三个方向的力，还能测出三个力矩。并且，施加在腕部力传感器上的任意力均可以分解为三个分力 f_x，f_y，f_z，和三个力矩 m_x，m_y，m_z。因此，我们可以用力向量

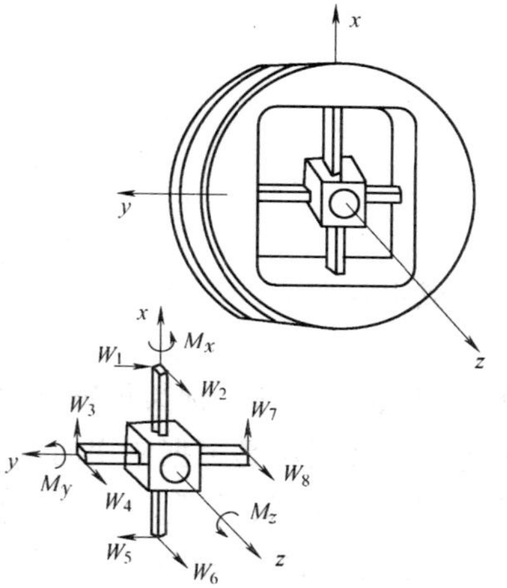

图 7－17　腕部力传感器

$$f=(f_x \quad f_y \quad f_z \quad m_x \quad m_y \quad m_z)^T$$

表示任意一个力向量。传感器每个支柱(四个侧面)上有 4 个应变片，组成 2 个桥式电路，4 个支柱共有 8 组桥式电路，得 8 组输出(应变)构成应变向量：

$$e=(e_1 \quad e_2 \quad e_3 \quad e_4 \quad e_5 \quad e_6 \quad e_7 \quad e_8)^T$$

在微小应变的情况下，应变向量 e 与作用力向量 f 呈线性关系：

$$\begin{bmatrix} e_1 \\ e_2 \\ e_3 \\ e_4 \\ e_5 \\ e_6 \\ e_7 \\ e_8 \end{bmatrix} = \begin{bmatrix} c_{11} & c_{12} & \cdots & c_{16} \\ c_{21} & c_{22} & \cdots & c_{26} \\ \vdots & \vdots & & \vdots \\ \vdots & \vdots & & \vdots \\ c_{81} & c_{82} & \cdots & c_{86} \end{bmatrix} \begin{bmatrix} f_x \\ f_y \\ f_z \\ m_x \\ m_y \\ m_z \end{bmatrix} \tag{7-45}$$

或简写成矩阵形式：

$$E = CF$$

其中，C 是 8×6 矩阵，称为传感器的比柔度矩阵。另一方面，传感器的标定的实质则是根据应变向量 e 的观测值得到力向量 f 的表达式。在小变形条件下，F 与 E 的关系也是线性的，即 $F=C^{-1}E$。因此，只要对矩阵 C 求逆，即可通过 E 应变求得力和力矩 F。

二、柔性件张力测量

柔性件张力的测量也是经常遇到的。例如，带材轧机的带材张力，皮带传动的皮带张力，卷扬设备的钢绳张力等。图 7－18(a)是测量钢绳张力的一种方法。将测力传感器的两受力端与钢绳两受力端紧固，并使不受力的钢绳成一个活套，这样就可以用测力传感器直接测钢绳张力。图 7－18(b)是利用吊车的定滑轮测量钢绳的张力。与定滑轮固定的中心轴两侧贴应变片，利用测剪应力的方法测量张力。也可以通过心轴轴承座压力传感器测量钢绳的张力。大吨位吊车秤就是利用上述方法测量吊挂物体重量的。

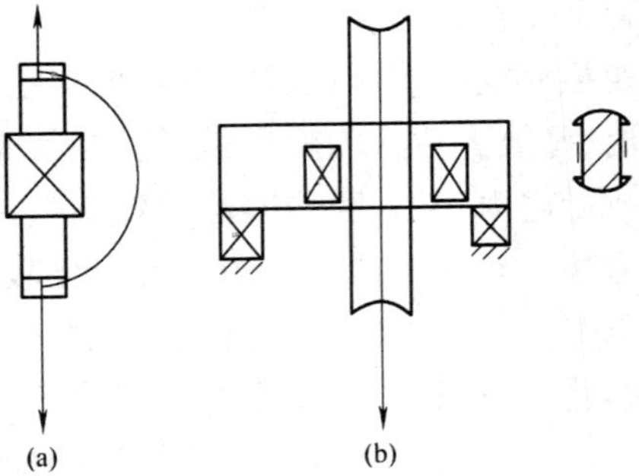

图 7－18　吊重张力测量

图 7－19(a)是通过杠杆及测力传感器 4 测量张力的。带材 2 由于轧辊 1 及辊子 5 的限制，在辊子 3 上形成包角，并由卷筒 6 使带材张紧。一般当杠杆与轧材平行时，传感器受力 F 与带材张力 T 的关系为

$$T = \frac{bF}{a\sin\beta} \tag{7-46}$$

例 图 7－19(a)中 $a = 400\text{mm}$，$b = 200\text{mm}$，$c = 300\text{mm}$，$e = 120\text{mm}$，$r = 100\text{mm}$，测力传感器受力 $F = 1000\text{N}$，求张力 T。

解 先求角度 β

$$\beta = 90° - \arctan(e/c) - \arccos(2r/\sqrt{e^2 + c^2}) = 16.44°$$

张力

$$T = \frac{bF}{a\sin\beta} = 1.77 \times 10^3\text{N}$$

图 7－19(b)是将测量辊 4 的传感器上抬，使带材 2 对传感器产生垂力 F。并在测量辊两侧放置导向辊 5，使带材在轧辊 1 形成张力时，测量辊上的包角保持不变。测力传感器作用力 F 和张力 T 的关系为

$$T = \frac{F}{\sin\alpha + \sin\beta} \tag{7-47}$$

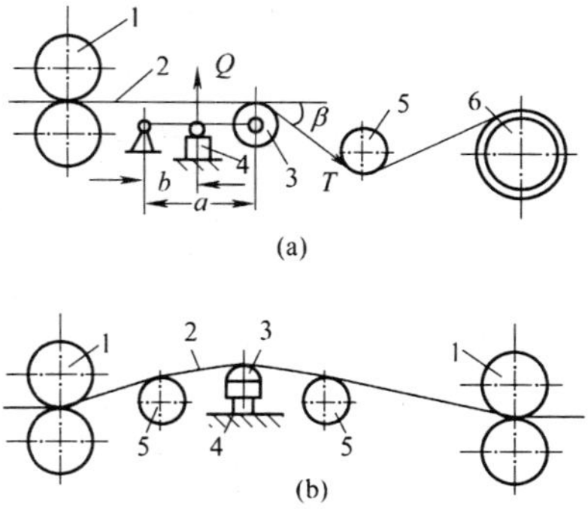

图 7－19 轧钢张力测量

式中 α、β 为带材与水平线夹角(辊子 3)。

第六节 应变梯度测量

应变梯度测量一般可以采用多片法，例如三片、四片、五片等。布置方式有应变片重叠贴片法，不等长度应变片测量等。本节将介绍多片法测量应力集中或高应变梯度的应变测量。图 7－20 为一凹圆角，它的应变梯度较大。沿凹圆角大应变梯度附近贴了 3

~5片应变片(也可以贴7片或更多)。下面以三片为例说明测量方法。凹圆角处应变分布可以展成泰勒级数,若取头三项得

$$\varepsilon(x) = a_0 + a_1 x + a_2 x^2 \tag{7-48}$$

若三片应变片1,2,3测得应变分别为 $\varepsilon_1, \varepsilon_2, \varepsilon_3$, 见图7-20,它们都是在栅丝长度范围内的平均应变,得到

$$\left.\begin{aligned}
\varepsilon_1 &= \frac{1}{l}\int_0^l \varepsilon(x)\mathrm{d}x = a_0 + \frac{1}{2}la_1 + \frac{1}{3}l^2 a_2 = a_0 + b_1 a_1 + c_1 a_2 \\
\varepsilon_2 &= \frac{1}{l}\int_{x_2}^{x_2+l} \varepsilon(x)\mathrm{d}x = a_0 + b_2 a_1 + c_2 a_2 \\
\varepsilon_3 &= \frac{1}{l}\int_{x_3}^{x_3+l} \varepsilon(x)\mathrm{d}x = a_0 + b_3 a_1 + c_3 a_2
\end{aligned}\right\} \tag{7-49}$$

式中 l 为应变片长度(三片都是 l)。x_2, x_3 为第二片及第三片应变片端部的 x 圆弧坐标值(原点在第一片应变计端部)。以及

$$\left.\begin{aligned}
b_1 &= l/2, c_1 = l/3 \\
b_2 &= (l + 2x_2)/2, c_2 = (l^2 + 3lx_2 + 3x_2^2)/3 \\
b_3 &= (l + 2x_3)/2, c_3 = (l^2 + 3lx_3 + 3x_3^2)/3
\end{aligned}\right\} \tag{7-50}$$

并得

$$\begin{bmatrix}\varepsilon_1\\ \varepsilon_2\\ \varepsilon_3\end{bmatrix} = \begin{bmatrix}1 & b_1 & c_1\\ 1 & b_2 & c_2\\ 1 & b_3 & c_3\end{bmatrix}\begin{bmatrix}a_0\\ a_1\\ a_2\end{bmatrix}$$

若行列式

$$\Delta = \begin{bmatrix}1 & b_1 & c_1\\ 1 & b_2 & c_2\\ 1 & b_3 & c_3\end{bmatrix} \neq 0$$

可解得

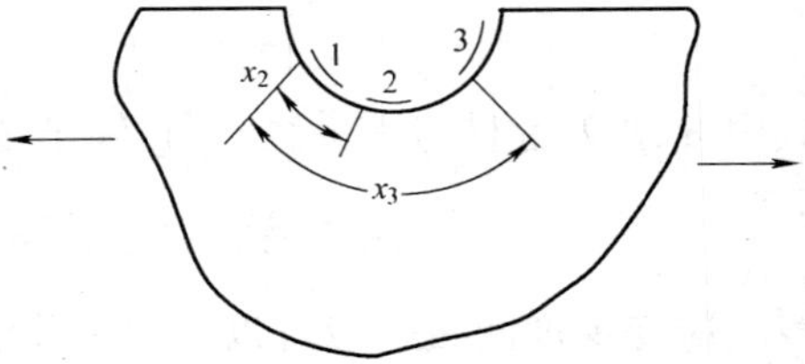

图7-20 应力梯度测量

$$\left.\begin{aligned} a_0 &= [(b_2c_3 - c_2b_3)\varepsilon_1 + (b_3c_1 - c_3b_1)\varepsilon_2 \\ &\quad + (b_1c_2 - c_1b_2)\varepsilon_3]/\Delta \\ a_1 &= [(c_2 - c_3)\varepsilon_1 + (c_3 - c_1)\varepsilon_2 + (c_1 - c_2)\varepsilon_3]/\Delta \\ a_2 &= [(b_3 - b_2)\varepsilon_1 + (b_1 - b_3)\varepsilon_2 + (b_2 - b_1)\varepsilon_3]/\Delta \end{aligned}\right\} \tag{7-51}$$

$\varepsilon(x)$的极值由一阶导数求得

$$\frac{\mathrm{d}\varepsilon(x)}{\mathrm{d}x} = a_1 + 2a_2x = 0$$

或

$$x = -\frac{a_1}{2a_2} \tag{7-52}$$

二阶导数

$$\frac{\mathrm{d}^2\varepsilon(x)}{\mathrm{d}x^2} = 2a_2$$

因此,a_2 为负值时有最大值,该值为

$$\varepsilon_{\max} = a_0 - \frac{a_1}{4a_2} \tag{7-53}$$

若需要测量精度较高时,可用四片或五片应变片。这时

$$\varepsilon(x) = a_0 + a_1x + a_2x^2 + a_3x^3 + a_4x^4 \tag{7-54}$$

类似于式(7－50)可以得到四阶或五阶非齐次方程组,同样可得类似于式(7－51)方程,并同样可得其解。

例 用三片应变片测量某应力集中区应变,测得

$\varepsilon_1 = 571\mu\varepsilon$, $\varepsilon_2 = 766\mu\varepsilon$, $\varepsilon_3 = 280\mu\varepsilon$,应变计 $l = 10$mm 及 $x_1 = 0$, $x_2 = 17$mm, $x_3 = 53$mm,由式(7－50)、(7－51)解得

$a_0 = 385$, $a_1 = 45.7$, $a_2 = -1.27$ 因此可得

$$\varepsilon(x) = 385 + 45.7x - 1.27x^2$$

由式(7－52)、(7－53)得, $x = 18$mm 处 $\varepsilon_{\max} = 796\mu\varepsilon$。

第七节　流体压力测量

流体压力是指气体或液体作用在单位面积上的平均法向压

力，又称压强。在工程上衡量这些压力的大小的单位是 Pa(N/m^2)，目前，压力仪表还使用下面两种单位制：

(1)以垂直作用于每平方厘米面积上的平均力作为计算单位，kgf/cm^2；

(2)以流体作用在装入玻璃管的水银柱或水柱底面积上，并推动它们上升。其上升高度作为计量单位，毫米汞柱(mmHg)或米水柱(mH_2O)，它们之间的关系为：

$$1\ kgf/cm^2 = 98.07 \times 10^3 Pa$$

$$1\ mmHg = 1.36 \times 10^3 kgf/cm^2 = 133.3Pa$$

$$1\ mH_2O = 0.10kgf/cm^2 = 9.81 \times 10^3 Pa$$

还应注意，工业上所用的压力值大都指表压力，即绝对压力与大气压力之差值。因此，绝对压力等于表压力值加大气压力值。另外，负压式真空度也是一种表示压力的方法。它们一般用 mH_2O 或 mmHg 表示，真空度是指大气压与真空内某处绝对压力之差。

测量压力的仪表很多，属于电测类的有弹性式远传压力表。力平衡式压力变送器、电容式压力计、应变计式压力传感器等。应变计式压力传感器具有体积小，频响宽，精度高等优点，已被广泛用于测量动态压力。

应变计式压力传感器分为两大类：一类是应变片式压力传感器。它是在直接承受液体压力的弹性元件(圆板或圆筒)上，粘贴应变片或半导体应变片，或在圆硅板弹性元件上，用扩散法形成压阻半导体层(固态压阻式压力传感器见图 7-21)；另一类是组合式压力传感器。它由一般弹性式压力表及测量表中弹性元件位移的应变片式位移传感器组成。应变片式位移传感器可参阅位移测量一章，本节只介绍前一类压力传感器。目前，应变片式压力传感器有圆板式、圆筒式及组合式三种。

一、薄圆板式压力传感器

圆板式传感器由圆板及外壳组成，图 7-21(a)是其简图。圆板被外壳固支，它的一个表面承受流体压力，另一表面贴应变片或应变花，将应变片组成全桥，就可以测量流体压力。

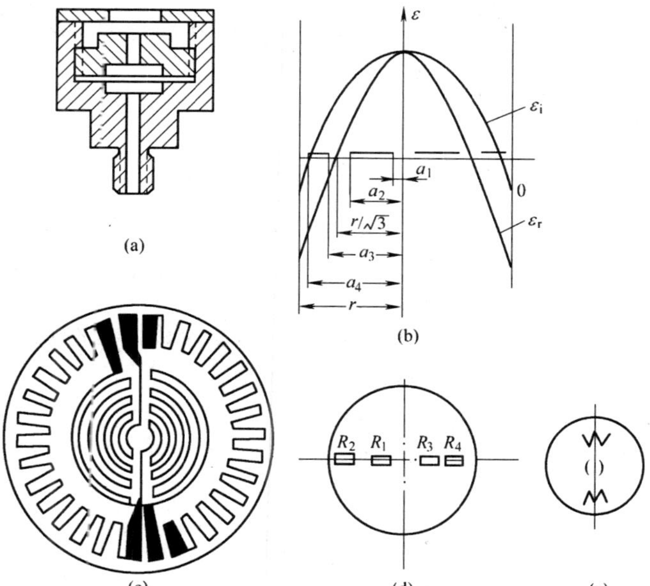

(a) (b) (c) (d) (e)

图 7－21　应变式压力传感器

当圆板承受压力 p 后，沿径向产生应变 ε_r。沿圆周方向产生应变 ε_t。其分布如图 7－21(b)所示：

$$\varepsilon_r = \frac{3p}{8Eh^2}(1-\mu^2)(r^2-3x^2) \tag{7-55}$$

$$\varepsilon_t = \frac{3p}{8Eh^2}(1-\mu^2)(r^2-x^2) \tag{7-56}$$

式中 r,h 为圆板承受压力部分的半径及厚度。

当 $x \leqslant r$ 时，ε_t 在全部圆板有效区域内皆为正值。对于 ε_r 来说，以 $x=\frac{r}{\sqrt{3}}$ 为界，在小于该半径的圆域内，ε_r 为正，在大于该半径的圆域内，ε_r 为负。因此，有两种贴片方式：在大于 $\frac{r}{\sqrt{3}}$ 半径的圆域内，都是沿 ε_r 方向布置应变计，作为电桥的二、四臂（即 R_2，

R_4)，在小于$\frac{r}{\sqrt{3}}$半径的圆域中，一种是将电桥的一三臂即 R_1,R_3 沿周向布置，见图 7－20(c)；另一种是沿径向布置，见图 7－21(d)。

当 $x=0$ 时

$$\varepsilon_t = \varepsilon_r = \frac{3p(1-\mu^2)}{8E}(\frac{r}{h})^2 \tag{7-57}$$

当 $x=r$ 时

$$\varepsilon_t = 0 \quad \varepsilon_r = \frac{-6p(1-\mu^2)}{8E}(\frac{r}{h})^2 \tag{7-58}$$

圆板 r/h 值由强度条件来选择，圆板下侧面边缘应力最大，按第三强度理论($\mu=0.3$)，要求

$$0.75p(\frac{r}{h})^2 + p \leqslant [\sigma]$$

即

$$\frac{r}{h} \leqslant 1.16\sqrt{\frac{[\sigma]}{p}-1} \tag{7-59}$$

上式是在圆板只有弯曲变形的条件下求得的。实际上，当板厚 h 较薄时，圆板受载后挠度较大，这时，圆板不但有弯曲应力，而且还有拉压应力，因此，应力与压力的关系是非线性的。对于目前常用的一些压力传感器，若要求非线性误差为 γ 时，应使$\frac{p}{E}\left(\frac{r}{h}\right)^4$小于表 7－3 中的数值。因此，$r/h$ 值应该同时满足强度条件及非线性误差条件。

例 测量 $p=0.98\times10^6$Pa 的圆板式传感器。已知 $\mu=0.25$，$E=2.00\times10^5\text{N/mm}^2$，$[\sigma]=300\text{N/mm}^2$，应变片 $K_s=2.00$，若要求非线性误差 $\gamma\leqslant0.5\%$，求 r/h 值。

按强度条件： $\frac{r}{h} \leqslant 1.22\sqrt{\frac{[\sigma]}{p}-1} = 21.30$

按非线性误差要求：

R_1R_2沿周向布置 $\frac{r}{h} \leqslant \sqrt[4]{0.32\frac{E}{p}} = 15.98$

R_1R_3沿径向布置 $\frac{r}{h} \leqslant \sqrt[4]{0.82\frac{E}{p}} = 20.23$

目前已生产出固态压阻式压力传感器,它的膜片用硅做成,并在表面上用集成电路工艺制成扩散电阻,见图 7－21(e)。由于半导体应变片灵敏系数高,因此,它有较高的灵敏度。

表 7－3[16]　圆板式压力传感器非线性误差与 r/h 值

非线性 γ/%	0.1	0.2	0.5	1.0	1.5	2.5	4.0
R_1R_3 沿 ε_r 布置	0.54	0.62	0.82	1.0	1.2	1.6	2.0
R_1R_2 沿 ε_t 布置	0.08	0.15	0.32	0.58	0.70	1.0	1.4

二、圆筒式压力传感器

如图 7－22 所示,它是一个内径为 d_2,外径为 d_1 的堵死的圆筒。当筒内通入流体后,筒壁受压力而涨粗,若沿筒外壁的圆周方向粘贴两片应变计 R_1,R_3,并在筒端部不受力部位粘贴两片应变计 R_2,R_4,组成全桥后,即可测量压力。

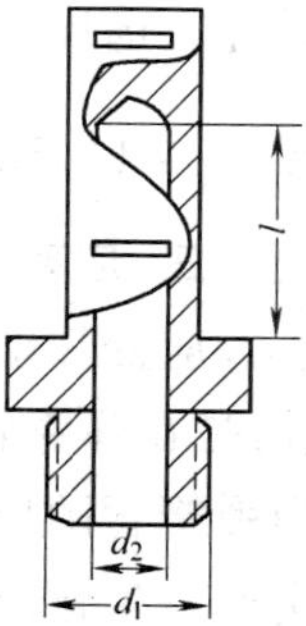

图 7－22　圆筒式压力传感器

当圆筒内壁承受压力 p 时,沿圆周方向应变 ε_t 及应力 σ_t 分别为:

$$\varepsilon_t = \frac{p(2-\mu)}{E(\alpha^2-1)} \qquad (7-60)$$

式中,$\alpha = \frac{d_1}{d_2}$。

组成全桥后,它的输出与供桥电压之比为:

$$\frac{U_d}{U_a} = \frac{1}{2}K_s\varepsilon_t = \frac{K_s(2-\mu)}{2E(\alpha^2-1)}p \qquad (7-61)$$

上述各式中的 α 由强度条件来决定。

由于筒内壁的轴向应力为 $\sigma_a = p/(\alpha^2-1)$,径向应力 $\sigma_r = -p$,周向应力 $\sigma_t = p/(\alpha-1)$。因此,由第三强度理论得到:

$$\alpha = \frac{d_1}{d_2} \geqslant \sqrt{\frac{[\sigma]}{[\sigma] - 2p}}$$

式中　$[\sigma]$——许用应力。

另外，内壁长度 l（见图 7－22）不能太短，否则其壁中点挠度，由于固支而减少，当 $l \geqslant 3.5\sqrt{d_1 h}$ 时，其挠度比两端自由时减小 1%，当 $l \geqslant 5.5\sqrt{d_1 h}$ 时，减小 0.1%，因此，可选取 $l \geqslant 5.5\sqrt{d_1 h}$。还应注意，一般压力表的连接螺纹有 M20 × 1.5，M14 × 1.5 两种，因此内径 d_2 最好按这些螺纹来选择。对前者，$d_2 \leqslant 10$mm，对后者，$d_2 \leqslant (6 \sim 8)$mm，这种形式的传感器壁由于壁薄所限，一般用于测量 $p \geqslant 10\text{N/mm}^2$ 压力。

例如，设计一个测量 24.5N/mm^2 压力传感器，若 $[\sigma] = 200\text{N/mm}^2$，$E = 2.0 \times 10^5\text{N/mm}^2$，$\mu = 0.30$，应变片 $K_s = 2.00$，设计时选择内径 $d_2 = 10$mm，由式（7－62）求得 $\alpha \geqslant 1.15$，因此外径 $d_1 = 11.5$mm，又由式（7－61）可得 $\frac{U_d}{U_A} = 0.65 \times 10^{-3}$V/V。

三、应变片组合式压力传感器

应变片组合式压力传感器的类型见图 7－23 所示。图 7－23(c)是在弹簧管 1 端部连接一个悬臂梁 2，在梁根部粘贴应变片。当弹簧管随压力变形时，带动悬臂梁弯曲，从而使应变片电桥不平衡而产生输出电压。也有的使用方形断面的弹簧管，并直接在管凹及凸面粘贴应变片，以此测量变形。图 7－23(b)是圆筒形应变筒，当流体压力作用在膜片 1 上时，它的总力将被应变筒 2 承受，在应变筒侧面粘贴应变片，可测量膜片上的压力大小。如果膜片直径为 D，那么，应变筒及膜片受到 $\frac{\pi}{4}D^2 p$ 作用力，一般应变筒受力为该力的一半左右。另外，还可以向应变筒进行强迫通风，使气流通过应变筒，以便测量温度较高的蒸汽或其它流体压力。图 7－23(d)是通过两端固定梁 2 上的应变片来测量波纹管 1 内压力。图 7－23(a)是通过膜片 1 对悬臂梁 2 施加作用力，以测量流体压力的传感器。

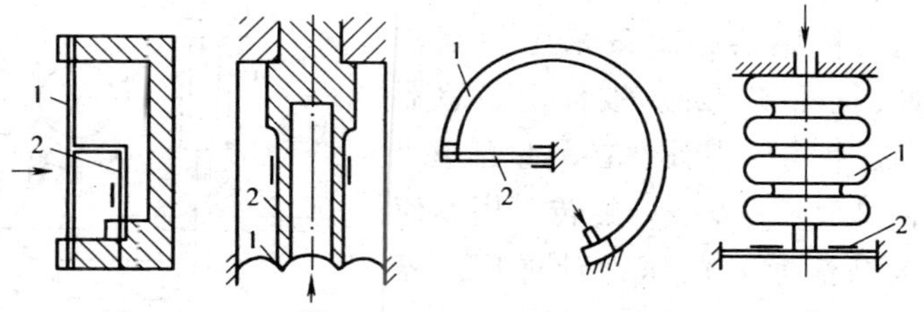

图 7－23　应变片组合式压力传感器

四、电容式压力传感器

电容式压力传感器如图 7－24 所示。上下绝缘体 2,3 内凹腔处镀上金属膜作为上下两电极，中间夹持金属膜片 1 作为另一电极。当流体进入下腔 4 内，膜片变形，膜片与下电极电容量减少，与上电极电容量增加，为差动变化。若膜板与上电极初始电容为 C_0，则

$$C_0 = \varepsilon A/\delta$$

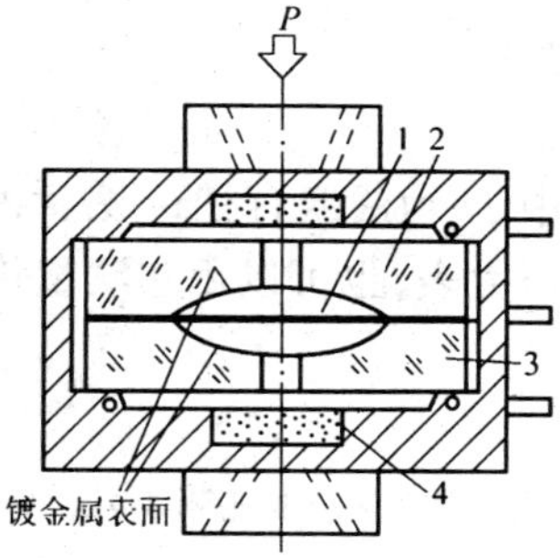

图 7－24　差动式电容压力传感器

ε 为介电系数，对空气 $\varepsilon = 8.85\times10^{-12} f/m$，$A$ 为电极有效面积，δ 为两电极平均间隙，当流体进入下腔后，膜片弯曲，其挠度 y 为

$$y = y_0[1-(x/a)^2]^2$$

$$y_0 = \frac{3(1-\mu^2)pa^4}{16Eh^3}$$

式中 h 为膜片厚；a 为直径；p 为压力；y_0 为膜片中点的挠度。

膜片承受压力 p 后，电容相对变化量

$$\frac{\Delta C}{C_0} = \frac{y_0}{3\delta} = \frac{(1-\mu^2)a^4 p}{16Eh^3\delta}$$

由上式可知，压力 p 引起 ΔC，只要将$\frac{\Delta C}{C_0}$转换为电压变动输出即可测量压力，有关电容测量电路可参阅第八章第 4 节。

五、压力传感器标定

压力传感器标定常采用活塞式压力计，见图 7－25。被标定传感器 4 接入活塞式压力计。在测量活塞 1 上端托盘放置砝码 2。旋转手柄 5 使螺旋带动活塞 6 向压力计加压。若砝码总重力为 W，可得到压力 p 为

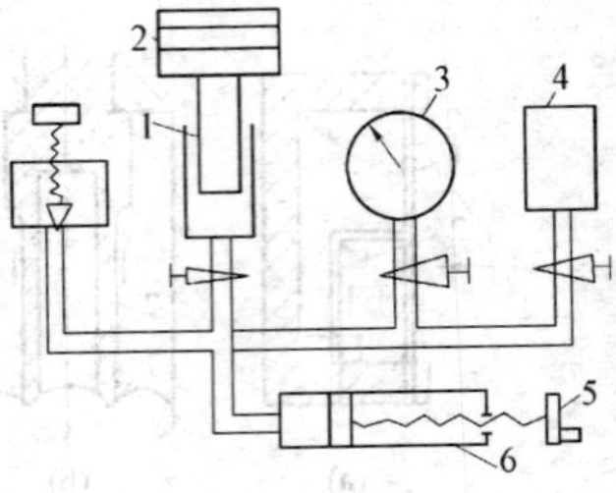

图 7－25 活塞式压力计

$$p = W/A$$

式中 A 为砝码活塞底部面积，它的大小为

$$A = \pi D^2/4 + 2\pi Dt$$

式中 D 为活塞直径，t 为活塞与活塞缸之间的间隙。图中 3 为标准压力表，也可以用它测量传感器压力。

习　题

1. 用直角应变花测应力，A、B、C 三应变片的应变为 $\varepsilon_a = 800\mu\varepsilon$，$\varepsilon_b = -500\mu\varepsilon$，$\varepsilon_c = 100\mu\varepsilon$，$E = 2\times10^5$MPa，$\mu = 0.28$，求主应力大小及方向（$H = 0.05$）。

2. 用三角花测应力，$\varepsilon_a = 600\mu\varepsilon$，$\varepsilon_b = -500\mu\varepsilon$，$\varepsilon_c = 50\mu\varepsilon$，$E = 2\times10^5$MPa，$\mu = 0.28$（$H = 0.05$），求主应力大小及方向。

3. 一个圆形截面悬臂梁，沿中性面 45°方向贴应变片 1,2,3,4，并在上下面贴片 5,6，组成图 7－26(a)、(b)、(c)电桥。测前在第四臂并联电阻（相应于 1000$\mu\varepsilon$），应变仪输出 10mA，测量时，三种组桥的输出(a)为 6mA，(b)为 8mA，(c)为 5mA。又已知应变片 $R = 100\Omega$，灵敏系数 $K_s = 2.1$，材料 $\mu = 0.25$，$G = 8.0\times10^4$MPa，轴直径 $D = 50$mm，求轴承受的轴向 F，弯曲力 p，扭力 T。

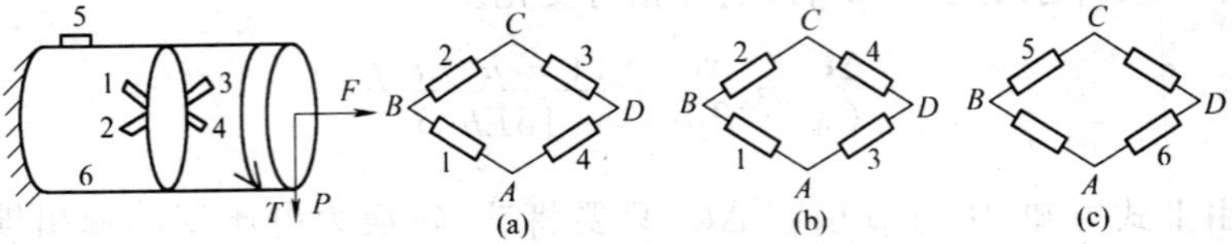

图 7－26 圆截面轴应力测量

4. 图 7－27 为一方形梁，宽高为 $b = h = 50$mm，$\mu = 0.25$，$G = 8.0 \times 10^4$MPa，在中心线 45 度方向贴应变片 1、2、3、4，应变片 $R = 150\Omega$，$K_s = 2.20$，按(a)、(b)组桥，当在第四臂并联 60kΩ 电阻时，仪器输出 20mA，测量时，(a)输出－16mA，(b)输出 12mA，求力 F 及扭矩 T。

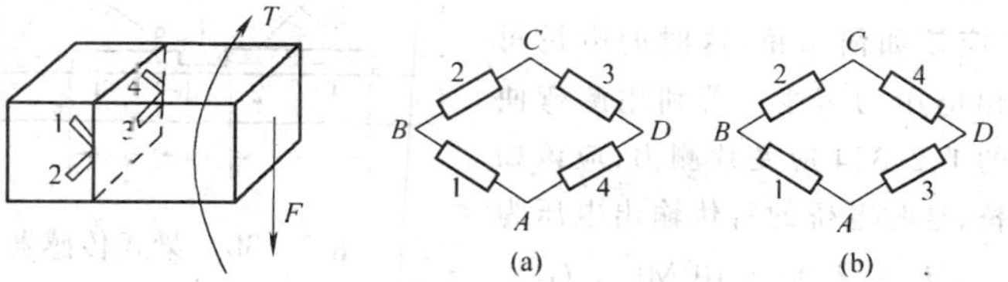

图 7－27　矩形梁剪应力测量

5. 一轴的直径为 100mm，$G = 8.0 \times 10^4$MPa，受扭力 T 的作用。为测量扭力 T，沿轴线 45 度方向贴应变片(见图 7－28)，组成电桥后，利用遥测仪测扭矩，测前在第四臂并联 60kΩ 电阻，这时接收仪输出 2V。若测量时，接收仪输出 1.6V，并已知应变片 $K_s = 2.2$，$R = 200\Omega$，求扭矩 T。

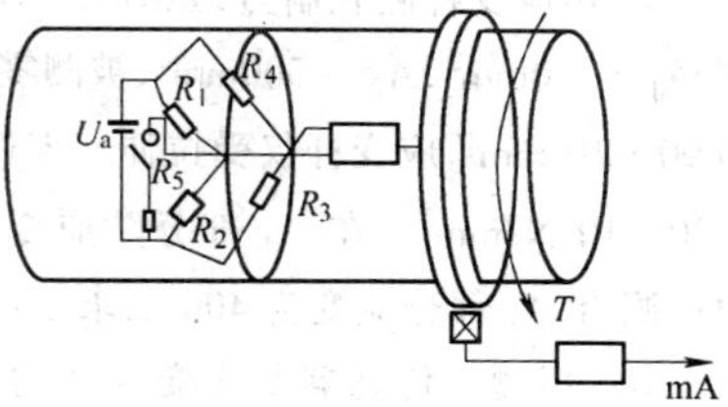

图 7－28　测扭矩

6. 一轴直径 $D = 80$mm，为测扭矩，沿轴线 45 度方向贴片并组成电桥，见图 7－28(轴不旋转)。若已知 $G = 8.0 \times 10^4$MPa，应变片 $K_s = 2.2$，供桥电压为 10V。测得电桥输出为 8mV，求扭矩 T。

7. 一个空心圆柱体弹性元件，外径 $D = 250$mm，内径 $d = 90$mm(如图 7－29 所示)，承受压力 $F = 1.00 \times 10^4$kN，$\mu = 0.3$，$K_s = 2.00$，$E = 2.10 \times 10^5$N/mm^2，在外圆柱面上贴 8 片应变计，其中横片及竖片各为 4 片，若应变计阻值都是 120Ω，问应该如何组成四臂工作电桥，并问，当应变计的允许电流为 25mA 时，在最高供桥电压和在最大压力下，电桥输出电压为多少毫伏？

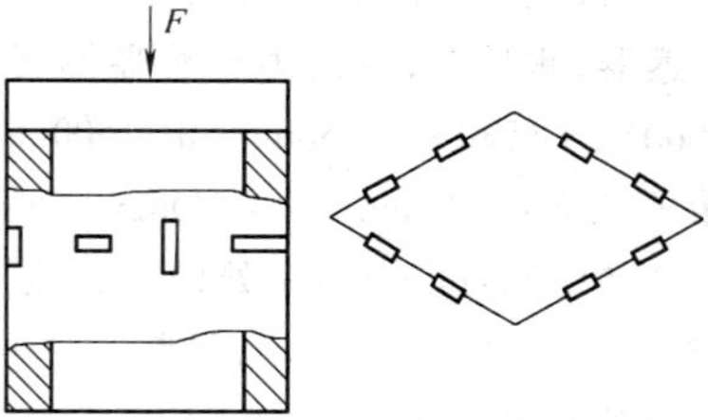

图 7－29　圆柱形传感器

8. 图 7－30 为一个两端固定的梁式传感器（桥式），如果 F 力为 180kN，梁宽 b = 30mm，高 h = 50mm，长 l = 50mm，应变片 $K_s = 2$，若利用测剪应力的 5、6、7、8 应变片测力，应该如何组桥，这时的电桥每伏输出电压为多少？若利用测弯曲应力的 1、2、3、4 应变片测力，应该如何组桥，这时电桥的每伏输出电压为多少？（$E = 2.00 \times 10^5$MPa，$G = 8.00 \times 10^4$MPa）

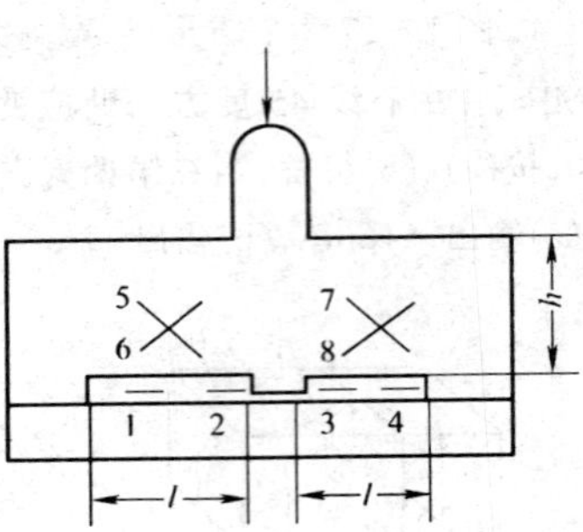

图 7－30　梁式传感器

9. 用应变杆测轧制力，如图 7－31 的应变杆 l = 30mm，L = 420mm，截面积 A_1 = 10mm²，A_2 = 300mm²，被测零件截面积 A_0 为 90×10³mm²，应变杆仅受拉伸。零件及杆的 E = 2.00×10⁵N/mm²。在 A_1 部分贴应变计，若零件受力后测得 A_1 部分应变为 400$\mu\varepsilon$，求零件受力多少。

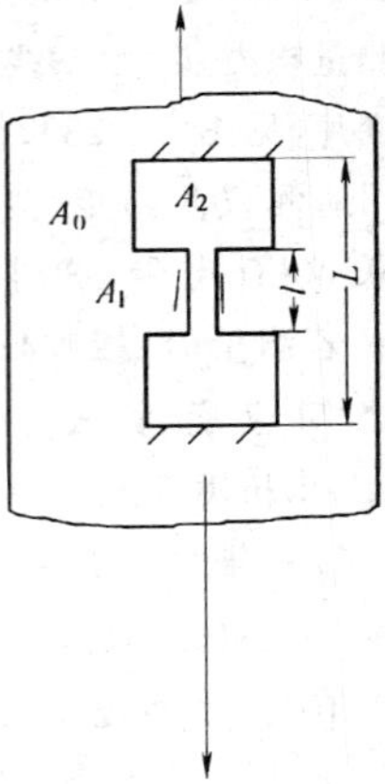

图 7－31　应变杆

10. 用测力传感器及应变仪测力，测量前先将测力传感器放进材料机加压。当材料机压力为 500kN 时，仪器输出 10mA。传感器不受压时，在第四臂并联电阻（相应于 1000$\mu\varepsilon$），仪器输出 20mA。测量某轧制力时，需改变应变仪放大倍数，四臂并联电阻（300$\mu\varepsilon$）时，输出 20mA，而测量轧制力时输出 16mA，求轧制力为多大。

11. 测量带钢张力，如图 7－32 所示。A 为测力传感器，测量时，由测力传感器测得作用力 F = 2000N，又已知 b = 250mm，a = 500mm，e = 80mm，滚子半径 r = 80mm，c = 300mm，求张力 T。(e 为两辊中心距）

12. 测量应力集中处的最大应力，在该区贴三片应变片如图（图 7－33）。应变片长 l = 8mm，测得 $\varepsilon_1 = 410\mu\varepsilon$，$\varepsilon_2 = 820\mu\varepsilon$，$\varepsilon_3 = 320\mu\varepsilon$，求最大应变及其所在位置。

13. 电机通过减速箱带动末轴旋转，减速箱传动比为 5:1，测得电机功率（有功功率）为 42kW，电机转速 1440r/min，若电机效率为 0.85，轴、齿轮的总摩擦功率为 1kW，轴受均匀扭力，问轴扭矩为多少？

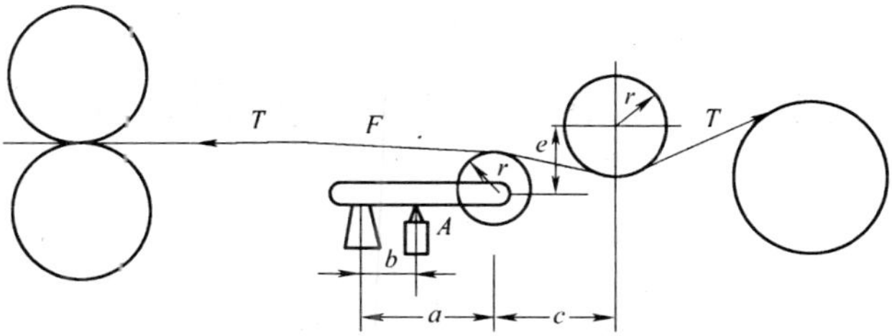

图 7－32　带钢张力测量

14. 设计一个测量 50N/mm^2 的圆筒形压力传感器，见图 7－34。已知 $[\sigma]=300\text{N/mm}^2$，$E=2.10\times10^5\text{N/mm}^2$，$\mu=0.25$。若螺纹连接处的螺纹为 M20×1.5，选用内径 10mm。求传感器外径及应该如何在传感器外表面贴片，组桥。并计算电桥的每伏供桥输出值 U_d/U_a。

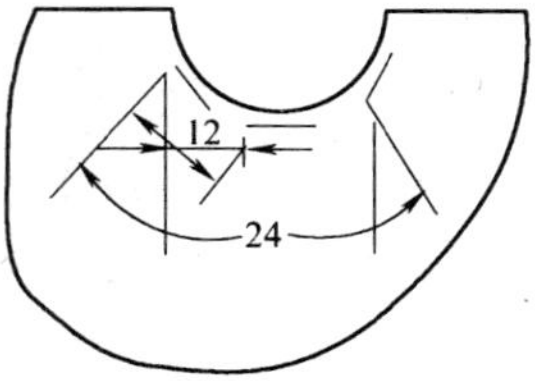

图 7－33　应力梯度测量

（图 12、24 为圆弧长）

15. 图 7－35 为一个圆板式压力传感器，圆板有效面积直径为 40mm，厚 $h=1\text{mm}$，若许用应力 $[\sigma]=300\text{N/mm}^2$，允许非线性误差小于 0.2%，该传感器最大能测量多大压力 p，并问，在最大压力下，$R_1R_2R_3R_4$ 沿径向贴片并分别置于一、二、三、四臂（电桥），求每伏供桥输出 U_d/U_a 大约为多少（以最大应变的一半来估算）？已知 $E=2\times10^5\text{MPa}$，$\mu=0.28$，应变片 $K_s=2.00$。

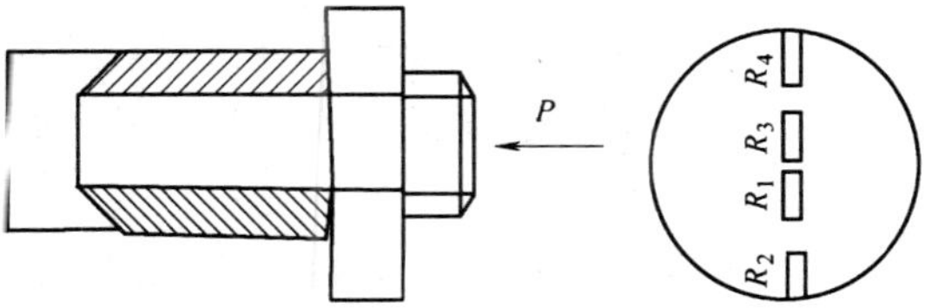

图 7－34　圆筒形压力传感器

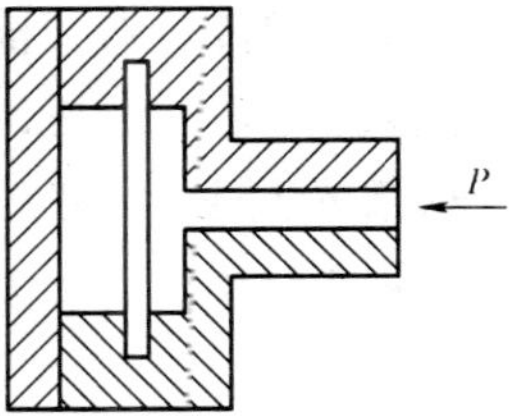

图 7－35　圆板式压力传感器

第八章　位移、速度与流量测量

第一节　概　述

物体位置变动量就是位移，单位时间的位移量就是速度。位移与速度可分为线位移与角位移、线速度与角速度。对于长距离的位移或速度，大多将线位移或线速度转换成角位移或角速度测量。因为，角位移或角速度比线位移或线速度容易转换为电量。转换方式可以通过齿条—齿轮、路面—轮子、钢轨—车轮、吊钩—卷筒等。假若齿轮或轮子直径为 D，角位移 θ 与线位移 x 的关系为

$$x = \theta D/2 \tag{8-1}$$

角速度 ω，转速 n(r/min) 与线速度 v 的关系为

$$v = \omega D/2 = n\pi D/60 \tag{8-2}$$

另外，速度与位移之间存在着微分与积分关系。位移信号通过微分器可以转换成速度信号，速度信号通过积分器可以转换成位移信号。

目前，测量位移常用阻抗式传感器，如电感式、电阻式、电容式位移传感器和频率数字式传感器，感应同步器、莫尔光栅、磁栅、码盘等。后者多用于精密测量。

目前测量速度常用磁电式传感器或脉冲数字式传感器。前者如测速发电机等，后者如磁阻式或光电式传感器。近年来还出现了一些非接触式速度测量仪器，如相关测速、激光测速、多普勒原理测速等。本章将叙述机械工业中常用的测量位移及速度的方法及原理。

第二节　电阻式位移传感器

电阻式位移传感器有变阻器（电位器）及应变片式位移传感器

两类。

一、变阻器(电位器)

变阻器(电位器)有直线型及转角型两种,以转角型为例来说明测量原理。变阻器是用锰铜或康铜合金丝在绝缘芯子外面按螺旋状紧密排列绕制而成,如图 8-1 所示中的 W。绝缘芯子可以做成直线形或圆弧形的,以便测量线位移或角位移。还有一种多圈电位器,它的绝缘芯子做成多圈螺旋状(例如 10 圈),因此,其触头心轴可连续旋转多圈。还有一种导电塑胶膜电位器,触头直接在导电塑胶上滑动。它具有接触好,耐磨性好的特点。电位器还需要组成电桥,才能将转角转换成电信号,见图 8-1。

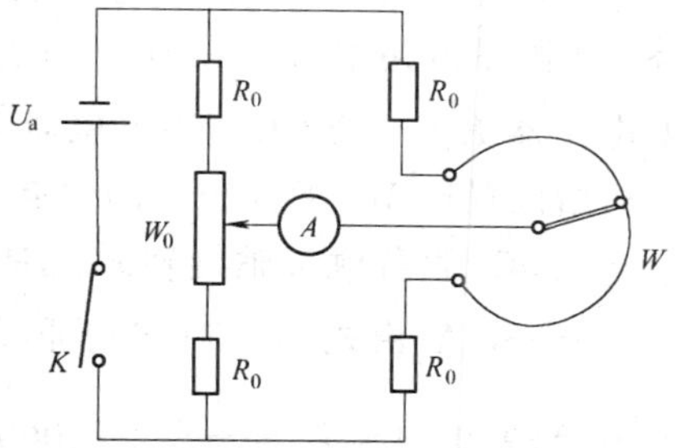

图 8-1　变阻器

图中 W_0 为调零电位器。假若电位器总电阻为 $2R_w$,触头轴最大旋转角为 $2\phi_0$,当触头由起始端旋转 ϕ 角时,触头到起始端的电阻 ΔR 为

$$\frac{\Delta R}{R_w} = \frac{\phi}{\phi_0} \tag{8-3}$$

假若图 8-1 电桥电路中的 $R_a = R_b = R_c = R_d = R_0$,当 $\frac{R_L}{R_w + R_0} \geqslant 1$,电桥输出电压 U_d 与电压 U_a 的关系为

$$\frac{U_d}{U_a} = \frac{1}{2}\left(\frac{\Delta R}{R_0 + R_w}\right) = \frac{R_w}{2(R_w + R_0)}\left(\frac{\phi}{\phi_0}\right) \tag{8-4}$$

上式表明,输出电压 U_d 与转角 ϕ 成正比。若令 S 为灵敏度,那么可得

$$S = \frac{U_d}{\phi} = \frac{R_w U_a}{2(R_w + R_0)\phi_0} \tag{8-5}$$

当电桥的输出端接入低阻电表(电流表)或光线示波器振子,若令

$R = R_0 + R_w$,R_L 为低阻电表内阻,则通过 R_L 的电流 I 为

$$I = \frac{(U_a/R)(\Delta R/R)}{(2R_L/R) + 2 - (\Delta R/R)^2} \qquad (8-6)$$

因此,电流 I 与转角 ϕ 关系是非线性的,其误差 γ 为

$$\gamma = \frac{(\Delta R/R)^2}{2 + 2(R_L/R) - (\Delta R/R)^2} \qquad (8-7)$$

上式表明,为减少非线性,应增大 R_0。另外,从功率匹配考虑,要求 $R_L = (0.5 \sim 2)R$。例如,图 8-1 测量电路中 $R_0 = 210\Omega$,电表及振子串联后内阻 $R_L = 250\Omega$,电位器 $R_L = 250\Omega$,调零电位器 $W_0 = 80\Omega$。供桥电压 $U_a = 30V$。初始位置选 W_1 变动位置的中点,即 $R_w = 40\Omega$ 或 $R = R_0 + R_w = 250\Omega$。假若触头轴旋转时,$\Delta R = 40\Omega$,那么由式(8-6)可得 $I = 4.83mA$。由式(8-7)可得非线性误差 $\gamma = 0.64\%$。另外,流过 AC 桥臂的电流 $I_b = \frac{U_a}{2R} = 0.060A$,$R_0$ 的耗散功率为 $I_b^2 R_0 = 0.76W$,可选 2W 电阻。电位器功率 $I_b^2(2R_w) = 0.29W$,可选 1W 电位器。

应用电位器或变阻器测量位移时,由于滑动触头沿绕成螺旋形的电阻丝表面滑动,电阻值变化不是连续的,而是按阶梯跳变的。它的分辨率为$(L/n) \times 100\%$。其中 L 为触头总行程,n 为在 L 长度内的电阻丝螺旋圈数。另外,由于触头滑动时,伴随着接触摩擦引起发热、磨损或接触不良,限制了它的使用范围。但是,这种测量方法易于制造,轻便价廉,因此,在运动速度不高及没有冲击或振动的场合下,经常用来测量较大的位移。

二、电阻应变式位移传感器

电阻应变式位移传感器如图 8-2 所示。(a)是悬臂梁式,(b)是圆环式,(c)是梁簧组合式。前两种用于测量小位移,后一种用于测量运动速度不大的大位移。上述三种传感器弹性元件的 A 点随位移 x 移动,在 B 点粘贴应变片并组成电桥,即可测量位移。

1. 悬臂梁式位移传感器

如图 8-2(a),当梁自由端 A 端移动 x 时,距 A 点为 l 的 B 点

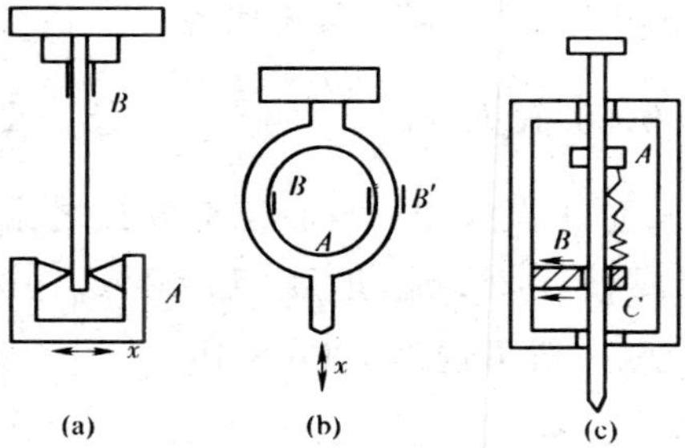

图 8-2　电阻应变片传感器

处粘贴应变片，B 点应变为(等截面梁)

$$\varepsilon = \frac{3h}{2l^2}x \quad (8-8)$$

式中 h 为梁的厚度。

应变片组成电桥后，若应变片灵敏度系数为 K_s，供桥电压为 U_a，电桥输出电压 U_d 为

$$\frac{U_d}{U_a} = \frac{3K_sh}{2l^2}x \quad (8-9)$$

上式表明，电桥输出电压 U_d 与 x 成正比，灵敏度 S 为

$$S = U_d/x = \frac{3K_sh}{2l^2}U_a \quad (8-10)$$

悬臂梁的刚度 K_c 为

$$K_c = \frac{Ebh^3}{4l^3} \quad (8-11)$$

式中　b—— 梁宽度；

E—— 弹性模量。

K_c 越大，位移点 A 受力也大，应注意该力对测量精度的影响。另外，位移为交变位移时，其变动频率应远小于传感器的固有频率，使梁自由端始终紧贴在测量点的位移面上。

2. 圆环式位移传感器

图 8-2(b)是示意图。在 B 及 B' 粘贴应变片，A 点移动 x，B 及 B' 点应变 ε_b 为

$$\varepsilon_b = 0.608xh/r^2 \quad (8-12)$$

刚度 K_c

$$K_c = 0.56Ebh^3/r^3 \quad (8-13)$$

式中　r —— 圆环平均半径(内外半径和之半)；

b 及 h —— 圆环宽度及厚度。

应变片组成全桥，电桥输出电压 U_d 与 U_a 之比为

$$\frac{U_d}{U_a} = 0.608K_s hx/r^2 \tag{8-14}$$

由于圆环的危险截面在 A 处，而 A 点应变 ε_a 与 B 点应变 ε_b 之比为 $\varepsilon_b/\varepsilon_a = 0.57$。因此，设计或使用时，应使 B 点应变 ε_b 小于 $0.57[\varepsilon]$。式中 $[\varepsilon]$ 为许用应变，一般可选为 1000×10^{-6}。

3. 梁簧组合式位移传感器

如图 8－2(c)所示，它由悬臂梁 BC 与弹簧组成。当测杆移动 x 时，即弹簧移动点 A 位移 x，它使弹簧伸长 x_a，同时，悬臂梁 C 点产生挠度 x_b，并满足

$$x = x_a + x_b \tag{8-15}$$

假若弹簧和悬臂梁的刚度分别为 K_a，K_b，可以得到

$$K_a x_a = K_b x_b \tag{8-16}$$

当将贴在悬臂梁根部 B 的四片应变片组成全电桥时，电桥输出 U_d 与供桥电压 U_a 之比为

$$\frac{U_d}{U_a} = \frac{3K_S h}{2l^2} x_b = \frac{3K_S h}{2l^2} \left(\frac{K_a}{K_a + K_b}\right) x \tag{8-17}$$

式中　　K_s —— 应变片灵敏系数；

h 及 l —— 梁宽度及 BC 长度。

当 $K_a \ll K_b$ 时，梁簧组合式所测位移比悬臂梁式大 $\frac{K_b}{K_a}$ 倍。

第三节　电感式位移传感器

电感式位移传感器有自感型、互感型、电涡流型三类。本节将叙述前两类传感器。电涡流型传感器常用于测量振动位移量，因此在振动测量一章中介绍。

一、自感式位移传感器

自感式位移传感器是利用自感系数随位移量变化的原理测量位移的。它可以分为变气隙式及螺旋管线圈式两种，由于后者的非线性比前者小，且前者测量范围不超过 0.3mm，而后者可以测

量数米位移,因此多用螺旋管线圈式位移传感器。

差动式螺旋管线圈位移传感器如图 8-3(a)所示。在左右两线圈中间插入高导磁率的铁芯,铁芯与测头相连,并通过弹簧可使铁芯保持在两线圈的中间位置。铁芯在中间位置时,两线圈的自感系数相同,即 $L_1 = L_2$。当铁芯左移时,左线圈 1 的电感 L_1 增加 ΔL,同时,右线圈 2 的电感 L_2 减少 ΔL,形成差动变化。一般铁芯长 $2l$ 与线圈(2 个)长度 $2h$ 之比为 $l/h = 0.6$。同时线圈长度与铁芯长度分别远大于线圈平均半径(内外半径和之半)与铁芯半径,线圈内沿长度的磁场分布可以认为是线性的,见图 8-3(b)。通常铁芯导磁率 μ 远远大于空气导磁率 μ_0 且 $\mu = \mu_0\mu_s$(μ_s 为铁芯相对导磁率),一个线圈的自感系数为

$$L = \mu AlN^2/H^2 \tag{8-18}$$

式中 N —— 一个线圈的圈数;

A —— 铁芯截面积;

H —— 一个线圈长;

l —— 铁芯一半长;

μ —— 铁芯导磁率。

上式表明 L 与 l 成正比,它的灵敏度 S 为

$$S = \mathrm{d}L/\mathrm{d}l = \mu AN^2/H^2 \tag{8-19}$$

上式并参考式(8-18),可得增量式

$$\Delta L/L = \Delta l/l = x/l \tag{8-20}$$

将电感传感器两线圈作为电桥相邻两臂组成电桥后(见图 8-3(c)),当 AC 间电压为 U_a,略去电阻及电容影响,电桥输出电压 U_d 为

$$\frac{U_d}{U_a} = \frac{1}{2}\left(\frac{\Delta L}{L}\right) = \frac{1}{2}\left(\frac{x}{l}\right) \tag{8-21}$$

上式中 x 为正时,U_d 为正,说明 U_d 与 U_a 同相位,若 x 为负(向另一方向移动),则 U_d 为负,说明 U_d 与 U_a 相位差 180°。因此,要区分正负时,需要采用相敏检波电路。另外,为减少非线性,要求 $\frac{x}{l}$

$\leqslant 0.2$。

二、差动变压器(互感型传感器)

差动变压器就是互感型位移传感器,由于它的精度高,量程大(可测数百毫米位移),分辨率好,可以将高频激励电源,差动整流电路,滤波器组合成体积小,重量轻的直流差动变压器。因此,获得广泛应用。

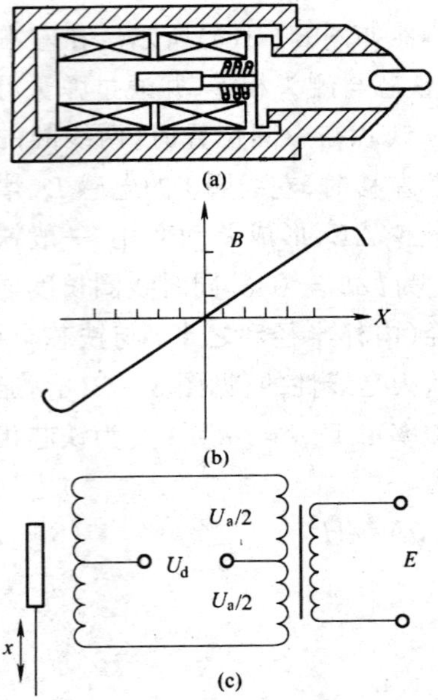

图 8-3 电感传感器

差动变压器原理图如图 8-4 所示,大多采用螺旋管线圈式。其中图(a)是两段式,初级线圈 2 为激励线圈,在它外面绕有两组次级线圈 1 和 3。在初级线圈中插入铁芯 4,它们装在外壳 5 内。图(b)是三段式,初级经圈 2 在中间,两侧绕制次级线圈 1 和 4,它们的互感相同,因此,两线圈输出电势相同。线圈中间插入铁芯 3。

当铁芯左移时,左边线圈 1 的电势增加,右边线圈 3 的电势减少,形成差动变化。将两次级线圈反向串联,它的输出量反映了铁芯自中心位置向两侧的位移量。

铁芯在中间时,两次级线圈对初级线圈的互感为 M_0,铁芯左移 x 时,左线圈 1 的互感增为 $M_0+\Delta M$,右线圈 2 的互感减为 $M_0-\Delta M$。若初级线圈阻抗为 Z_p,电压为 U_p,电流为 I_p。

两次级线圈反串后输出电压 U 为

$$U = U_1 - U_2 = (M_1 - M_2)\frac{dI_p}{dt} = \frac{(M_1 - M_2)}{Z_p}\frac{dU_p}{dt} \tag{8-22}$$

又

$$M_1 - M_2 = 2\Delta M = 2kx \tag{8-23}$$

k 为耦合系数,在使用线性范围内为常数。Z_p 为初级线圈阻抗。因此

$$U = 2kx \frac{dI_p}{dt} = \frac{2kx}{Z_p} \frac{dU_p}{dt} \tag{8-24}$$

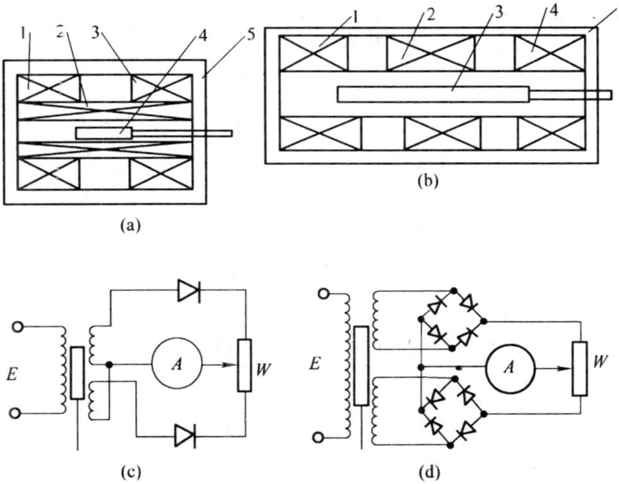

图 8-4 差动变压器

差动变压器次级细圈反向串接后的输出电压经过半波检波,如图 8-4(c)所示;或全波检波,见图 8-4(d)所示,再通过差动放大器后,输出电压不但与位移成正比,而且输出的正负值代表了位移的方向。图中 W_0 为调零电位器,使初始值为零。

第四节 电容式位移传感器

电容式位移传感器有变气隙式和变面积式两种。变气隙式位移传感器可实现非接触式测量,但量程小,非线性大。变面积式位移传感器,量程相对比较大,非线性小。

一、变气隙式电容位移传感器

变气隙式电容位移传感器是利用组成电容的两极板间隙 δ 变动来测量位移的。如图 8-5 所示,以运动的金属物体表面作为电容

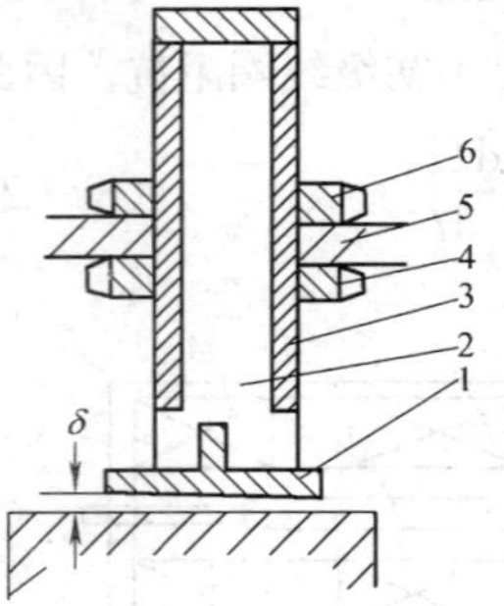

图 8－5　变气隙电容传感器

的一个极板。以传感器上的电极表面1作为另一个极板。电极1通过塑料柱2被固定在金属筒3内。金属筒由螺母4和6固定在固定架5上。假若两电容极板形成的电容面积为 A,间隙为 δ,极板间介电系数为 ε,那么电容 C 为

$$C = A\varepsilon/\delta \qquad (8-25)$$

当移动物体位移 x 时,电容将增加 ΔC,即

$$C + \Delta C = \frac{\varepsilon A}{(\delta + x)}$$

或
$$\frac{\Delta C}{C} = -\frac{x}{x+\delta} \doteq -\frac{x}{\delta}\left(\frac{1}{1+x/\delta}\right) \qquad (8-26)$$

上式表明 x/δ 较小时,$\Delta C/C$ 与 x/δ 成反比,否则,将呈现非线性关系。当 x/δ 较小时

$$\Delta C/C = -x/\delta \qquad (8-27)$$

二、变面积式电容位移传感器

变面积式位移传感器是利用电容动极片随位移移动,它与定极片形成的电容将随位移量而变化的原理做成。图 8－6(a)是转角型位移传感器,当动片与定片重合时,电容为 C_0,动片在这位置上转动 θ 角时,电容量减少 ΔC,并可得

$$\Delta C/C_0 = -\theta/\pi \qquad (8-28)$$

图 8－6(b)是线位移型传感器。动片在两定片的对称中心位置时可以认为动片与左定片,形成的电容为 C_0,那么动片移动 x 时,电容变化 ΔC 为

$$\Delta C/C_0 = x/l \qquad (8-29)$$

图 8－7 是圆筒形位移传感器。筒状电容定片 1 和 3 被镶嵌在绝缘体 4 上,并被外壳 8 固定。动片 2 通过绝缘体被固定在测杆 7 上。弹簧 6 使测杆复位。当动片在两定片中间位置时,右或左定片与动片形成电容 C_0。圆筒定片内径为 D_a,圆筒动片外径为 D_b,介电系

数为 ε，电容 C_0 为

$$C_0 = \frac{2\pi\varepsilon l}{\ln(D_a/D_b)} \tag{8-30}$$

当圆筒动片左移 x 时，左电容增量 ΔC_1，右电容容减量 ΔC_2，其值分别为

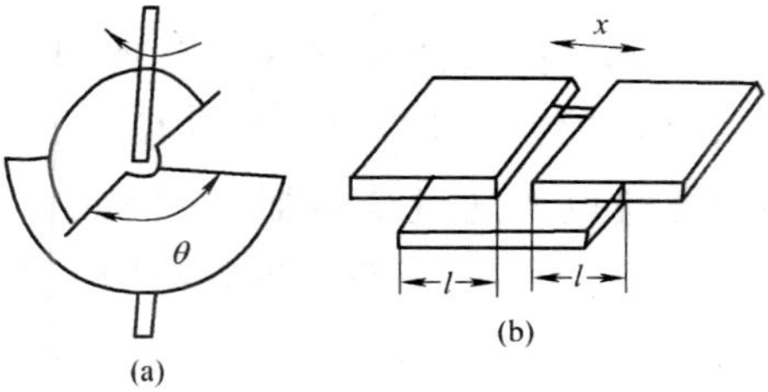

图 8－6　电容式位移传感器(变面积型)

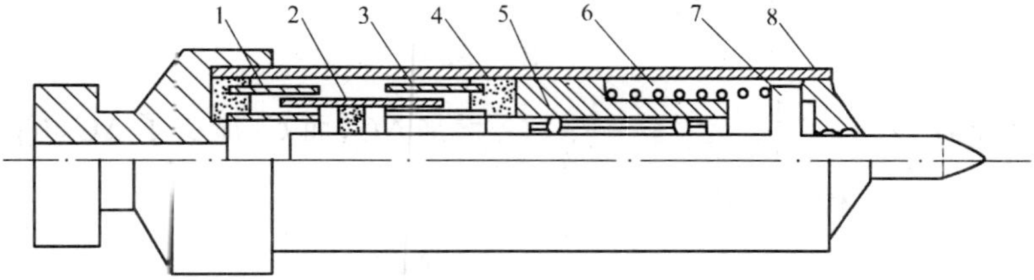

图 8－7　电容式位移传感器简图

1、3—固定极板；2—差动负板；4—绝缘体；

5—导向滚珠；6—弹簧；7—测杆；8—外壳；

$$\Delta C_1/C_0 = x/l \text{ 及 } \Delta C_2/C_0 = -x/l$$

测量电容变化量的电路较多，常用的有运算放大器电路，电桥电路，双 T 桥电路，脉冲调宽电路，调频电路等。

1．运算放大器测量电路

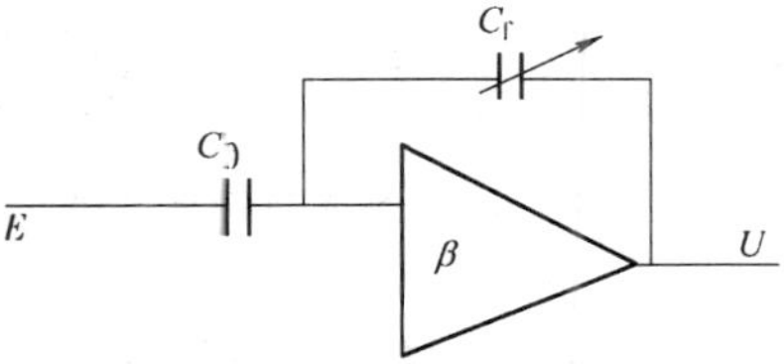

图 8－8　运算放大器测量图

运算放大器测量电路见图 8－8。传感器电容接入到反馈回路中去，即反馈电容 C_f，图中 C_0 是固定电容。运算放大器输入交变正弦信号 E 时，输出电压 U 为

$$U = -EC_0/C_f \tag{8-31}$$

上式表明，U 与 C_f 变动成反比。式中负号表示 U 与 E 反相。

2. 差动电路

差动电路简图见图 8 - 9。图中 C_{x1},C_{x2} 是传感器的两个差动电容,高频交流电源通过变压器向差动电容 C_{x1},C_{x2} 供电,当差动电容的中间活动极板与被测位移量一起移动时,C_{x1} 增加,C_{x2} 减少,输出电压 U_d 为

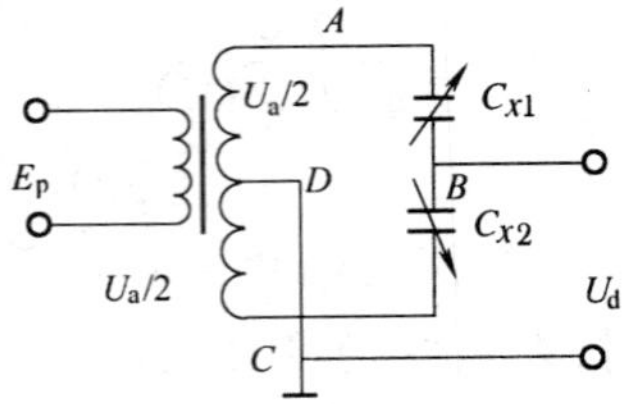

图 8 - 9　电桥电路

$$U_d = \frac{U_a}{4}\left(\frac{\Delta Z_1}{Z_1} - \frac{\Delta Z_2}{Z_2}\right) \tag{8 - 32}$$

此时,$Z_1 = \frac{1}{j\omega C_1}$、$Z_2 = \frac{1}{j\omega C_2}$,$C_1$ 增加 ΔC,而 C_2 减少了 ΔC,$C_1 = C_2 = C_0$ 代入上式得

$$U_d = \frac{U_a}{2}\left(\frac{\Delta C}{C_0}\right) \tag{8 - 33}$$

上式说明,U_d 与 ΔC 成正比。这种电路,要求 U_a 应是稳频及稳压的,否则将会产生误差。

3. 二极管 T 形网络(双 T 桥)电路

图 8 - 10 是该电路的原理图。图中 C_1,C_2 为传感器的差动电容,D_1, D_2 为二极管。当该电路通入高频电压 E 时,它将通过 D_1,D_2 轮流向 C_1,C_2 充电。在正半周时,向 C_1 充电,同时 C_2 通过 R_2,R_L 放电。在负半周时,向 C_2 充电,同时 C_1 通过 R_1,R_L 放电。假如 E 是矩形脉冲,又假如 $R_1 = R_2 = R$,D_1,D_2 的特性相同,那么,流过 R_L 的电流为

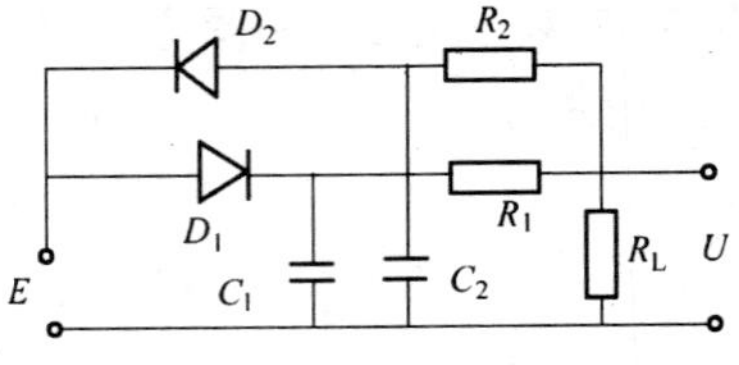

图 8 - 10　双 T 桥测量电路

$$I_L = E\,\frac{R + 2R_L}{(R + 2R_L)^2}Rf[C_1(1 - e^{-k_1}) - C_2(1 - e^{-k_2})] \tag{8 - 34}$$

式中 f 为矩形波频率；

$$k_1=\frac{R+R_L}{2RfC_1(R+2R_L)},\ k_2=\frac{R+R_L}{2RfC_2(R+2R_L)}。$$

由上式可知，当 $C_1=C_2$ 时，$I_L=0$，而当 C_1,C_2 发生差动变化时，将产生 i_L，并在 R_L 两端产生电压 U，大小为

$$U=I_LR_L \tag{8-35}$$

当这种电路满足

$$1/k_1=1/k_2=0.57$$

时，它的灵敏度最高[3]。

这种电路的优点是二极管工作在线性区内，因此避免了由于二极管引起的非线性。同时，当 E 较高时，可以获得较高的输出电压。另外，可以将 R_1,R_2,R_L 与传感器的 C_1,C_2 安装在一起，以避免导线电容的影响。但是，这种电路仍需要稳定的电源电压和频率。

4. 脉冲调宽电路

众所周知，在电源电压一定的情况下，电容器两极板的电压变化过程是按指数曲线变化的，即

$$U_c=E(1-e^{-t/RC}) \tag{8-36}$$

式中 E —— 充电电源电压；

RC —— 充电电路的时间常数；

t —— 充电时间。

若使极板充电电压 U_c 保持为一定值，那么由式(8-36)可得

$$t=RC\ln\left(\frac{E}{E-U_c}\right) \tag{8-37}$$

由上式可知，R 为常数，充电时间 t 与电容量 C 成正比。利用 t 来控制电子开关，使产生一个宽度与 t 成正比的矩形脉冲。图8-11便是一个这样的脉冲调宽电路示意图，图中 JK 触发器起了电子开关作用。若以“1”表示高电位，“0”表示低电位，该触发器输入端 $J=0,K=1$ 时输出端 $\bar{C}=0,C=1$；若 $J=1,K=0$ 时，那么 $\bar{C}=1,C=$

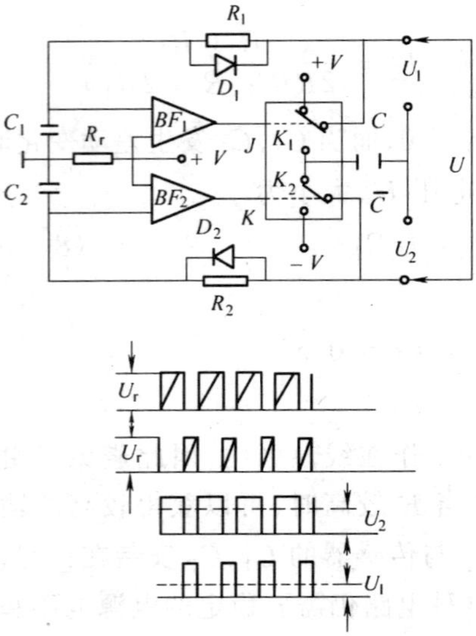

图 8－11　脉冲调宽电路

0。加于 R_1C_1 串联电路或 R_2C_2 串联电路的电压假设为 E 时，触发器正常工作时将有下面两种情况：

(1) 若 $\overline{C}=0, C=1$，电容 C_1 被充电，充电电压 U_1 将按式(8－36)变化。当 U_1 达到比较电压 U_r 时，比较差动放大器 $BF1$ 将输出信号，使触发器翻转成 $\overline{C}=1, C=0$。同时，电容 C_2 将通过二极管 D_2 快速放电。

(2) 当 $\overline{C}=1, C=0$ 时，电容 C_2 被充电，充电电压 U_2 将按式(8－36)变化。当 U_2 达到比较电压 U_r 时，比较差动放大器 $BF2$ 将输出信号，使触发器翻转成 $\overline{C}=0, C=1$。同时电容 C_1 将通过二极管 D_1 快速放电。

由于触发器反复翻转，其输出端将输出幅值为 E，宽度与电容量成比例的矩形脉冲。该触发器的输出端的波形及 C_1，C_2 充电波形如图 8－11 所示。若 C_1 的充电时间以 t_1 表示，C_2 充电时间以 t_2 表示，触发器 $\overline{C}$ 及 C 输出的矩形脉冲经滤波后，它们的电压平均值 U_{d1}，U_{d2} 分别为

$$U_{d1}=\frac{t_1}{t_1+t_2}E;\ U_{d2}=\frac{t_2}{t_1+t_2}E$$

因此，A、B 两端的输出电压平均值 U_d 为

$$U_d=U_{d1}-U_{d2}=\frac{t_1-t_2}{t_1+t_2}E \tag{8-38}$$

由于 t_1 与 C_1，t_2 与 C_2 成正比，因此上式又为

$$U_d=E\frac{C_1-C_2}{C_1+C_2}=E\frac{\Delta C}{C_0} \tag{8-39}$$

由上式可知，AB 端的输出电压与差动电容的相对变化成正比。当 $\Delta C = 0$ 时，$U_d = 0$，当 $\Delta C \neq 0$ 时，U_d 与 $\frac{\Delta C}{C_0}$ 成正比。

这种电路由于采用稳压直流电源供电，因此不存在对频率及波形的要求。同时，输出端只需配备低通滤波器，而不必配备相敏解调电路，这是避免产生非线性的因素之一。

第五节　感应同步器测位移

感应同步器由于工作可靠，对环境要求低、寿命长、精度比较高，常用于精密测量位移。如数控机床、三坐标测量机等。

感应同步器分为直线型（长型）及旋转型（圆型）两种。前者的传感器由定尺及滑尺组成，后者由定子及转子组成。定尺（定子）固定，滑尺（转子）运动。定尺（定子）及滑尺（转子）是在基板上覆盖绝缘层，在上粘贴一层栅状铜箔，再在铜箔上涂一层耐腐蚀的绝缘涂层。如图 8－12 所示，定尺（转子）栅状绕组是连续的见图(a)，滑尺（定子）的栅状绕组是断续间隔的，见图(b)。两同相（间隔）栅丝间的距离为节距。一般节距为 2mm，圆形为 1°及 2°。另外，为了加大测量量程，还生产一种三重型感应同步器，如图 8－13 所示。它由细、中、粗三套绕组组成，节距分别为 2mm、100mm、4000mm。定尺一般长 200～300mm，长度大时，可以数块拼接。目前，长型感应同步器精度可达 1～3μm，圆形感应同步器（直径 300mm）精度可达 0.5 角秒。

定尺的两同相栅丝之间的距离，即节距为 P，目前一般取 $P = 2$mm。滑尺绕组被间隔分成正弦及余弦绕组两部分，各正弦及余弦绕组分别各自串联起来。正弦与余弦绕组在位置上错开电角度 90 度，即该两绕组之间距离 $l = (\frac{n}{l} + \frac{1}{4})P$，其中 n 为正整数。滑尺绕组中通入激励电压。按信号处理方式感应同步器可以分成鉴相型、鉴幅型、脉冲调宽鉴幅型三种类型。

1. 鉴相型

正弦绕组及余弦绕组分别通入等幅正弦及余弦电压 U_s、U_c

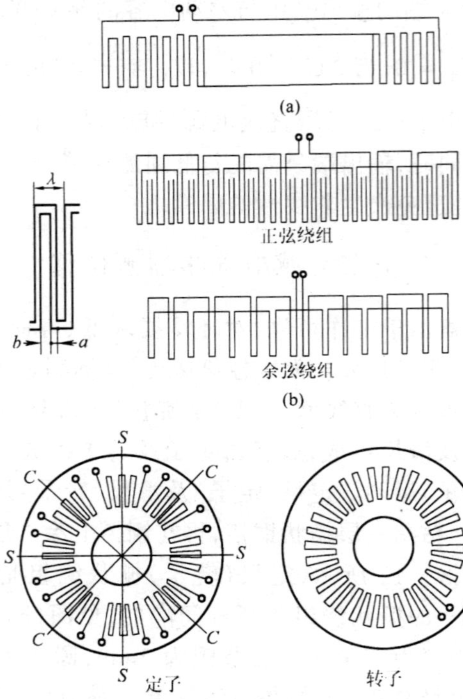

图 8-12　感应同步器传感器

(a)定尺;(b)滑尺

$$
\begin{aligned}
U_s &= U_m \sin\omega t \\
U_c &= U_m \cos\omega t
\end{aligned}
\qquad (8-40)
$$

当正弦绕组与定尺绕组移动 x 时,相应于移动角度 $\phi = \frac{2\pi}{p}x$,这时,定尺由正弦及余弦激励电压所感应的电势分别为 E_s,E_c

$$
\begin{aligned}
E_s &= kU_m \sin\omega t \cos\phi \\
E_c &= -kU_m \cos\omega t \sin\phi
\end{aligned}
\qquad (8-41)
$$

式中　k ——电磁耦合系数。

合成总电势

$$
e_0 = E_s + E_c = kU_m \sin(\omega t - \phi) = kU_m \sin(\omega t - 2\pi / p) \qquad (8-42)
$$

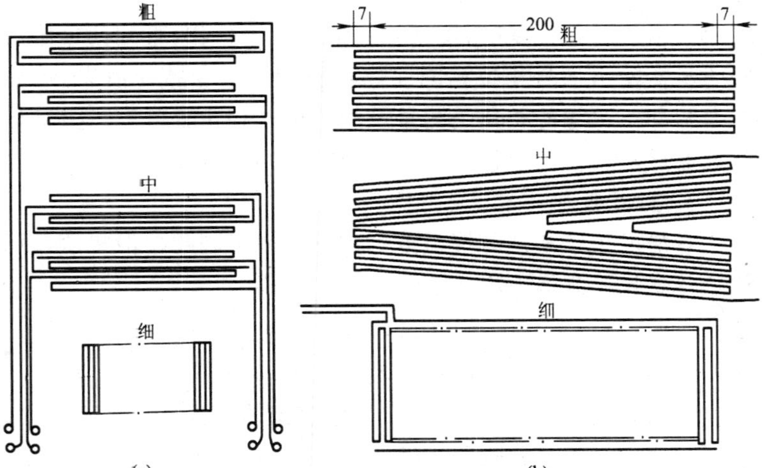

图 8－13　三重式感应同步器

(a)滑尺;(b)定尺

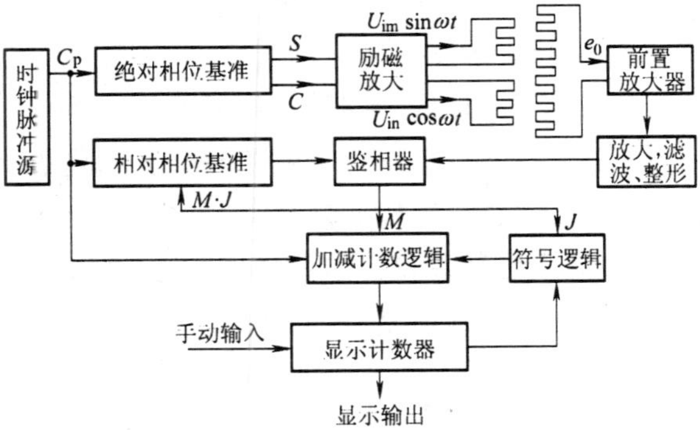

图 8－14　感应同步器鉴相测量方式方框图

上式表明,定尺输出电势的相角 $\phi = \frac{2\pi}{p}$ 与位移 x 成正比。图 8－14 是鉴相测量框图。时钟脉冲序列通过绝对相位基准,经分频及相移 90 度后,产生正弦及余弦激励电压 E_s、E_c。定尺输出信号 e_0 经放大、滤波整形后输向鉴相器。e_0 与来自可以改变相位的相对基准信号进行比较,若两信号有相位差便输出指令脉冲。指令脉冲一方面进入加减计数器、符号逻辑及显示计数器进行计数，另一方面进入相对相位基准，使其输出信号产生移相，直到其相位与感应同步器输出信号相位相同才停止。这时，指令脉冲消失。每一个指令脉冲使移相的相角是测量系统的最小相角分辨率。这样，显示计数器显示相位与位移成正比，经转换即可显示位移量。

2．鉴幅型

对滑尺正弦和余弦绕组分别供给同频率同相位但幅值按正弦和余弦变化的激磁电压 U_s 及 U_c

$$\begin{aligned} U_s &= U_m \sin\theta \sin\omega t \\ U_c &= U_m \cos\theta \sin\omega t \end{aligned} \tag{8-43}$$

定尺绕组中由于 U_s 及 U_c 而感应出的电势 E_s 及 E_c

$$\begin{aligned} E_s &= kU_m \sin\theta \sin\omega t \cos\phi \\ E_c &= kU_m \cos\theta \sin\omega t \sin\phi \end{aligned} \tag{8-44}$$

上式中 $\phi = \frac{2\pi}{p}x$；K 为电磁耦合系数。

定尺绕组输出总电势

$$E = E_s + E_c = kU_m \sin\omega t \sin(\theta - \phi) \tag{8-45}$$

上式表明，定尺输出电压 E 的幅值与 ϕ 有关。鉴幅式测量装置框图见图 8－15。通过函数电压发生器产生正弦与余弦激励电压 E_s 与 E_c。定尺输出电势经放大，滤波后控制门槛、控制逻辑。当 $\theta = \phi$ 时，门槛电路使与门电路关闭。当滑尺相对定尺移动 Δx 时，将产生空间角度

$$\Delta\phi = (2\pi/p)\Delta x = \pi\Delta x \qquad (p = 2\text{mm})$$

定尺绕组 E 经过放大后，使门槛电路产生一个方波信号与时钟脉冲一起一方面使计数器计数，一方面使转换计数器动作，控制函数电压发生器自动改变激磁电压的幅值 $U_m\sin\theta$、$U_m\cos\theta$ 直到 $\theta = \phi$ 时，停止激励电压幅值变化。这时可逆计数器将显示位移量 x。

第六节　光栅位移测量装置

计量光栅结构如图 8－17 所示。光栅是两块长条形玻璃（测

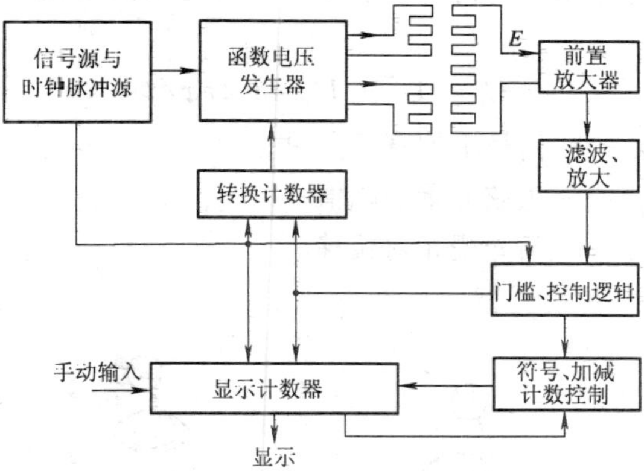

图 8-15　鉴幅式测量框图

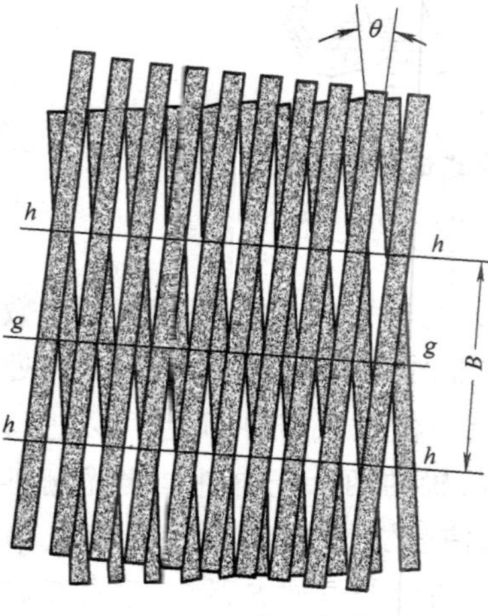

图 8-16　莫尔条纹

量线位移)或圆盘形光学玻璃(测量角度),在玻璃上均匀等间隔刻上栅状条纹。图(a)是透射式光栅,光源 1 通过透镜 2 后成为平行光束,透射过指示光栅 4 和标尺光栅 3 后,射到光电元件 5 上。图(b)是反射式光栅,光源 1 通过透镜 2 后,又透射过光栅 4 后,由不锈钢制成的金属反射光栅板 3 反射向光电元件 5。

当两块光栅重叠放置并互相倾斜一个小角度 θ 时,就会出现明暗条纹,如图 8-16 所示,称为莫尔条纹。若光栅上条纹的间距为 P,莫尔条纹的间距为 B,当 θ 很小时,可得

$$B = \frac{p}{2\sin(\theta/2)} = \frac{p}{\theta} \qquad (8-46)$$

上式表明,相当于把栅距放大了 $\frac{1}{\theta}$ 倍。

若用光电元件接收莫尔条纹移动时光强的变化，光电元件的转换电压

$$U = U_0 + U_m \sin(2\pi x / p) \qquad (8-47)$$

式中 U_0—— 信号平均直流分量；

U_m—— 正弦分量的幅值；

x—— 两光栅相对位移。

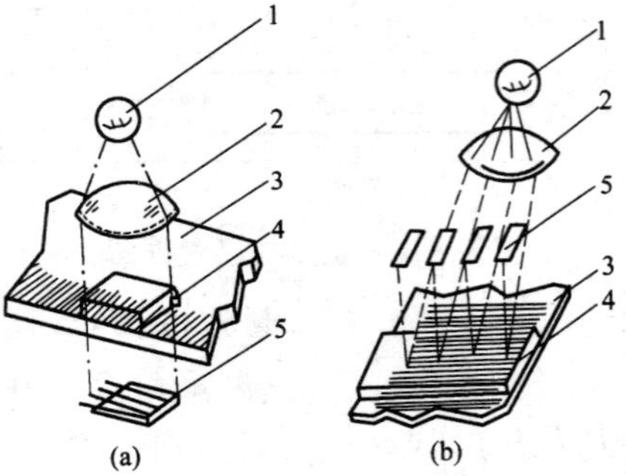

图 8-17 光栅式位移传感器

(a)透射式光栅；(b)反射式光栅

消除直流分量 U_0 后，位移 x 与输出电压 U 呈现正弦函数关系。图 8-17 为沿莫尔条纹移动方向与 B 间隔 $B/4$(90 度)处放置的两个或四个光电元件。这样，不但可以辨向，而且可以进行四倍频细分。图 8-18 为相隔 90°放置的两个光电件。当光栅正向移动时，一个光电元件输出正弦信号 S'，另一个输出余弦信号 C'，各经放大整形后输出相差 90°的两个方波 S 及 C。经过反相电路。可得到 S(0°)、C(90°)、$\bar{S}$(180°)、$\bar{C}$(270°)四个方波。再经过微分电路后进入 Y_1、Y_2、Y_3、Y_4、Y_5、Y_6、Y_7、Y_8 与门。而与门又受 C、$\bar{S}$、$\bar{C}$、S 方波控制，因此，与门将依次输出正向 0°，90°，180°，270°或反向 0°、90°、180°尖顶脉冲，进入可逆计数器后即可进行正向或反向计数。另外，通过细分电桥或电阻链细分或鉴相法细分等可以进一步细分。分辨率可达 0.1μm。

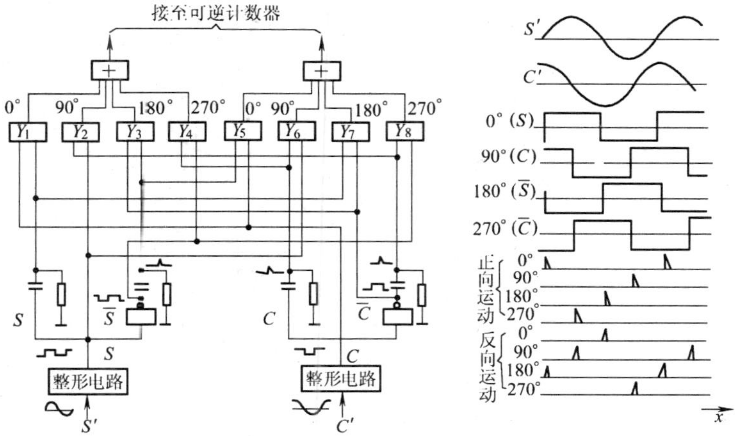

图 8-18　四倍频细分电路

S—正弦信号；C—余弦信号

第七节　旋转变压器和光学编码器

一、旋转变压器式角位移传感器

旋转变压器的结构与线绕式异步电动机相似，一般做成两极电机的型式。在定子上有激磁绕组 $D_1 \sim D_2$ 和辅助绕组 $D_3 \sim D_4$，见图 8-19(a)。它们的轴线互成 90°。在转子上有两个输出绕组——正弦输出绕组 $Z_1 \sim Z_2$ 和余弦输出绕组 $Z_3 \sim Z_4$，这两个绕组的轴线也互成 90°，当给定子的激磁绕组加上等幅的交流电压 e 时，在转子的两个绕组上将分别产生输出电压 U_c 和 U_s。其大小与转子偏离零位的转角 θ 有如下关系：

$$
\begin{aligned}
U_c &= K_t e\cos\theta \\
U_s &= K_t e\sin\theta
\end{aligned}
\tag{8-48}
$$

式中　$K_t = W_1/W_2$——旋转变压器的变压比；

W_1、W_2——转子、定子绕组的匝数；

e——加于激磁绕组的交流电压(V)。

当输出绕组接有负载时，就有电流通过输出绕组并产生电枢

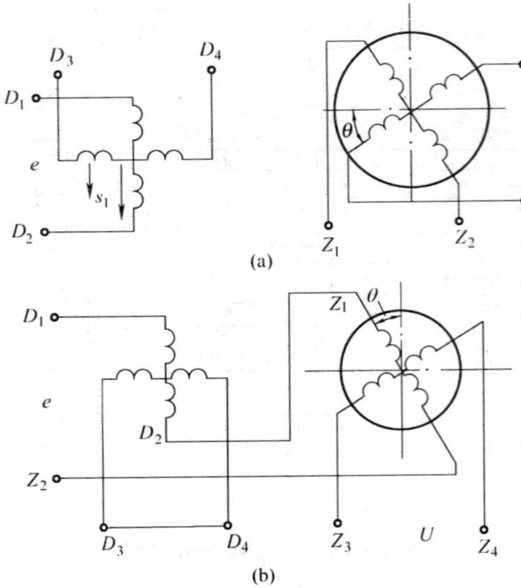

图 8 - 19　旋转变压器

(a)正余旋转变压器原理图；

(b)线性旋转变压器

反应磁通，使气隙中磁场发生畸变。这时，输出电压就有一定变化。为了减少这种变化，旋转变压器在工作时，应将辅助绕组 D_3D_4 短接，或在 Z_1Z_2、Z_3Z_4 两输出绕组上接对称负载。为提高旋转变压器的工作精确度，其负载阻抗应尽量大。

线性旋转变压器实际上也是正余弦旋转变压器，不同的是线性旋转变压器采用了特定的变压比 K_t 和接线方式(图 8 - 19b)。这样使得在一定转角范围内(一般为 ± 60°)，其输出电压和转子转角 θ 成线性关系。此时输出电压 U 为

$$U = K_t e \frac{\sin\theta}{1 + K_t \cos\theta} \tag{8 - 49}$$

根据此式，选定变压比 K_t 及允许的非线性度，则可推算出满足线性关系的转角范围。取 $K_t = 0.540$，非线性度不超过 ± 0.1%，则转子转角范围可以达到 ± 60 圈。

二、光学码盘(编码器)

光学编码器有绝对式和增量式两类。编码器圆盘上刻有节距相等的辐射状窄缝。圆盘旋转时,利用光线透过窄缝被光电元件接收形成脉冲信号,对它计数就可以测量移动相对角度增量。

增量式编码器一般没有确定的零位,它以相对值的形式反映位移信息。而绝对值式编码器具有确定不变的零位,它所反映的位移信息是以零位为起点的绝对值。光学编码盘(以后简称为光学码盘)是一种绝对值式编码器。它以二进制代码运算为基础,用透光与不透光两种状态代表二进制代码的"1"和"0"两个状态,配以一定电路,就可以实现角度量与数字量的转换。为减小误差,编码器大多采用循环码图案。

图 8－20 所示是五位循环码图案。图 8－21 是它的编码表和展开图。图中以黑线代表"0",而白线代表"1"。

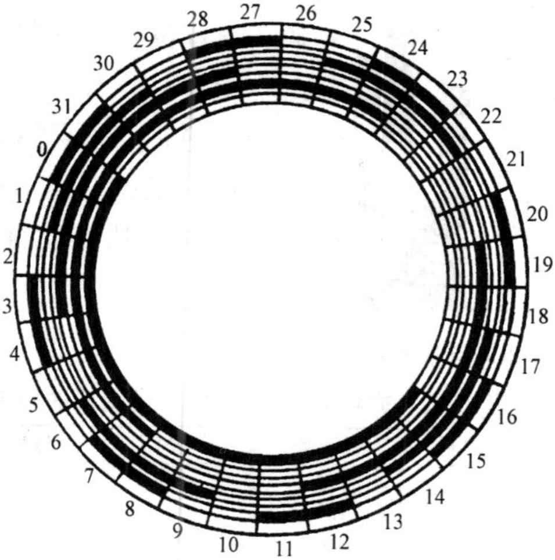

图 8－20　循环码图案

循环码的特点是:代码从任何数转变到相邻数时,代码的各位中仅有一位发生变化;另外循环码除最高位码道外,每一码道的周期比普通二进制码增加了一倍。当它发生进位或退位时(即作

十进制	循环码				
0	0	0	0	0	0
1	0	0	0	0	1
2	0	0	0	1	1
3	0	0	0	1	0
4	0	0	1	1	0
5	0	0	1	1	1
6	0	0	1	0	1
7	0	0	1	0	0
8	0	1	1	0	0
9	0	1	1	0	1
10	0	1	1	1	1
11	0	1	1	1	0
12	0	1	0	1	0
13	0	1	0	1	1
14	0	1	0	0	1
15	0	1	0	0	0
16	1	1	0	0	0
17	1	1	0	0	1
18	1	1	0	1	1
19	1	1	0	1	0
20	1	1	1	1	0
21	1	1	1	1	1
22	1	1	1	0	1
23	1	1	1	0	0
24	1	0	1	0	0
25	1	0	1	0	1
26	1	0	1	1	1
27	1	0	1	1	0
28	1	0	0	1	0
29	1	0	0	1	1
30	1	0	0	0	1
31	1	0	0	0	0

图 8－21　循环码道展开图

加减法时)，只有一个二进位数字发生变化。因此，产生的误差不会超过读数的最低位的单位量。例如，循环码从“0100”向“1100”进位时(相当于十进制从 7 到 8)，只有高位上发生转换，即使高位上因码盘制作或安装等原因而产生延迟或提前进位，误差也只可能是“1”。比起普通二进制码来，循环码就优越得多了。

但是，循环码的各位数没有固定的权(它是无权代码)，因此很难阅读和计算，这是不及普通二进制码之处。为此必须了解循环码与普通二进制码的转换关系，见表 8－1。二进制的 C_4 等于循环码 R_4(首位)。二进制的 $C_3 = R_4 \oplus R_3$，$C_2 = R_4 \oplus R_3 + R_2$，$C_1 = R_4 \oplus R_3 \oplus R_2 \oplus R_1$。符号 $\oplus$ 表示不进位加，即 $0 \oplus 0 = 0$，$0 \oplus 1 = 1$，$1 \oplus 0 = 1$，$1 \oplus 1 = 0$。按此法即可将循环码转成二进制码。

表 8－1　循环码与二进制、十进制码的关系

十进制	二进制	循环码	十进制	二进制	循环码
D	C 4321	R 4321	D	C 4321	R 4321
0	0000	0000	8	1000	1100
1	0001	0001	9	1001	1101
2	0010	0011	10	1010	1111
3	0011	0010	11	1011	1110
4	0100	0110	12	1100	1010
5	0101	0111	13	1101	1011
6	0110	0101	14	1110	1001
7	0111	0100	15	1111	1000

第八节　磁栅及激光干涉测位移

磁栅传感器主要由磁栅 2 及磁头 1 组成，如图 8－22 所示，磁栅上录有等间隔的磁信号，它相当于一把磁尺。磁头是接收信号装置。当磁头相对于磁栅位移时，磁头将由于磁栅上磁信号的移动而感应出电势，它的输出信号按正弦信号变化（等速位移时）。

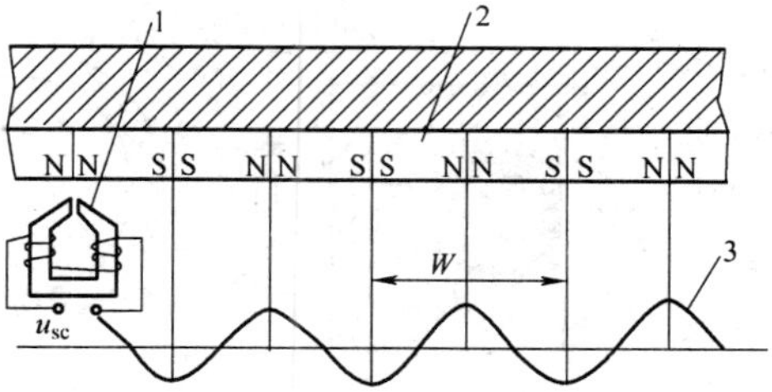

图 8－22　磁栅式位移传感器

1—磁栅；2—磁头；3—波形

另外，还有一种静态磁头，它的绕组有两个，一个为输出绕组，一个为激磁绕组。激磁绕组中通入交变电流，磁头磁芯将进入磁场饱和区域。因此，交变电流每周两次过零时，磁芯才不饱和，这时，磁栅的磁信号将对磁头起作用而感应出电信号，该信号频率同激磁电流频率。静态磁头在磁栅与磁头没有相对运动时也能产生信号电压。将信号电压按前节光栅测量中的处理方式，便可测量位移。

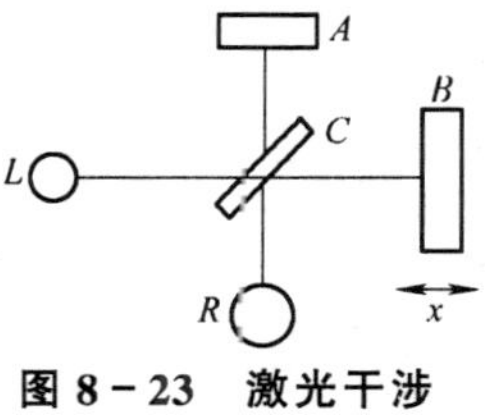

图 8－23　激光干涉法测位移

对于更为精密的位移测量，可采用激光干涉条纹方法。例如采用氦氖激光器，它的波长 $\lambda = 0.6328\mu m$。如图 8－23 所示，激光束 L 通过分光镜 C（表面镀有半透明的薄银层）使一部分光反射向反射镜 A，另一部分光射向测量位移 x 的反光镜 B。由 A 及 B 反射回的光在 C 处干涉后，由光电元件 R，将干涉条纹的明暗条纹转换成电信号。当 B 移动 x 时，光电元件按正弦变化输出信号电压。若明暗条纹变动 N 次，位移

x 为

$$x = N\lambda_0/2 \tag{8-50}$$

式中　λ_0—— 激光波长。

第九节　磁电式测速传感器

磁电式测速传感器是利用通过线圈的磁通发生变化，感应出电势的原理制成的。测量转速常用测速发电机（直流或交流）和磁阻式测速传感器，后者将在下一节脉冲频率式传感器中介绍。测量线速度时，若位移量小，可用动圈式测速传感器；若位移量大时，常通过齿轮齿条或轮子导轨等零件，将线位移转换为角位移进行测量。

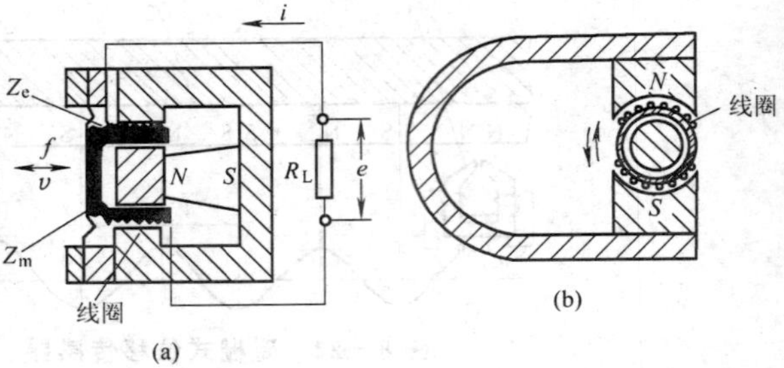

图 8-24　磁电式传感器

一、动圈式测速传感器

动圈式测速传感器用于测量小位移的线速度。如图 8-24(a) 所示，线圈 Z_e 在磁钢隙的磁场中直线运动时，由于切割磁力线而感应出电势 E（R_L 大于额定值）

$$E = BLNv \tag{8-51}$$

式中　B —— 磁感应强度；

L —— 单匝线圈长；

N —— 线圈切割磁力线部分匝数；

v —— 线圈运动速度。

因此，输出电势与速度成正比。

二、直流测速发电机

直流测速发电机分为永磁式及他激式两种。前者用永久磁钢作为定子，见图 8-24(b)，后者用绕在定子槽里的激磁绕组产生磁场，因此另需一套稳压直流电源。转子由硅钢片做成，其槽内嵌有绕组，通过换向装置将感应电势输往负载。当输出开路时(负载电阻非常大)，输出电压 E 为

$$E = C_e \phi_0 n \tag{8-52}$$

式中 ϕ_0 —— 磁通；

n —— 转子转速(r/min)；

C_e —— 系数，其值为：

$$C_e = \frac{Np}{60a}$$

N —— 绕组导线总数；

p —— 磁极对数；

a ——并联支路的对数。

上式表明，输出电势 E 与转速 n 成正比。

应注意，式(8－51)及(8－52)成立的条件是输出开路或负载电阻需超过产品规定的额定值。这时，线圈内电流很小，反磁通也很小。否则，由于负载电阻小于额定值时，输出电压将为

$$U = \frac{k\phi_0 n}{1 + kC_r n / R_L} \tag{8-53}$$

式中 $k = C_e/(1 + R_a/R_L)$；

C_r —— 电流产生反磁通系数；

R_a —— 绕组电阻；

R_L —— 负载电阻。

因此，电压与转速呈现非线性关系。

目前，直流测速发电机大多采用永磁式。使用时应尽量避免温度变动。因为，温度变动会改变永久磁钢的磁通，同时改变绕组电阻值。

直流测速发电机的电势是通过换向装置，即铜环—电刷引出的。因此，输出电势中混入了接触不良引起的高频信号(所谓毛刺)，测量时应配以低通滤波器。图 8－25 所示的电路不但可以测转速，而且可以测两转速差或速度波动。测转速时，只接入测速

发电机 E_1；测转速差时接入两台测速发电机 E_1,E_2；测转速波动时，E_1 为测速发电机，E_2 为稳压电源。测量时，调节两电位器 W，使差动放大器输出为零。之后，只要两测速发电机产生速差，或一台测速发电机出现波动，差动放大器将输出放大后的速差或波动信号。电路中的二极管是起保护作用的，防止输入差动放大器输入电压过大。R 与 C 组成低通滤波电路。

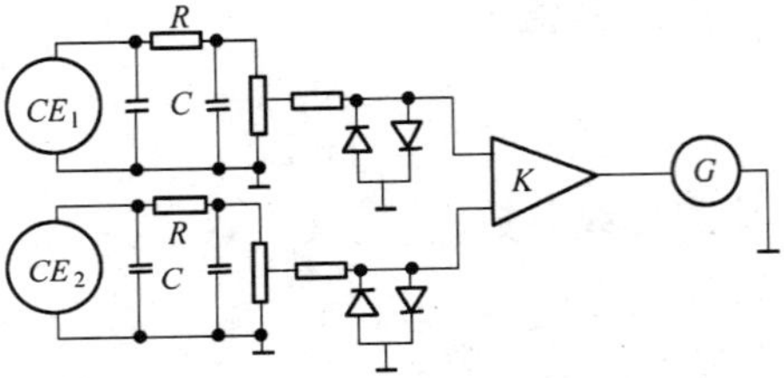

图 8－25　速度差测量原理图

用上述方法测量的转速信号还需要标定。标定时，可以采用标准转速表与上述测量装置同时测出某一恒定转速进行标定。也可以将测速发电机安装在可调速的设备(如车床主轴)上标定。有条件的，可以采用专门用于校验及标定转速的转速校验台，它不但可调速，且具有较高精度。

第十节　脉冲频率式测速仪器

利用旋转一周产生的固定脉冲频率测量转速，可以提高测量精度，减少换向装置产生的高频干扰。产生脉冲的方法有磁阻法、光电法、阻抗法等。

一、磁阻式测速传感器

磁阻式测速传感器的构造如图 8－26 所示。转子 2 与定子 5 是端面等间隔铣有齿槽的纯铁圆盘，定子内装有轴 1。转轴外套有环形磁钢 3 和环形线圈 4，并由压块压紧。转轴 1 和被测轴相连，并带动转子旋转。当定子和转子齿顶相对时，磁阻最小；当齿顶与齿槽底相对时，磁阻最大。由于磁通 Φ 为

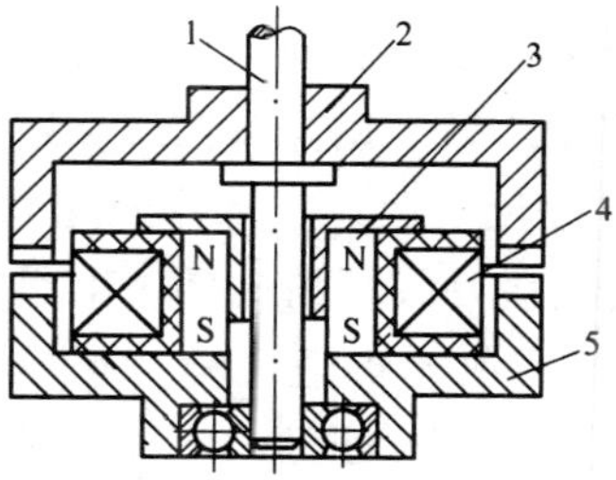

图 8-26　磁阻式脉冲测速电机

$$\Phi = \frac{F_m}{R_m} \tag{8-54}$$

式中　F_m——磁势；

R_m——磁阻。

因此磁阻变动时，磁通也变动，线圈将感应出电势。若转子及定子端面齿数为 z，转子转速为 n(r/min)。线圈输出电势的频率 f 为

$$f = \frac{zn}{60} \tag{8-55}$$

或

$$n = \frac{60f}{z} \tag{8-56}$$

一般 $z = 60$，这时 $n = f$。因此，对频率计数，即每秒脉冲数，就代表转速，即每分钟旋转数。也可以采用频率——电压转换电路，将频率线性地转换成模拟电压输出。另外，采用脉冲频率法测量转速，可以用标准信号发生器进行标定。以信号发生器频率代替光电式或磁阻式转速传感器的脉冲频率。因此，标定既简便又准确。目前，脉冲频率法测转速已成为转速测量中一种主要的方法。

二、光电转速传感器

光电转速传感器有透射式及反射式两种。透射式光电转速传感器如图 8-27 所示，在旋转轴上安装测速圆盘 2。圆盘上均匀

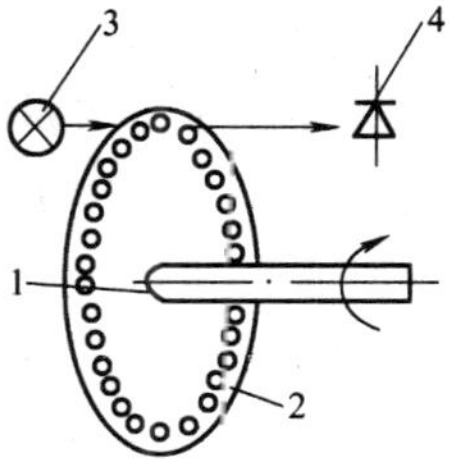

图 8-27　直射式光电转速专感器

1—被测轴；2—圆盘；3—光源；4—光电管

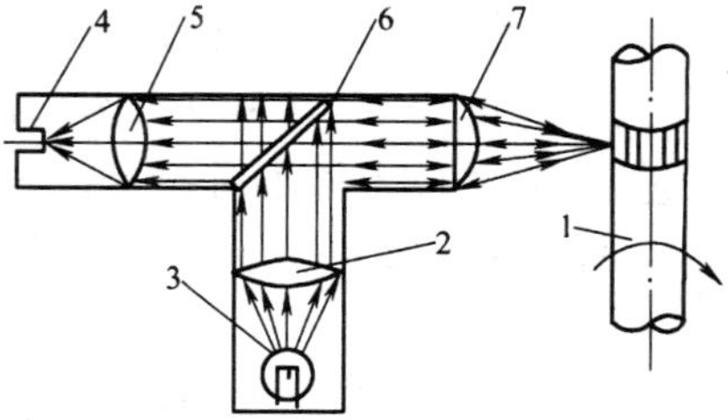

图 8-28　反射式光电转速传感器

1—被测轴；2、5、7—聚光透镜；3—光源；4—光电元件；6—半透明镜片

地开有狭缝或孔，在圆盘两侧装有光源3及光电接收元件4。当圆盘旋转时，便产生光脉冲，光电元件将输出电脉冲。反射式光电转速传感器如图8－28所示。在被测轴1数上用金属箔或反射纸带沿圆周方向均匀间隔贴成黑白的吸收反射面。传感器的光源3经聚光透镜2，形成平行光，再由半透明膜片6反射向转轴的黑白反射面，为使光线聚焦而设置透镜7。反射光再经透镜7形成平行光，并透过膜片6后，由透镜5向光电元件4聚焦。因此，转轴旋转时，光电元件输出电脉冲。对电脉冲计数，便可测得转速，也可通过频率电压转换器，将电脉冲转变成电压模拟量输出。

三、激光转速传感器

近年来，由于激光技术的发展，已生产出氦氖激光转速仪。该仪器的传感器射出激光，射向旋转轴的反光亮面(用白色涂层)，然后反射回传感器中的光电元件，并转换成电脉冲输出。为增加反射面的反射效果，可以在反射面上涂上掺有铝粉的粘接剂，并嵌入玻璃珠。这样，入射角在30度范围内都有定向反射效果。由于激光具有亮度高，发散角小，单色性好的特点，因此，传感器与旋转轴距离可以增加，甚至达10m，也不影响测量。同时，对周围杂光干扰或振动的影响也很小。

第十一节　液体流量测量

流量一般是指单位时间内流过管道某一截面的流体数量，即瞬时流量。流量用体积表示时，称为体积流量，常用单位为每小时立方米(m^3/h)或每秒立方米(m^3/s)。用质量表示时，称为质量流量，常用单位为每小时千克(kg/h)或每秒千克(kg/s)。质量流量G与体积流量Q之间的关系为

$$G = \rho Q \tag{8-57}$$

式中ρ为流体的密度(kg/m^3)，应注意ρ是标准状态下的参数，否则，需要进行换算。尤其是气体，ρ值与温度、压力的关系更大。

流量测量方法有直接测量法和间接测量法。直接测量法是利用某一时间间隔内流过流体的已知体积或已知质量的一种方法，

它测量的是在该时间间隔内的平均流量。该方法常用于对间接测量流量计进行标定。它可以分为定容计时法(即测量流体流满某一标准(或质量)容器所需要的时间)和定时计容法(或称重法),即测量某一标准时间内流进容器的体积或质量。

间接测量法是通过测量与流量或流速有对应关系的某物理量,并以此量来推算出流量。常用的流量测量计有差压流量计,转子流量计,靶式流量计,涡轮流量计,齿轮流量计,腰轮流量计等。

一、差压流量计

差压流量计是目前使用最广泛的一种流量计。如图 8-29

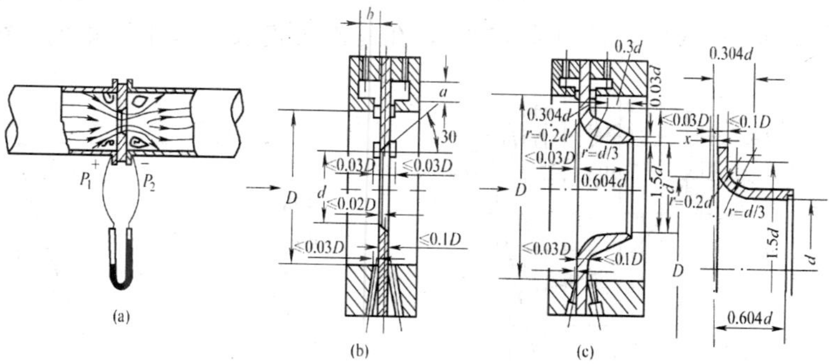

图 8-29 差压流量计

(a)节流装置;(b)标准孔板;(c)标准喷嘴

(a)所示,管道内流体流过节流装置时,通过面积突然缩小,因此流体流速将加快。挤过节流装置后,流通面积又变大,流速将降低。同时,在节流装置前后形成压力差 Δp

$$\Delta p = p_1 - p_2$$

通过节流孔后流速为

$$v = \alpha\sqrt{\frac{2}{\rho}(p_1 - p_2)} \qquad (8-58)$$

因此,体积流量 Q 为

$$Q = \alpha A_0 \sqrt{\frac{2}{\rho}(p_1 - p_2)} \tag{8-59}$$

式中 ρ 为流体密度(kg/m^3);A_0 为节流口面积(m^2);α 为流量系数。节流装置有标准孔板,标准喷嘴等,见图 8-29(b)、(c)。

对于标准孔板,若管道面积和直径为 A 和 D,孔板孔口面积和直径为 A_0 和 d,流量系数可由 $m = \frac{A_0}{A} = (\frac{d}{D})^2$ 及雷诺数 $Re = \frac{vD}{\nu}$ 求得,见图 8-30。Re 式中 v 为平均流速,ν 为流体运动粘度(m^2/s)。由图中曲线可得,当 $Re \geqslant Re_k$ 时,流量系数 α 为一常值,这时流量与压力差有关。见图 8-31 中的 m 与 α_0 曲线。图中流量系数 α_0 称为原始流量系数,它是在光滑管道及常温下测得的。在

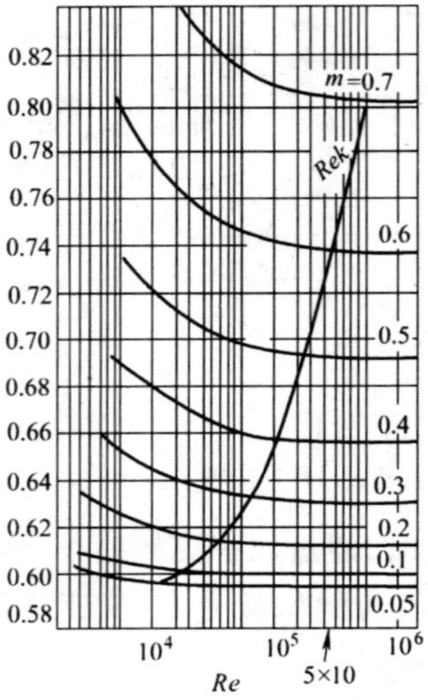

图 8-30　标准孔板的原始流量系数与雷诺数的关系

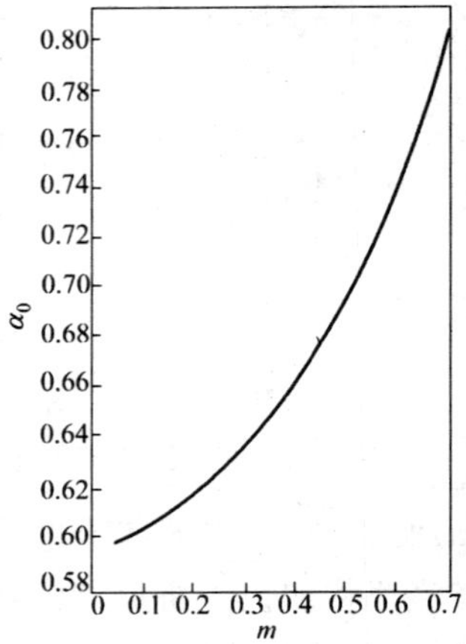

图 8-31　标准孔板的原始流量系数

非光滑管道及非常温下,可乘系数予以修正。

二、转子流量计

在小流量测量中,经常采用转子流量计,见图 8-32。它也是利用节流原理来测量流量的。转子 2 与锥形管 1 的间隙为流体通

道。流体流过时，转子上下端出现压差 Δp，该压差对转子产生一个向上的推力，克服转子重量后，使转子浮于某一高度 h（由转子盖住锥形管下口作为起点）。转子外缘与锥形管间隙面积，即节流面积 A_0 为

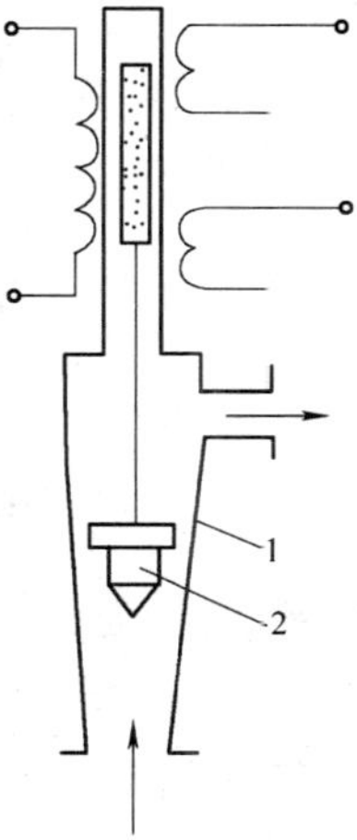

图 8－32　转子流量计

$$A_0 = \frac{\pi}{4}(D^2 - d^2) \quad (8-60)$$

式中 D 为管道内径，d 为转子外径，并且可以得到

$$\frac{D}{2} = \frac{d}{2} + h\tan\theta$$

式中 θ 为锥形管的夹角。因此，可得

$$A_0 = \frac{\pi}{2}h(D + d)\tan\theta = Ch \quad (8-61)$$

及

$$C = \frac{\pi}{2}(D + d)\tan\theta$$

由式（8－59）流量 Q 为

$$Q = \alpha A_0\sqrt{\frac{2}{\rho}\Delta p} = \alpha Ch\sqrt{\frac{2}{\rho}\Delta p} \quad (8-62)$$

若转子最大横截面积为 A_f，体积为 V_f，密度为 ρ_f，当转子浮起时

$$\Delta \rho A_f = V_f(\rho_f - \rho)g$$

式中 g 为重力加速度，以上式代入式（8－62）得

$$Q = \alpha Ch\sqrt{\frac{2V_f(\rho_f - \rho)g}{\rho A_f}} \quad (8-63)$$

上式表明，Q 与 αh 有关，当 $Re > Re_k$ 时，α 为常数，这时浮子高 h 代表了流量 Q。

三、靶式流量计

对于粘度较大的液体，更适合于采用靶式流量计。见图 8－33，在管中插入一靶，流体流动时，靶将承受流体推力 F。推力由三力合成，一是靶的节流作用产生压力差 $\Delta p = p_1 - p_2$；二是流体

的动压力$\frac{1}{2}\rho v_1^2$；三是流体的粘性摩擦力。对于圆靶而言，由于粘性摩擦力很小，可忽略不计。若靶与管壁的环形间隙平均流速为 v，靶受力 F 为

$$F = KA_d \frac{\rho v^2}{2} \tag{8-64}$$

式中 A_d 为靶面积；ρ 为流体密度；k 为系数，上式又为

$$v = \sqrt{\frac{2F}{KA_d\rho}} \tag{8-65}$$

因此流量 Q 为

$$Q = A_0 v = A_0\sqrt{\frac{2F}{KA_d\rho}} \tag{8-66}$$

式中 A_0 为圆靶与管壁间隙面积。由上式可以看到，流量与$\sqrt{F}$ 成比例关系。若令圆靶直径为 d，管壁直径为 D，环形间隙面积 $A_0 = 0.7854(D^2 - d^2)$，$A_d = 0.7854d^2$，代入式(8－62)可得

$$Q = K_\alpha D\left(\frac{D}{d} - \frac{d}{D}\right)\sqrt{\frac{\pi F}{2\rho}} \tag{8-67}$$

式中 $K_\alpha = \sqrt{\frac{1}{K}}$ 称为流量系数。K_α 与 Re 的关系见图 8－34，图中 $\beta = d/D$。

当 $\beta = 0.8$，$Re > 1000$ 或 $\beta = 0.7$，$Re > 10^5$ 时，K_α 趋于常值，因此，适合于测粘度大的液体。

图 8－34 曲线是由圆靶 $D = 53\text{mm}$，结构系数分别为 $\beta = 0.7$ 和 $\beta = 0.8$ 作出的 $K_\alpha - \beta - Re$ 实验曲线。由图可知，当 Re 值较大时，K_α 趋近于某一常数，而当 Re 较小时，K_α 随 Re 值的减小而显著变小。在流量计和测量范围内，一般总希望 K_α 值能基本上保持常数，以保证流量计的测量误差不致超过允许值。靶式流量计的测量精确度为 2% ～ 3%。

靶式流量计的流量与检测信号(力)之间的关系是非线性的，这就给使用带来很大的不便，并且限制了流量计的测量范围。近年来出现了一种新型的自补偿靶式流量计，它使用测量控制网络

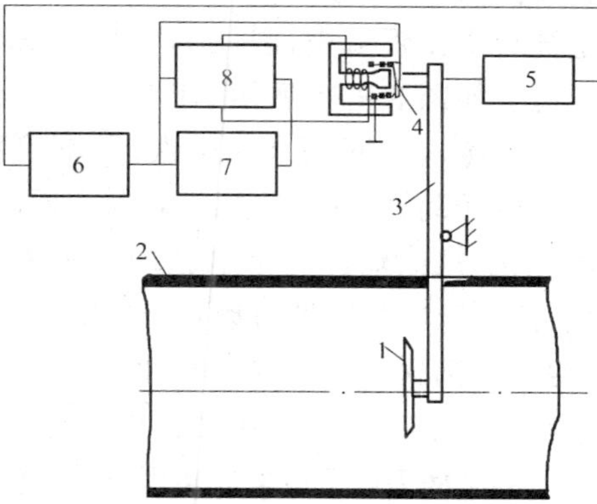

图 8－33　自动补偿靶式流量计示意图

1—靶；2—管道；3—摆杆；4—电磁控制元件；5—位置传感器及其测量电路；6—控制器；7—电压—电流转换器；8—开关网络

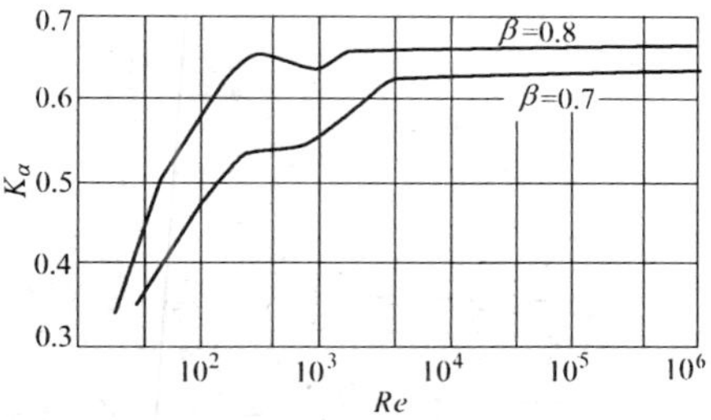

图 8－34　$K_\alpha - \beta - Re$ 实验曲线

和专门的电控元件，使靶上所受到的推力被自动平衡，于是输出的控制电流值与体积流量成线性关系。图 8－33 为这种流量计的示意图，它的工业型结构实际上就是一种带有靶盘的平衡式力传感器。这种流量计除了保证输出电量与被测流量之间为线性关系外，还有较好的动态性能。

四、涡轮流量计

涡轮流量计的结构如图 8－35 所示，涡轮转轴的轴承由固定在壳体上的导流器所支承，流体顺着导流器流过涡轮时，推动叶片使涡轮转动，其转速即可确定对应的流量 q_v。

由于涡轮是被封闭在管道中，因此采用非接触式磁电检测器来测量涡轮的转速。如图 8－35 所示，在不导磁的管壳外面安装的检测器是一个套有感应线圈的永久磁铁，涡轮的叶片是用导磁材料制成的。若涡轮转动，叶片每次掠经磁铁下面时，都要使磁路的磁阻发生一次变化，从而输出一个电脉冲。显然输出脉冲的频率与转速成正比，测量脉冲频率即可确定瞬时流量，若累计一定时间内的脉冲数，便可得到这段时间内的累计流量。

涡轮流量计的转子在工作中要受到轴向推力的作用，为了减少此推力，图 8－35 所示的结构采用了反推法实现自动补偿。它的作用原理是：当流体流过 $K-K$ 截面时，流速变大而静压力下降，随着流通面积的逐渐扩大，静压力逐渐上升，因而在收缩截面 $K-K$ 和 $K'-K'$ 之间产生了不等静压场，抵消了一部分轴向推力，减轻了轴承的轴向负荷，从而提高流量计的精确度，延长使用寿命。

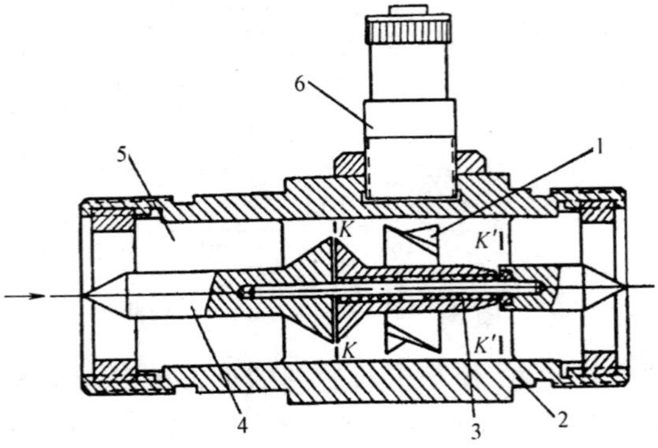

图 8－35　涡轮流量计结构示意图

1—涡轮；2—壳体；3—轴承；4—支承；

5—导流器；6—磁电接近式传感器

由于流体自旋或紊动会改变流体流向及它对叶片的冲角，影响测量精确度。为减小这种影响，涡轮前后都设有导流器，把进出的流体流动方向导直。尽管这样，在安装时仍要注意，流量计前后均需有一定长度的直管段。一般规定入叶管段的长度应为管道直径的 10 倍以上,出口直管段的长度不小于直径的 5 倍。

如果忽略轴承的摩擦及涡轮的功率损耗,则量纲分析表明,涡轮流量计有如下关系

$$\frac{q_\nu}{nD^3} = f\left(\frac{nD^2}{\nu}\right) \tag{8-68}$$

式中 q_ν—— 通过流量计的体积流量(m^3/s);

n—— 涡轮每秒的转数;

D—— 流量计的通径(m);

ν—— 被测流体介质的运动粘度 (m^2/s)。

即$\frac{q_\nu}{nD^3}$为$\frac{nD^2}{\nu}$的某种函数,只有当$\frac{nD^2}{\nu}$足够大时,即通过流量计的流体处于充分紊流状态时,$\frac{q_\nu}{nD^3}$ = 常数的关系才成立。也就是说,只有此时才存在以下关系

$$q_\nu = Kn$$

式中 K 为常数,并且与流体的性质无关。由于涡轮转速 n 与流量计输出的脉冲频率成正比,因此有

$$q_\nu = \frac{f}{\xi} \tag{8-69}$$

式中 f—— 输出脉冲信号的频率(Hz);

ξ ——表示频率 - 流量转换关系的仪表常数(脉冲数/m^3)。

涡轮流量计出厂时是以水定度。以水作为工作介质时,每种规格的流量计在规定的测量范围内,以一定的精确度保持这种线性关系。当被测流体的运动粘度小于 $5\times10^{-6}m^2/s$ 时,在规定的流量测量范围内,可直接使用厂家给出的仪表常数,不必另行定度。但是在液压系统的流量测量中,由于被测流体的粘度较大,在厂家提供的流量测量范围内,上述线性关系不成立(特大口径的流量计除外),仪表常数 ξ 随液体的温度(或粘度)和流量的不同而变化。在这种情况下流量计必须重新定度。对每种特定介质,可得到一族定度曲线,利用这些曲线就可对测量结果进行修正。

就涡轮流量计本身来说，其时间常数为2～10ms，因此具有较好的响应特性，可用来测量瞬变或脉动流量。

涡轮流量计在线性工作范围内的测量精确度为0.25%～1.0%。

五、容积式流量计

容积式流量计实际上就是某种形式的容积式液动机。液体从进口进入液动机，经过一定尺寸的工作容腔，由出口排出，使得液动机轴转动。对于一定规格的流量计来说，输出轴每转一周所通过的液体体积是恒定的，此体积称为流量计的每转排量。测量输出轴的平均转速，可得到平均流量值；而累计输出轴的转数，即可得到通过液体的总体积。

容积式流量计有椭圆齿轮流量计、腰形转子流量计、螺旋转子流量计等。另外，符合一定要求的液动机也可用来测量流量。

1. 椭圆齿轮流量计

椭圆齿轮流量计的工作原理如图8－36所示。在金属壳体内，有一对精密啮合的椭圆齿轮，当流体自左向右通过时，在压力

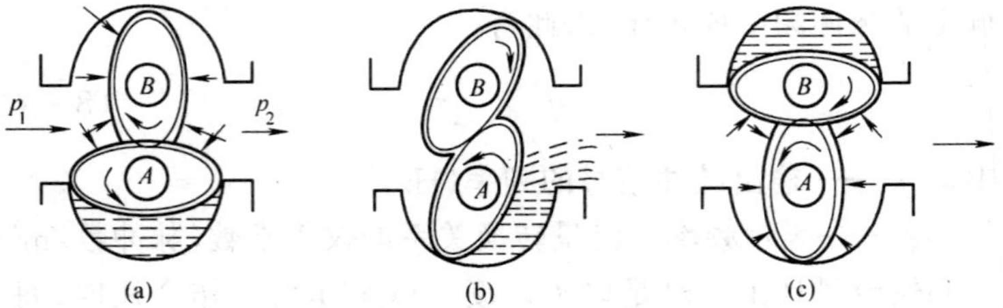

图8－36 椭圆齿轮流量计

差的作用下产生转矩，驱动齿轮转动。例如齿轮处于图8－36(a)所示的位置时，$p_1 > p_2$，A轮左侧压力大，右侧压力小，产生的力矩使A轮作逆时针转动，A轮把它与壳体间月牙形容积内的液体排至出口，并带动B轮转动；在图8－36(b)的位置上，A和B二轮都产生转矩，于是继续转动，并逐渐将液体封入B轮和壳体间的月牙形空腔内；到达图8－36(c)所示的位置时，作用于A轮上的

转矩为零，而 B 轮左侧的压力大于右侧，产生转矩，使 B 轮成为主动轮，带动 A 轮继续旋转，并将月牙形容积内的液体排至出口。如此继续下去，椭圆齿轮每转一周，向出口排出四个月牙形容积的液体。累计齿轮转动的圈数，便可知道流过的液体总量。测定一定时间间隔内通过的液体总量，便可计算出平均流量。

由于椭圆齿轮流量计是由固定容积来直接计量流量的，故与流体的流态（雷诺数）及粘度无关。然而，粘度变化要引起泄漏量的变化，从而影响测量精确度。椭圆齿轮流量计只要加工精确，配合紧密，并防止使用中腐蚀和磨损，便可得到很高的精确度。一般情况下测量精度为0.5%～1%，较好的可达0.2%。

应当指出，当通过流量计的流量为恒定时，椭圆齿轮在一周内的转速是变化的，但每周的平均角速度是不变的。在椭圆齿轮的短轴与长轴之比为0.5的情况下，转动角速度的脉动率接近0.65。由于角速度的脉动，测量瞬时转速并不能表示瞬时流量，而只能测量整数圈的平均转速来确定平均流量。

椭圆齿轮流量计的外伸轴安装计数器或脉冲发生式计数器，以计数来测量平均流量。也可以进行累计来测量累计流量。

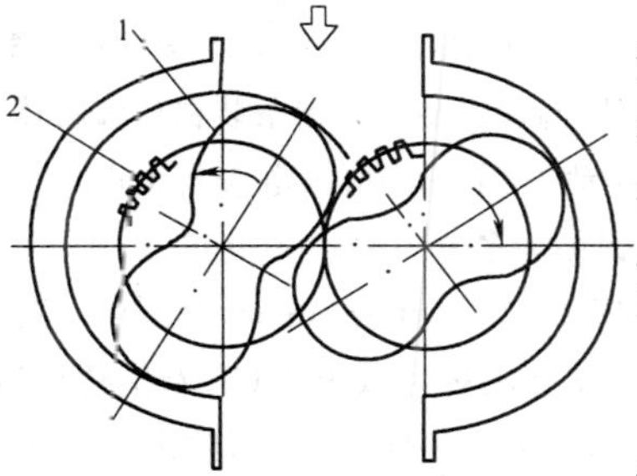

图 8－37　腰形转子流量计原理

1—腰形转子；2—同步齿轮

2. 腰形转子流量计

图8－37为腰形转子流量计的原理图。经过精密加工、表面光滑无齿但能作密切配滚的一对转子装入壳体中，每个转子的转轴上都装有一个同步齿轮，这对处于另外腔室中的同步齿轮相互啮合，以保证两个转子的相对运动关系。在通过流量计的流量为恒定的情况下，转子角速度脉动率约为0.22。但如果采用特殊结构，即两对转子按45°相移的关系组合起来，那么这个数值可减小到0.027。由于转子的各处配合间隙会产生泄漏，从而

使得这种流量计在小流量测量时误差较大。

3. 螺旋转子流量计

图 8－38 为新近发展的四瓣螺旋转子流量计，这种流量计的转子为对称圆弧齿廓的螺旋齿。一对转子直接啮合驱动，不用同步齿轮，啮合中没有困油现象。在工作过程中压力损失的压力脉动均较小，而且在流量恒定的情况下，转子角速度脉动率为零。

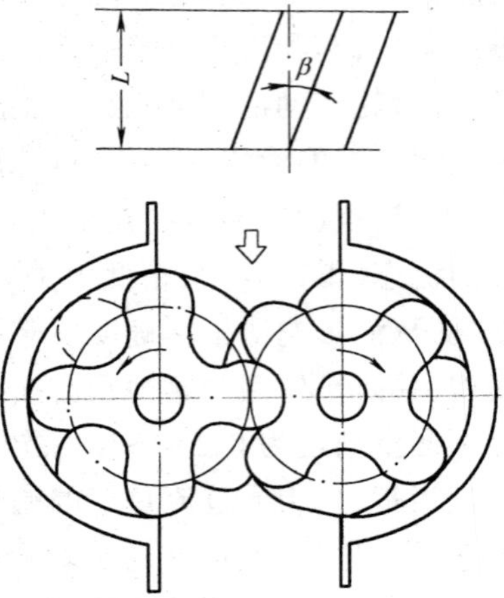

图 8－38 四瓣螺旋转子流量计

习 题

1. 利用十圈电位器测位移。

见图 8－1，电位器 W 和 W_0 都是 300Ω。电位器转一圈，电阻变化 30Ω。组成电桥后，$R_0 = 350\Omega$，表内阻 $R_L = 500\Omega$。供桥电压 $U_a = 30V$。在多圈电位器触头转轴上固定一直径为 100mm 的齿轮。与齿轮啮合的齿条装在位移物体上，初始时，调 W_0，使电表指零。当齿条移动 1571mm 时，求电表指示电流(mA)值，并求该测量装置的最大的非线性误差为多少。

2. 应用等截面悬臂梁测位移，见图 8－2(a)。梁宽 10mm，厚 2mm，测量位移点 A 与应变片距离 $l = 100mm$。应变片灵敏系数为 2.00，若供桥电压为 10V，应变片组成四臂工作全桥。求每移动 1mm 位移时，电桥输出为多少。

3. 环形位移传感器，见图 8－2(b)。外直径 60mm，内直径 58mm，宽 10mm。在环侧面内外 B 及 B' 处贴应变片四片，组成全桥。应变片灵敏系数 $K_s = 2.00$，供桥电压 10V，求测量 1mm 位移时，电桥输出为多少。

4. 利用等截面悬臂梁及弹簧测大位移，如图 8－2(c) 所示。梁的长度为 150mm，宽度为 15mm，高度为 6mm。梁上贴四片应变片（一面为两片）组成全桥。应变片到弹簧作用点距离 140mm。弹簧经过刚度实验，即挂砝码 80N 时变形量为 290mm。若梁的弹性模量为 $2.00 \times 10^5 N/mm^2$，允许的最大应变为 1000×10^{-6}，问该装置能测量的最大位移量为多少。在最大位移量下，电桥输出电压与供桥电压的比值为多少。

5. 差动电感式位移传感器的两线圈作为电桥的上相邻臂，见图 8－3(c)，另两个臂是供桥电压变压器的两参数相同的次级线圈。供桥电压 $E_s = 2V$，通入变压器初级线圈。变压器变压比（圈数比）为 $1:2\times2$（两个次级线圈）。电感传感器铁芯在中间位置时，插入一个线圈中的长度为 20mm，这时电桥平衡。之后铁芯移动 2mm，求电桥输出电压为多少。

6. 差动式电容位移传感器如图 8－7 所示。并将两电容 C_1 及 C_2 接入图 8－11 脉冲调宽电路的 C_1 及 C_2 处。若 JK 触发器的电源电压 $U = 12V$。电容传感器动片在中间位置时，与两定片组成的电容长度相同，都是 40mm。假若动片移动 5mm，求脉宽测量电路的输出电压为多少。

7. 电容式测振位移传感器，如图 8－5 所示。传感器极板与振动体金属表面的间隙为 1mm。传感器极板形成的电容为 C_1 并接入图 8－9 的电桥电路中。C_2 作为调零电容，经调整，可使电桥输出为零。假若供桥电压 $E_a = 5V$（由交流电源 E_F 通过变压器输入）。求振动体变动 0.1mm 时，电桥输出变动多少。

8. 利用磁阻式测速发电机频率电流转换器测量转速。测量前，用信号发生器产生 20Hz 信号，输向频率电流转换器，这时转换器输出 5mA。测速时，接入磁阻式测速传感器，该传感器齿盘上铣齿 60 个。假若转换器输出 4mA，问所测转速为多少。

9. 利用标准孔板（图 8－29）作为节流装置测量水流量。已知水的密度 $\rho = 1000kg/m^3$，运动粘度 $1\times10^{-6}(m^2/s)$。管内径 $D = 50mm$，标准节流板口径 $d = 30mm$，若测得节流孔板两侧差压为 20kPa，求水流量为多少（认为光滑管道，温度不变）。

第九章 振动测量

第一节 振动测量概述

机械振动是机械工程中普遍遇到的物理现象。强烈的机械振动往往会影响机器的正常运行,甚至可能使机器损坏。同时,振动还会产生噪声,危害人类的听觉和神经系统。因此,必须对振动进行研究和分析,以便加强控制。另一方面,振动可以被用于工业生产、日常生活及医疗中。如输送、筛选、捣固、捣碎、清洗、脱水、时效处理等。机器的振动信号还被用于对设备进行状态监测及故障诊断,为设备安全运行及点检定修提供了测试依据。总之,振动测量及信号分析已成为现代机械工程技术人员必须掌握的一门技术。

振动测量大体包含以下四个方面的内容。

(1)测量并记录物体某点的位移、速度、加速度或激振力(应力、力矩)的时间历程,或测量周期信号的频率、振幅、相位、均值、有效值等。

(2)测量机械系统的动特性参数,如刚度、阻尼比、固有频率、振型或测量机械阻抗并进行模态分析。

(3)对振动信号进行处理或分析,如对随机振动信号进行统计,得到概率密度函数或相关函数。进行频域分析,如富氏变换、功率谱密度函数、凝聚函数。求希尔伯特变换(包络线),或进行熵谱分析、倒频谱分析。

(4)随机振动的实验室再现,包括随机振动的等价,振动环境模拟,振动强化实验等。

测量振动时,首先要选择传感器。从一定意义上讲,测振传感器(含放大器)的选择决定了测量信号的失真状况。振动测量可以分为相对测量与绝对测量两种。相对测量是测点相对于某参考点的振动的测量,通常采用电涡流或电容式位移传感器或磁电式速度传感器。将传感器外壳与参考点固定,测量测点相对于外壳的位移或速度,绝对测量大都采用惯性式传感器,如压电式或应变片式加速度计、磁电式速度计。振动信号中的位移信号、速度信号、加速度信号之间存在微分或积分关系,只要测得一种信号,通过微分或积分,可以求得另外两种信号。为了提高测量精度,低频振动(500Hz 以内)可采用位移信号,中频信号(10～1000Hz)可采用速度信号,高频信号(500Hz 以上)可采用加速度信号。

对测振传感器的要求是,重量轻、灵敏度高、线性度好、频率响应宽。目前,压电加速度计配置电荷放大器,不但重量轻而且频响宽(0.3Hz～40kHz),量程大(0.001～10000G),是振动及冲击测量首选的传感器。电涡流传感器可以实行非接触式测量,在频率不太高的情况下,常用作微小位移测量。

振动测量有电测法、机械法和光学法。由于电测法灵敏度高,频率范围宽,线性度高,输出为电信号,易于处理和分析。因此本章只叙述电测法。

第二节　压电加速度计

压电传感器是利用压电效应的一种力敏传感器,用它不但可以测力,而且可以测量加速度。

一、压电晶体及压电效应

压电晶体中常用的有石英、压电陶瓷及聚偏二氟乙烯 PVDF 薄膜。后两种还需进行极化处理才能应用。图 9-1(a)是石英晶体,它是一个正六面体。六角形的六个角分别由三个硅(Si^{4+})及三个氧 $2O^{-2}$间隔占据,形成三个夹角为 120 度的电偶极矩 P_1,P_2,P_3,且 $P_1+P_2+P_3=0$。x 方向称电轴,在这方面施加力 F_x 时,六角形将变形,因此 $P_1+P_2+P_3>0$,垂直 x 的表面将吸引自由离子,形成电荷 Q_x,且

$$Q_x = d_{11}F_x \tag{9-1}$$

式中　d_{11}——x 方向的压电系数。

同样,在机械轴 Y 方向施加力 F_y,晶体也变形,$P_1+P_2+P_3$

<0,垂直 x 轴表面将产生与 F_x 作用时极性相反的电荷 Q_{xy}

$$Q_{xy} = d_{12} F_x A_x / A_y \qquad (9-2)$$

式中 d_{12} ——y 轴方向的压电系数,对石英

$$d_{12} = - d_{11}$$

A_x, A_y——垂直于 x 轴、y 轴的晶体表面积。在光轴 z 方向施加力时,晶体不产生电荷。当在垂直 x 轴的平面内产生剪应力时,在垂直 x 轴表面上也产生电荷,利用这种施力方式制成的加速度计,便是剪应力式加速度计。

压电陶瓷中常用的有钛酸铅 $PbTiO_3$,锆钛酸铅、铌镁酸铅、钛酸钡等。现以钛酸铅为例,说明压电效应。钛酸铅或钛酸钡是四方晶体,其中正离子(Ba^{2+} Ti^{4+} Pb^{2+})的电荷中心与负离子(O^{2-})的电荷中心不重合,因此每个晶体出现了自发电极化现象,极化方向相同的晶体组成一个小区,称为电畴。平时,由于各个电畴的自极化方向各不相同,总的极化强度为零。当压电陶瓷置于强度足够高的电场中时,这些电畴块的自极化方向转成与电场方向一致。这个过程称为极化处理。处理后,压电陶瓷有很强的剩余极化。因此,在极化方向表面上吸附异性离子,见图 9-1(b)。

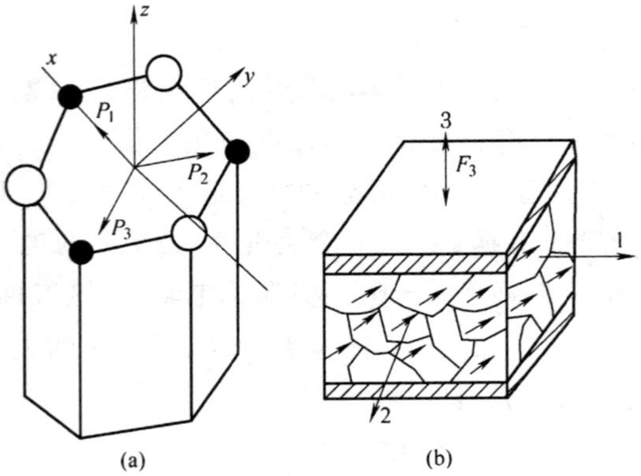

图 9-1 压电效应

对压电陶瓷通常以 3 表示极化方向。当在 3 方向对晶体施力 F_3 时，压电陶瓷晶体变形，它的正负离子电荷中心不重合，但距离变小。极化强度也相应变小，原来吸附的离子成为可以用导线引出的电荷。其电荷量 Q_3 为

$$Q_3 = d_{33}F_3 \tag{9-3}$$

式中　d_{33}—— 压电常数(C/N)。

同样，在垂直于 3 轴的方向 2 轴(或 1 轴) 加力 F_2(或 F_1) 时，在垂直 3 的平面上产生电荷 Q_{32}(或 Q_{31})，它们分别为

$$Q_{32} = d_{32}F_2A_3/A_2; Q_{31} = d_{31}F_1A_3/A_1 \tag{9-4}$$

式中 A_2, A_1 是与 2 轴、1 轴垂直的表面积，$d_{32}d_{31}$ 是 2 轴及 1 轴方向的压电系数。

由于压电晶体使用时，在受力面上都会盖上金属板，并对金属板加力。因此，压电晶体本身具有电容量为 C_0 的电容。两金属盖板的电压 U 与电荷 Q 的关系为

$$U = Q/C_0 \tag{9-5}$$

常用的压电晶体有石英、锆钛酸铅、铌镁酸铅，见表 9－1。表中 ε_r 为介电系数，最高使用温度是由居里温度决定，在该温度以上，压电效应消失。

表 9－1　压电晶体性能

材　料	压电系数 PC/N		介电系数 ε_r	使用温度/℃
石英 SiO_2	d_{11}	2.3	4.5	500
	d_{21}	−2.3		
锆钛酸铅 PZT	d_{33}	320	1000	250
	d_{32}	−140		
铌镁酸铅 PMN	d_{33}	700	2000	250
	d_{32}	−230		
PVDF	d_{33}	23	12	120

聚偏二氟乙烯 PVDF 是一种高分子材料，它具有重复的 $CH_2—CF_2$ 化学结构链。经过加热拉伸和电极化等一系列处理后，可呈现压电性。PVDF 的压电常数比石英高十多倍，且具有柔软性及良好的加工性能。可制成 5μm 到 1mm 的膜片。因此，可

以做成大面积传感阵列器件，实现力触觉或水声测量。同时，它的频响宽，室温下可达 $10^{-5} \sim 5\times10^{8}$Hz。压电系数约为 23(PC/N)。利用 PVDF 薄膜的热释电效应还可以制成红外探测器，也可制成传感阵列器件，对物体方位进行自动识别。

压电加速度计的构造如图 9－2 所示。其中图(b)是压力型。装在外壳 B 中的两片压电晶体 P 中间被导电层的导线引出电荷，

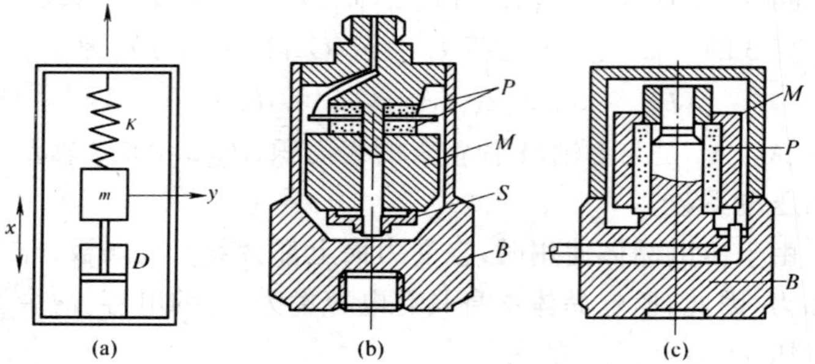

图 9－2　压电式加速度计

惯性质量 M 通过弹簧 S 紧紧压在晶体上，两片晶体并联后输出加速度信号。图(c) 是剪力型。晶体 P 的外圆面与惯性质量 M 胶接，内圆面与外壳 B 胶接，外壳上下移动时，晶体受剪力。图(a) 为原理图，惯性质量为 m，弹簧及压电晶体等总刚度为 K，压电晶体阻尼系数 D 形成振动系统。当外壳位移为 x 时，加速度为 x''，质量 m 相对于外壳位移 y，加速度为 y''，速度为 y'，可得运动方程为

$$m(y'' + x'') + Dy' + Ky = 0 \tag{9-6}$$

令

$$\omega_n = \sqrt{K/m};\ \zeta = D/(2\sqrt{km}) \tag{9-7}$$

上式可写为

$$y'' + 2\zeta\omega_n y' + \omega_n^2 y = -x''$$

式中　ω_n—— 系统的固有频率；

ζ—— 阻尼比。

上式的富氏变换为

$$Y(\omega)[\omega_n^2 - \omega^2 + j2\zeta\omega_n\omega] = -X''(\omega)$$

写成频率特性式为

$$\frac{Y(\omega)}{X''(\omega)}=\frac{-1/\omega_n^2}{1-(\omega/\omega_n)^2+j2\zeta\omega/\omega_n} \tag{9-8}$$

压电晶体受力时，晶体变形 $Y(\omega)$，受力面产生电荷（一片）为 $Q(\omega)$

$$Q(\omega)=d_3KY(\omega) \tag{9-9}$$

将上式代入(9-8)得

$$\frac{Q(\omega)}{X''(\omega)}=\frac{d_3m}{1-(\omega/\omega_n)^2+j2\zeta\omega/\omega_n}=S_qB(\omega) \tag{9-10}$$

$$S_q=d_3m=d_3k/\omega_n^2 \tag{9-11}$$

$$B(\omega)=\frac{1}{1-(\omega/\omega_n)^2+j2\zeta\omega/\omega_n} \tag{9-12}$$

式(9-12)的幅频特性 $A_B(\omega)$ 及相频特性 $\phi_B(\omega)$ 为

$$A_B(\omega)=\frac{1}{\sqrt{[1-(\omega/\omega_n)^2]^2+(2\zeta\omega/\omega_n)^2}}$$

$$\phi_B(\omega)=-\arctan\frac{2\zeta\omega/\omega_n}{1-(\omega/\omega_n)^2} \tag{9-13}$$

式(9-10)的幅频特性为

$$\left|\frac{Q(\omega)}{X''(\omega)}\right|=S_qA_B(\omega) \tag{9-14}$$

式(9-10)中 S_q 称为压电加速度计的电荷灵敏度，单位为 pC/g，即每一个重力加速度 $g=9800\text{mm/s}^2$，产生电荷量(pC)。当加速度是恒值 a 时，加速度计产生电荷 $Q=mad_3$ 或 $S_q=d_3m=\frac{Q}{a}$。因此 S_q 表示了在单位加速度下产生的电荷量。式(9-12)的 $A_B(\omega)$ 相当于共振放大因子，当 $\omega\ll\omega_n$ 时，$A_B(\omega)\doteq 1$。$A_B(\omega)$ 及 $\phi(\omega)$ 曲线见图 9-3。

加速度计也可以用电压灵敏度 S_U 表示，单位为 mV/g，它与 S_q 的关系为

$$S_U=S_q/C \tag{9-15}$$

上式是由于电容 C 的两极板电荷 q 与电压 U 的关系为 $q = CU$，因此得到上式。电容 C 为

$$C = C_o + C_c + C_a$$

式中 C_o、C_c、C_a 为压电晶体电容、无噪声连接电缆电容、放大器输入电容。因此，电压灵敏度是随电容 C 而变化的。

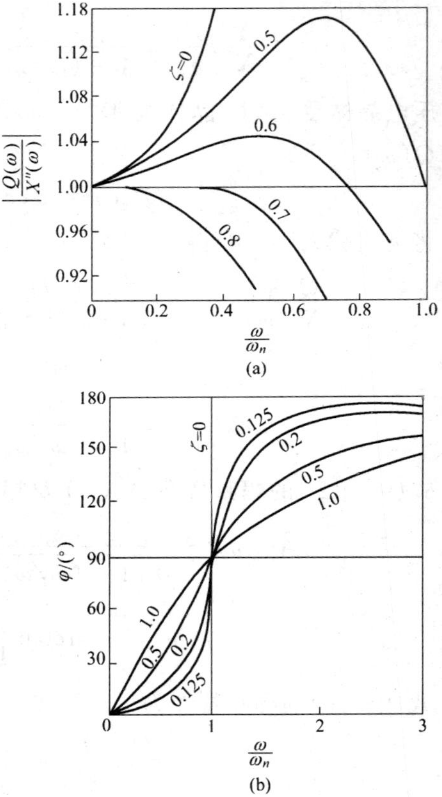

图 9－3　压电加速度计的幅频与相频图

由于一般压电晶体的 $\zeta < 0.1$，因此，测量频率 $f \ll 0.22 f_n$，幅值误差 $\gamma \leqslant 5.0\%$；$f < 0.25 f_n$ 时，幅值误差 $\gamma \leqslant 6.7\%$。

对给定的压电材料而言，灵敏度随质量块的增大或压电片的增多而增大。一般来说，加速度计尺寸越大，其固有频率越低。因此选用加速度计时，应当权衡灵敏度和结构尺寸、附加质量影响和频率响应特性之间的利弊。

压电晶体加速度计的横向灵敏度表示它对横向（垂直于加速度计轴线）振动的敏感程度，横向灵敏度常以主灵敏度（即加速度计的电压灵敏度或电荷灵敏度）的百分比表示。一般在壳体上用小红点标出最小横向灵敏度方向，一个优良的加速度计的横向灵敏度应小于主灵敏度的 3%。

二、电压与电荷放大器

压电加速度计需要通过无噪声电缆接入放大器。放大器有电

压放大器及电荷放大器两种。电压放大器是一个高输入阻抗的宽频带放大器，如图 9-4(a)所示。图中 C 是压电加速度计、无噪声电缆、放大器输入电容的总和。R 是放大器输入电阻，晶体及电缆漏电电阻的并联总电阻。由于漏电电阻较大，R 可以认为是放大器的输入电阻 R_a。若放大器的增益为 β，R 及 C 的总阻抗为 $Z(\omega)$，又由于 $I(\omega)=\mathrm{j}\omega Q(\omega)$，可以得到

$$\frac{U(\omega)}{Q(\omega)}=\mathrm{j}\omega\beta Z(\omega) \tag{9-16}$$

$$Z(\omega)=\frac{R}{1+\mathrm{j}\omega RC}$$

以式(9-10)代入式(9-16)得：

$$\frac{U(\omega)}{X''(\omega)}=\frac{S_q\beta}{C}\left(\frac{\mathrm{j}\omega RC}{1+\mathrm{j}\omega RC}\right)B(\omega)=\frac{S_q\beta}{C}D_1(\omega)B(\omega) \tag{9-17}$$

及

$$D_1(\omega)=\frac{\mathrm{j}\omega RC}{1+\mathrm{j}\omega RC} \tag{9-18}$$

$D_1(\omega)$ 的幅频特性为 $A_{D1}(\omega)$，相频特性为 $\phi_{D1}(\omega)$

$$\left.\begin{aligned}A_{D1}(\omega)&=\frac{\omega RC}{\sqrt{1+(\omega RC)^2}}\\ \phi_{D1}(\omega)&=\frac{\pi}{2}-\arctan(\omega RC)\end{aligned}\right\} \tag{9-19}$$

式(9-17)的幅频特性为

$$\left|\frac{U(\omega)}{X''(\omega)}\right|=\frac{S_q\beta}{C}A_{D1}(\omega)A_B(\omega) \tag{9-20}$$

由式(9-19)可以得出下限频率 f_l 为($\tau=RC$)

$$f_l\tau\geqslant\frac{A_{D1}}{2\pi\sqrt{1-A_{D1}^2}} \tag{9-21}$$

若幅值误差为 $\gamma\%$，例如5%，以 $A_{D1}=0.95$ 代入上式，可得 $f_l\tau\geqslant 0.48$。表 9-2 是幅值误差与下限频率 f_l 的关系表。上限频率 f_n 由于 $\xi<0.1$ 可得

$$\frac{f_h}{f_n} \leqslant \sqrt{1 - \left(\frac{1}{A_B}\right)} \qquad (9-22)$$

若幅值误差为5%，以$A_B = 1.05$代入得$f_h \leqslant 0.22 f_n$。在$f_l \sim f_h$范围内，$A_{D1} \approx 1$，$A_B \approx 1$可得

$$|U(\omega)| = \frac{S_q \beta}{C} |X''(\omega)| \qquad (9-23)$$

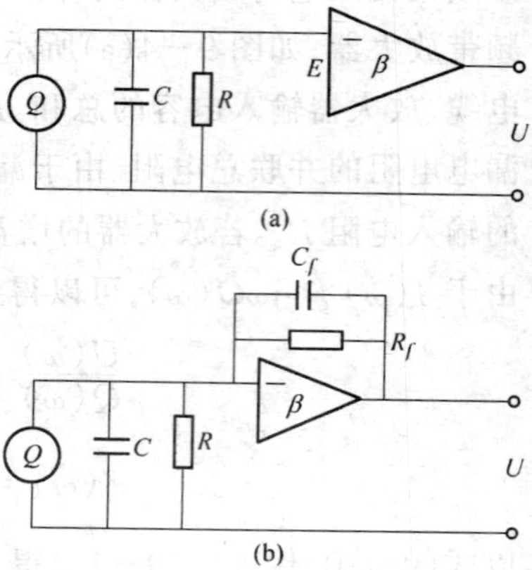

图9-4　电压及电荷放大器

压电加速度计后接电荷放大器的等效图见图9-4(b)所示。电荷放大器是接有反馈电容C_f及反馈电阻R_f的放大器，设置R_f是为了稳定增益。

反馈阻抗$Z_f(\omega)$为：

$$Z_f(\omega) = \frac{R_f}{1 + j\omega R_f C_f}$$

压电加速度计的等效阻抗为$Z(\omega)$，略去放大器内部电流，得到等效电路的富氏变换式

$$j\omega Q(\omega) = \frac{E(\omega)}{Z(\omega)} + \frac{E(\omega) - U(\omega)}{Z_f(\omega)}$$

又　$E(\omega) = -U(\omega)/\beta$，放大器增益$\beta \gg 1$，上式将为

$$\frac{U(\omega)}{Q(\omega)} = \frac{-j\omega R_f}{1 + j\omega R_f C_f}$$

以式(9-10)代入上式得

$$\frac{U(\omega)}{X''(\omega)} = \frac{S_q}{C_f}\left(\frac{j\omega R_f C_f}{1 + j\omega R_f C_f}\right) B(\omega) = \frac{S_q}{C_f} D(\omega) B(\omega) \qquad (9-24)$$

及

$$D(\omega) = \frac{j\omega R_f C_f}{1 + j\omega R_f C_f} \qquad (9-25)$$

式(9-22)的幅频特性为

$$\left|\frac{U(\omega)}{X''(\omega)}\right| = \frac{S_q}{C_f}A_D(\omega)A_B(\omega) \tag{9-26}$$

$$A_D(\omega) = \frac{\omega R_f C_f}{\sqrt{1+(\omega R_f C_f)^2}}$$

及

$$\phi_D(\omega) = \frac{\pi}{2} - \arctan(\omega R_f C_f) \tag{9-27}$$

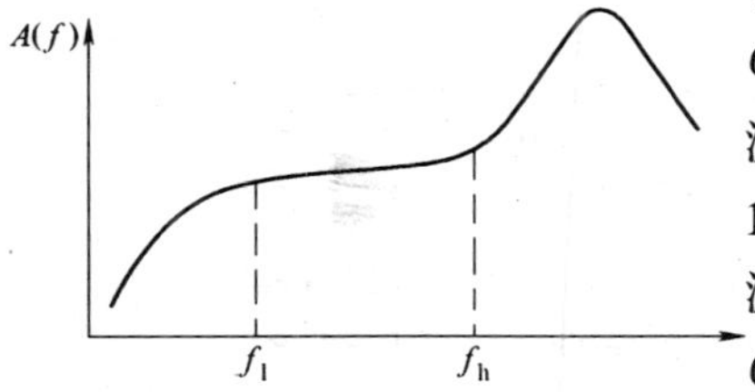

图 9－5　压电加速度及放大器幅频特性

式(9－26)表明，幅频特性与 C_f 有关，而与 C 无关。因此，测量时，即使无噪声电缆长达 100m，由于 β 很大，也不影响测量精度。另外，由于 $C_f \gg C$，因此，下限频率低于电压放大器。下限及上限频率由式(9－21)，式(9－22)决定(D_1 换成 D)，或由表 9－2 决定。加速度计与放大器的幅频特性如图 9－5 所示，在 $f_l \sim f_h$ 范围内

$$|U(\omega)| = \left(\frac{S_q}{C_f}\right)|X''(\omega)| \tag{9-28}$$

表 9－2　压电加速度计及放大器频率限

幅值误差	1%	3%	5%	10%
下限频率 f_{RC}	1.12	0.64	0.48	0.33
上限频率	0.10	0.17	0.22	0.30

通常，电荷放大器还包含归一化放大器，如图 9－6 的右部分电路。放大器的放大倍数 $\beta = \dfrac{R_b}{R_0}$ 及归一化放大器输出

$$\frac{U(\omega)}{X''(\omega)} = \frac{S_q}{C}\left(\frac{R_b}{R_0}\right) \tag{9-29}$$

式中的 R_0 由三部分可变电阻串联组成，第一部分为 $R_{10} \sim R_{19}$，即 $10\times 1\text{k}\Omega$；第二部分为 $R_{21} \sim R_{29}$，即 $9\times 100\Omega$，第三部分为 $R_{31} \sim R_{39}$ 即 $9\times 10\Omega$。其电阻按加速度计电荷灵敏度调节。若反馈电

阻 $R_f = 1000PF$,而电荷灵敏度 $S_q = 56.8PC/G$,那么调节归一化放大器电阻为 $R_0 = 56.8 \times 10^2\Omega$。这时,$R_b = 100 \times 10^3\Omega$,因此,$U(\omega) = X(\omega)$。归一化电路的输出1V,代表加速度计的加速度为1g。当采用反馈电容100PF或10000PF时,输出将增大或减少十倍。

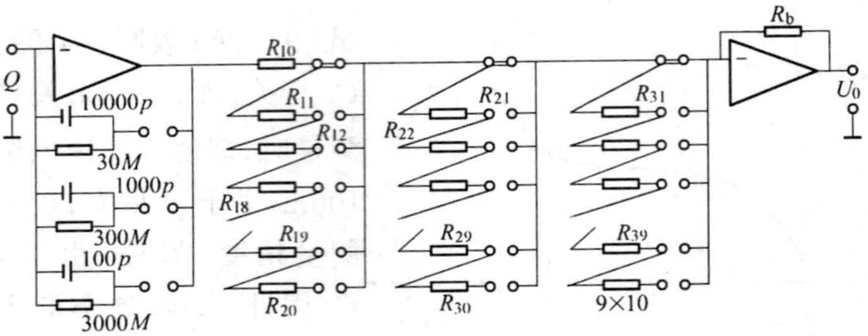

图9-6 电荷放大器及归一化电路图

例1 压电加速度计电荷灵敏度 $S_q = 50PC/g$,它的晶体电容300PF,电缆电容100PF,后接电压放大器,增益 $\beta = 1$,输入电容10PF,输入电阻100MΩ,加速度计固有频率 $f_n = 20kHz$。(1)求幅值误差5%时的上下限频率;(2)测量频率 $f = 20Hz$,输出幅值0.2V,求所测加速度($\zeta < 0.05$);(3)测量频率 $f = 5Hz$,输出0.2V,求加速度。

解 (1)求上下限频率 f_l, f_h。由于 $\gamma = 5\%$,下限频率由 $\dfrac{2\pi f_l RC}{\sqrt{1 + (2\pi f_l RC)^2}} = 0.95$ 求得 $f_l \geqslant 9.7Hz$。上限频率由 $\dfrac{1}{1 - \left(\dfrac{f_h}{f_n}\right)^2} = 1.05$ 求得 $f_h \leqslant 4.4kHz$。

(2)由于20Hz在测量频率限内,因此略去误差,由式(9-23)得

$$|U(f)| = \frac{S_q\beta}{C}|X''(f)|$$

又由于 $C = 500PF, R = 100 \times 10^6\Omega$,因此 $|X''(f)| = 2g = 19.6m/s^2$。

(3)由于 5Hz 在下限频率外,因此

$$|X''(f)| = |U(f)| \frac{C}{S_q} A_D(f)$$

又由于 $A_D(f) = \frac{2\pi fRC}{\sqrt{1+(2\pi fRC)^2}} = 0.844$,因此 $|X''(f)| = 2.37g = 23.2\text{m/s}^2$。

例 2 加速度计同例 1,后接电荷放大器,增益 $\beta = 10000$,反馈电容为 1000PF,反馈电阻 $500 \times 10^6\Omega$,测量频率 5Hz。(1) 求下、上限频率(幅值误差 5%);(2) 求加速度值。

解 (1) 下限频率 f_l:$f_l \geqslant \frac{A_D}{2\pi\tau\sqrt{1-A_D^2}}$,以 $A_D = 0.95$,$\tau = R_f C_f = 0.5$ 代入得 $f_l \geqslant 0.9\text{Hz}$。

上限频率 f_h:$f_h \leqslant 0.22 f_n = 4.4 \times 10^3\text{Hz}$

(2) 测量频率为 5Hz,在上下限频率内,因此

$$|X''(f)| = \frac{C_f}{S_q}|U(f)| = \frac{1000}{50} \times 0.2 = 2(g)$$

三、加速度计的安装

压电加速度计本身的固有频率很高,但是,安装在振动物体上,由于联结处刚度的影响,会使谐振频率下降。用螺钉固定加速度计时,测量频率一般可达 30kHz 以上。用环氧树脂等薄胶粘住螺钉,再联结加速度计,测量频率在 20kHz 以上。用薄蜡直接粘加速度计,当 G 值小时,测量频率大于 9kHz。用双面胶带粘住加速度计,当胶带很薄时,测量频率约 7kHz,但胶带稍厚时,可降到 5kHz。用强磁钢吸住加速度计,测量频率为 5～8kHz。采用手持加速度计探头测量振动,测量频率为 1～2kHz。另外,测量时,无噪声电缆应该分段固定住,防止悬空或摇晃。

振动体上固定加速度计后,其振动体质量 m_s,会增加一个加速度计质量 m_a,可能使振动频率 f_s,变为 f_a,使加速度值 α_s 变为 α_a,并得到

$$a_s = a_a \frac{m_s + m_a}{m_s}$$

$$f_s = f_a \sqrt{\frac{m_s + m_a}{m_s}} \tag{9-30}$$

因此，要求加速度计质量 m_a 小于 $(\frac{1}{10} \sim \frac{1}{20}) m_s$。

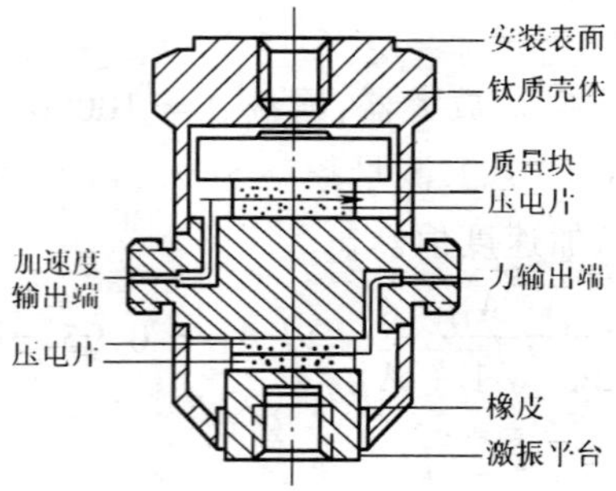

图 9－7　阻抗头

五、阻抗头

在激振试验中常用阻抗头来测量激振力和加速度值。如图 9－7 所示，阻抗头装在激振器顶杆和试件之间。阻抗头前端是测力压电晶体，后端是测量激振点响应的压电加速度计。在结构上使两者尽量接近。质量块由钨合金制成，壳体用钛制造，激振平台用铍制造。

第三节　应变式及伺服式加速度计

一、应变式加速度计

应变式加速度计由惯性质量、弹性元件、外壳及阻尼液组成。图 9－8 为悬臂梁式加速度计，在梁根部上下面各粘贴两片应变片，并组成电桥。也可采用固支梁、圆环形式加速度计，前者刚度大，后者灵敏度高。为增加灵敏度，提高固有频率，目前大多采用压阻式加速度计。压阻式加速度计与悬臂梁式加速度计类似，悬臂梁用 n 型单晶硅做成。在梁根部表面用扩散技术对根部掺杂，使形成条状 P 型半导体，作为敏感栅。$p-n$ 结作为绝缘层。然后，再通过金属化（例如沉淀铝、银等）形成电桥。

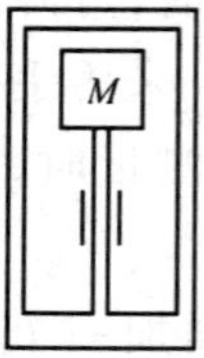

图 9－8　应变式加速度计

应变式加速度计的运动方程与压电加速度计相同，仍为式(9

-8)。

对于悬臂梁,应变片到质量块的中心长为 l,梁厚为 h(等截面)时,应变片应变 ε 与质量块相对于外壳位移 y 的关系式为

$$\varepsilon = \frac{-3h}{2l^2}y \tag{9-31}$$

应变片组成全桥后,输出电压 U_d 与供桥电压 U_a 之比可以写成

$$\frac{U_d}{U_a} = K_s\varepsilon = \frac{-3K_sh}{2l^2}y \tag{9-32}$$

式中　K_s—— 应变片的灵敏系数。

另外,梁的固有角频率 ω_n 为

$$\omega_n = \sqrt{\frac{K}{M}} \tag{9-33}$$

式中　K—— 梁的刚度,$K = \frac{Ebh^3}{4l^3}$;

M—— 振动质量,$M = m + 0.236m_b$,(m 为质量块质量,m_b 为梁的质量)。

将式(9-32)及式(9-33)代入式(9-8)可得

$$\frac{U_d(\omega)}{X''(\omega)} = S_aU_aB(\omega) \tag{9-34}$$

式中

$$B(\omega) = \frac{1}{1-\left(\frac{\omega}{\omega_n}\right)^2 + j2\zeta\left(\frac{\omega}{\omega_n}\right)} \tag{9-35}$$

$$S_a = \frac{6K_slM}{Ebh^2} \tag{9-36}$$

上式中 E 为弹性模量;S_a 的单位为(s^2/m),若加速度单位为 g,那么 S_a 等式右边应乘 $9.8m/s^2$,即 S_a 改为 S_ag;U_a 为供桥电压;$B(\omega)$ 的幅值为 A_B,即式(9-13),幅频特性为

$$|B(\omega)| = \frac{1}{\sqrt{[1-(\omega/\omega_n)^2]^2 + [2\zeta\omega/\omega_n]^2}}$$

由于加速度计外壳内灌入硅酮油,使 $\zeta = 0.7$,因此只要加速度频

率 $f \leqslant 0.5f_n$，$A_B \doteq 1$（误差 5%），这时 $\left|\frac{U_d(\omega)}{X''(\omega)}\right| = U_a S_a$。

上式表明，振动频率在 $0 \sim 0.5f_n$ 范围内，$\frac{U_d}{U_a}$ 与加速度 $X''(\omega)$ 成正比，比例系数为 S_a。

应变式加速度计可以测量角加速度，见图 9－9。其中图 9－9(a) 中的轴旋转时，由于梁两端质量块的作用，梁产生弯曲变形。将应变片 R_1，R_2，R_3，R_4 分别作为电桥的第一、二、三、四臂，电桥输出电压 U_d 与供桥电压 U_a 之比值与角加速度成正比。但是，这种传感器测量高速旋转的角加速度时，梁将受到一个与 ω 成平方关系的离心力，它会影响梁的弯曲，从而产生误差。为了克服这一缺点，可以采用图 9－9(b) 的角加速度计。由于它的惯性质量是一块对中的圆板，该圆板轴通过玛瑙轴承支承在外壳中心的轴承孔中，外壳旋转时，角加速度使梁弯曲，达到测量的目的。角加速度的另一种测量方法如图 9－10 所示。这种方法类似于扭矩测量，在被测轴 1 一端通过联轴节与惯性质量圆盘 4 联在一起，在弹性轴 2 上沿轴线 45° 方向粘贴两对互相垂直的应变计 3 并组成全桥。若圆盘及轴的转动惯量为 J，轴直径为 d，沿 45° 方向应变 ε 为

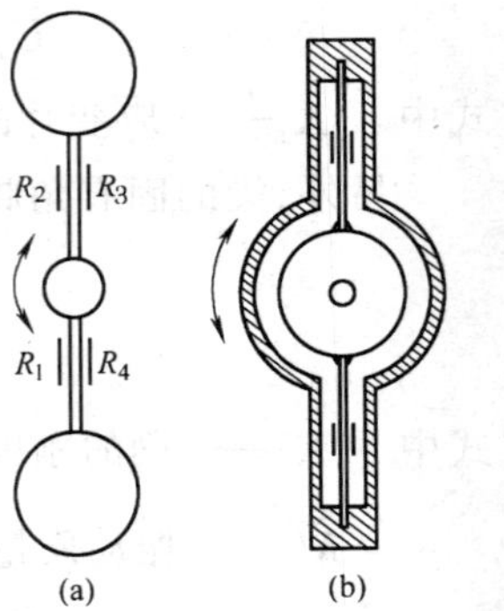

图 9－9　角加速度计

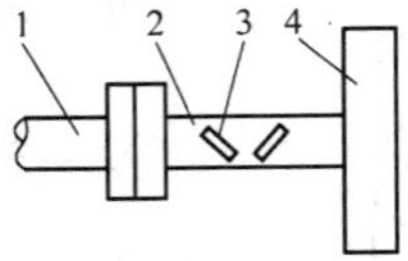

图 9－10　惯性圆盘法测角加速度

$$\varepsilon = \frac{16(1+\mu)}{E\pi d^3} J \frac{\mathrm{d}\omega}{\mathrm{d}t} = \frac{8}{\pi G d^3} J \frac{\mathrm{d}\omega}{\mathrm{d}t} \tag{9-37}$$

应变计电桥输出电压 U_d 与供桥电压 U_a 比值为

$$\frac{U_d}{U_a} = \frac{8K_s}{\pi G d^3} J \left(\frac{\mathrm{d}\omega}{\mathrm{d}t}\right) \tag{9-38}$$

由上式可知，U_d 与 $\frac{d\omega}{dt}$ 成正比。对这种测量方法，可以在圆盘上施加一个已知力矩 M_k 来进行标定，这时，应变计电桥的输出 U_d 就代表了角加速度大小 $\frac{d\omega}{dt}=\frac{M_k}{J}$。

二、伺服加速度计

上面所讨论的几种拾振器都是开环型的，传感器把振动参数直接转换成电量输出。开环型的拾振器虽然结构简单，但是其参数和灵敏度都为机械结构所确定，其动态范围有限，有较大的非线性。闭环型拾振器——伺服加速度计，在很大程度上可以克服上述缺点。在图 9－11 中惯性质量块由弹性件支承。当基座有加速度输入时，质量块偏离平衡位置，由位移传感器检测并经伺服放大器放大后，输出电流 I。该电流流经线圈，在永久磁钢磁场中产生恢复力，以力图使质量块保持在仪表壳体中的原来平衡位置上。

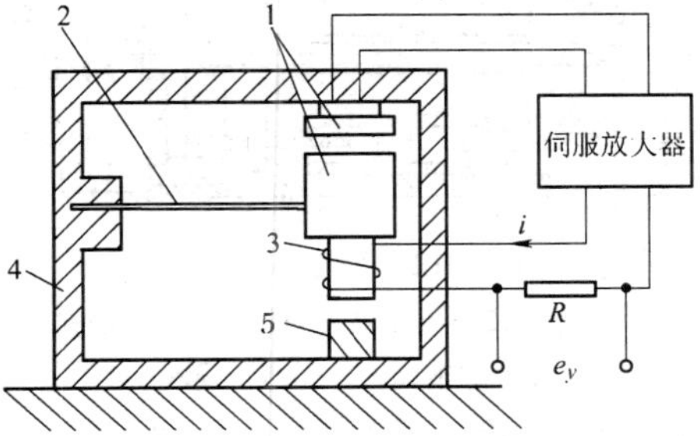

图 9－11　伺服加速度计原理图

1—质量块及位移传感器；2—弹簧；3—线圈；4—壳体；5—永久磁铁

运动方程为

$$my'' + Dy' + ky + f = -mx'' \qquad (9-39)$$

式中 f 为恢复力，$f = K_i I$，K_i 为电流—力转换系数；I 为伺服放大器电流，它的大小为 $I = K_a K_d y$。式中的 K_a 为放大器的增益；K_d 为位移检测装置的传递函数，代入式(9－39)可得

$$my'' + Dy' + (K + K_i K_a K_d)y = -mx'' \qquad (9-40)$$

系统的固有频率 ω_n 为

$$\omega_n = \sqrt{\frac{K + K_i K_a K_d}{m}}$$

因此,有伺服反馈的系统刚度远大于没有伺服的刚度,使有伺服的固有频率远大于没有伺服的固有频率。其固有频率达到 200kHz 以上。另外,由于采用反馈回路的输出 e_y 作为加速度信号的大小,因此,即使 y'' 很小,也能得到较好的精度。

第四节　磁电式速度计

磁电式速度计如图 9-12 所示。与外壳 6 固定在一起的空心磁铁 4 及导磁块 2 内有可动芯轴 5,芯轴两端由弹簧 1 及 8 支撑,

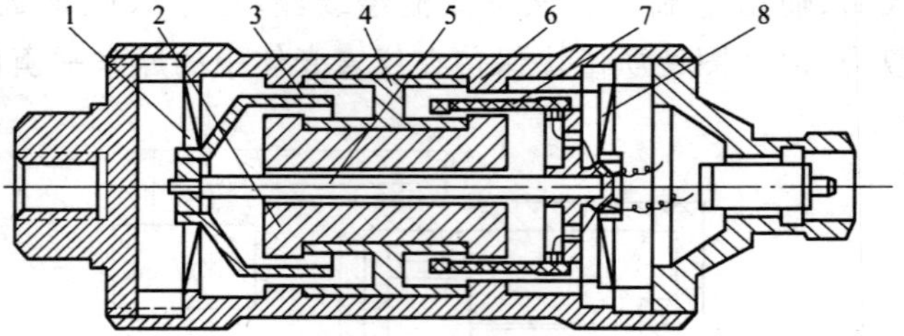

图 9-12　磁电式速度计

1、8—弹簧;2—导磁块;3—阻尼环;4—磁铁;

5—芯轴;6—外壳;7—线圈

并分别在磁隙中安装线圈 7 及阻尼环 3。当外壳左右振动时,线圈将切割磁力线而感应出电势 E。同时,阻尼环内也感应出电流,该电流在磁场内将产生阻尼力。若芯轴与外壳的相对位移为 y,那么

$$E = -NBl'y = \psi y'$$

式中　ψ —— 灵敏系数,$\psi = -NBl$;

B —— 磁感应强度;

l —— 单匝线圈长;

N —— 线圈匝数。

上式富氏变化式为

$$E(\omega) = \psi Y'(\omega) = j\omega\psi Y(\omega) \qquad (9-41)$$

线圈电阻为 R_C，电感为 L，一般由于电流较小，又由于线圈内阻与负载电阻 R 相比较小，略去电磁力（由于电流不大），得到

$$U(\omega) = E(\omega)\frac{R}{R + j\omega L} = \frac{j\omega\psi}{1 + j\omega L/R}Y(\omega) \quad (9-42)$$

以式(9－42)代入式(9－8)，同时考虑到 $X'(\omega) = j\omega X(\omega)$，得到

$$\frac{U(\omega)}{X'(\omega)} = \frac{-\psi}{(1 + j\omega L/R)[(\omega_n/\omega)^2 - 1 + j2\zeta\omega_n/\omega]} \quad (9-43)$$

由上式可以看到，一般 $\zeta < 1$，当 $\frac{\omega_n}{\omega} \ll 1$ 以及 $\omega\frac{L}{R} \ll 1$ 时，上式可写成

$$\frac{U(\omega)}{X'(\omega)} = \psi \quad (9-44)$$

图 9－13 是磁电式速度计的幅频特性。低频限 f_l 由固有频率 $f > f_n$ 决定，高频限 f_h 由 $\omega L/R$ 决定。一般低频限 $f_l \geqslant 1.7f_n$。由于较大的质量块或过低的弹簧刚度使其在重力场中的静变形较大，结构上要实现也是很困难的。因此，固有频率一般不会太低，下限频率高于 10Hz。高频限一般为 500 ～ 1000Hz。其频率响应曲线见图 9－13。

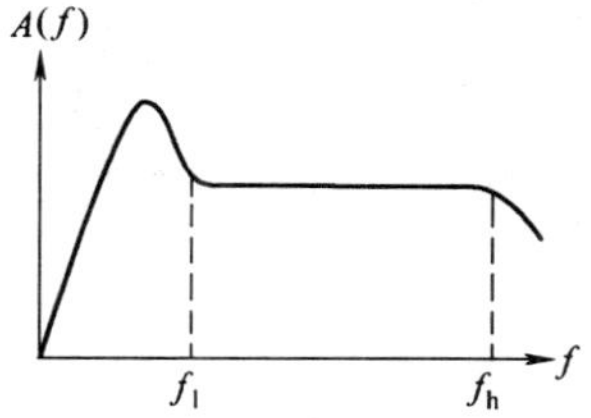

图 9－13　磁电式速度计幅频特性

磁电式速度计也可以制成相对式的，这时芯轴的一端将露出壳外作为顶杆。这样，测量的是顶杆顶住的物体与外壳的相对振动速度。

第五节　电涡流式位移传感器

电涡流传感器不但可以测量振动位移，也可用于测量金属厚度、温度、硬度或用于金属表面探伤。

电涡流传感器是一个扁平圆形线圈，见图 9－14 中的 L 线圈。它可以在开槽框架上绕制，也可绕制后粘贴于框架上。框架多采用四氟乙烯。当线阻内通入高频振荡电源后，与线圈靠近的金属

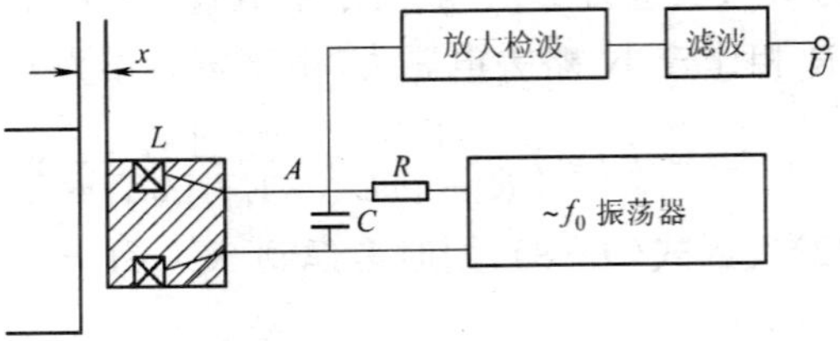

图 9－14　电涡流位移传感器

物体表面形成电涡流 I_2，并产生电感 L_2，它们将影响无电涡流时线圈原电感 L_1 及电阻 R_1。令互感系数为 M（参看等效电路图 9－15(a)），可以得到方程式

$$
\begin{aligned}
R_1 I_1 + j\omega L_1 I_1 - j\omega M I_2 &= E \\
- j\omega M I_1 + R_2 I_2 + j\omega L_2 I_2 &= 0
\end{aligned}
\tag{9-45}
$$

由上式可解得线圈阻抗

$$
Z = \frac{E}{I_1} = \left[R_1 + R_2 \frac{\omega^2 M^2}{R_2^2 + \omega^2 L^2}\right] + j\left[\omega L_1 - \omega L_2 \frac{\omega^2 M^2}{R_2^2 + \omega^2 L_2^2}\right]
$$

$$
= R_1 + j\omega L_1 + \frac{\omega^2 M^2}{R_2^2 + \omega^2 L^2}(R_2 - j\omega L_2) \tag{9-46}
$$

上式中（$R_1 + j\omega L_1$）为线圈本身的阻抗，剩余部分便是电涡流引起的反射阻抗。

线圈电感 L 为

$$
L = L_1 - \frac{\omega^2 M}{R_2^2 + (\omega L_2)^2} L_2 \tag{9-47}
$$

式中 $Z_2^2 = R_2^2 + \omega^2 L_2^2$（或 $\bar{Z}_2 = \sqrt{R_2 + j\omega L_2}$）为电涡流阻抗。线圈的品质因素 Q 为

$$
Q = Q_0 = \frac{1 - (L_2/L_1)(\omega M/Z_2)^2}{1 + (R_2/R_1)(\omega M/Z_2)^2} \tag{9-48}
$$

式中　Q_0—— 无涡流影响下的品质因素，$Q_0 = \dfrac{\omega L_1}{R_1}$。当金属板接近线圈时，$M$ 增加，L 中的第二项将增加。同时，若金属板为铁磁材料，那么第一项 L_1 将增加，总的 L 还是增加的。若金属板为非

铁磁材料，L_1 几乎不变，总的 L 将减小。另外，金属板接近线圈时，Q 值不论金属板是什么材料，都会下降。若将线圈 L 与电容 C 并联，则形成谐振回路，见图 9－15(b)。无金属板时，Q 最大。若振荡器频率为谐振频率 f_0，即

$$f_0=\frac{1}{2\pi\sqrt{L_0C}} \tag{9-49}$$

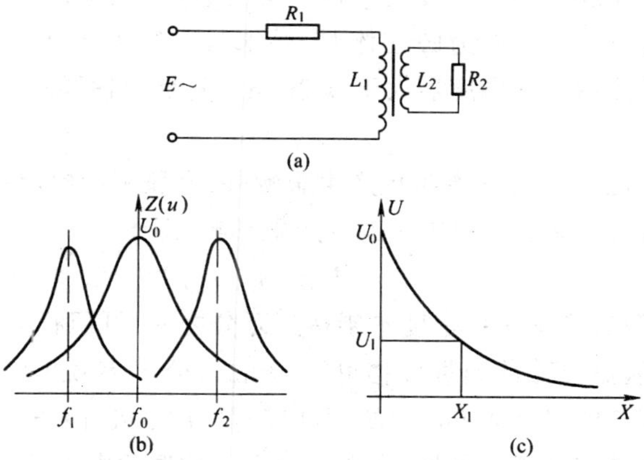

图 9－15　电涡流传感器测量原理图

式中 L_0 为无金属板时，线圈的电感。谐振时，阻抗最大，因此图 9－14 中 A 点输出电压最高为 U_0，当铁磁金属板靠近线圈时，Q 下降。谐振频率 f_1 左移，因此，A 点输出电压下降。非铁磁金属板靠近线圈时，Q 下降，同时谐振频率右移，A 点输出电压下降。总之，当金属板靠近线圈时，A 点输出电压下降，同时 Q 也下降。另外，振荡器与谐振回路 LC 的耦合电阻 R，既用来降低传感器对振荡器的影响，并作为恒流源的内阻。该电阻必须选择合适，否则会降低灵敏度。电涡流传感器的输出电压 U 与间隙 x 的关系曲线见图 9－15(c)。

电涡流传感器也可用电桥电路测量，见图 9－16。LC 为电涡流传感器谐振回路，L_0、C_0 为配置的电感、电容，R_3R_4 为电桥三、四臂。电桥输出信号经放大，相敏检波后，即可测量位移。

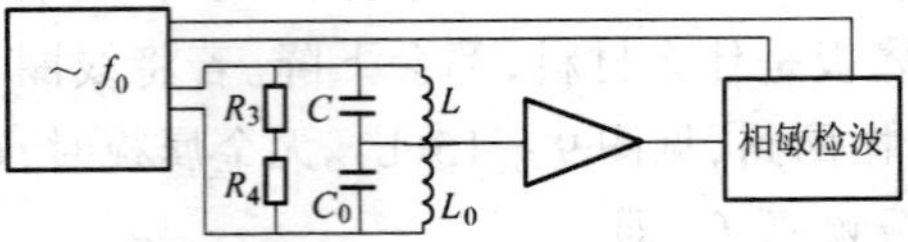

图 9-16　电桥测量法

测量位移时还应注意被测物体形状及大小的影响，要求被测物体表面的半径大于线圈半径的 2 倍以上，以免影响电涡流的形成。若被测体表面为圆柱体时，要求其直径大于线圈直径的 3.5 倍。被测物体的厚度需大于 0.2mm。满足上述要求，可不影响测量精度。

除位移 x 对线圈阻抗产生影响外，金属板的电阻率 ρ，磁导率 μ 及激磁频率 f 对阻抗 z 也会产生影响，即

$$Z = F(x, \rho, \mu, f) \tag{9-50}$$

因此，激磁频率 f 稳定度希望达到万分之一，可用石英振荡器。目前，电涡流位移计测量位移可达 30mm，分辨率 0.1%。若用两只电涡流传感器互成 90°放置，可以测量互成 90°两方向位移，合成后可测轴芯轨迹。另外，在金属板上下放置两电涡流传感器，可测板厚。若在转轴上贴箔片或刻槽，利用电涡流产生的脉冲计数可测转速。若固定金属与传感器距离，还可以测量铁磁材料的表面温度（温度对 ρ、μ 有影响），也可测量表面硬度（硬度与 μ 有关），也可以利用电涡流传感器在表面移动来进行表面探伤（裂纹处会产生脉冲）。

第六节　积分与微分器

积分器与微分器也是振动测量或分析中常用的一种转换器。它可以实现加速度信号，速度信号，位移信号之间的互相转换。一般低频多用位移信号或速度信号，频率较高时用加速度信号。由于加速度计重量轻、体积小、频响宽，因此是一种应用最为广泛的测振仪器，通过一次积分或二次积分，即可转成速度及位移信号。

一、积分器

积分器如图 9－17 所示，其中图 9－17(a)是积分电路，后接高阻放大器。若令 $\tau=RC$（即时间常数），该电路的输出与输入关系式，即频率特性为

$$\frac{U(\omega)}{E(\omega)}=\frac{1}{1+\mathrm{j}\omega\tau} \tag{9-51}$$

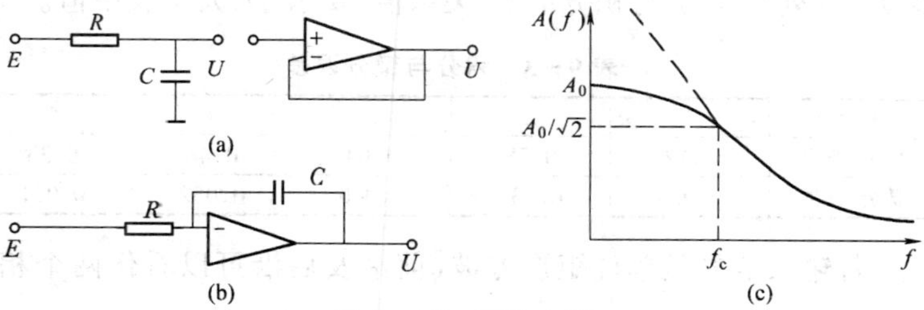

图 9－17　积分电路

其幅频及相频特性分别为

$$A(\omega)=\frac{1}{\sqrt{1+(\omega\tau)^2}}$$

$$\phi(\omega)=-\arctan(\omega\tau)$$

上式的幅频特性见图 9－17(c)。当 $\omega\tau\gg1$ 时，上式为

$$\frac{U(\omega)}{E(\omega)}=\frac{1}{\mathrm{j}\omega\tau} \tag{9-52}$$

这时，幅频特性及相频特性分别为

$$\left.\begin{aligned}A(\omega)&=\frac{1}{\omega\tau}\\ \phi(\omega)&=-\frac{\pi}{2}\end{aligned}\right\} \tag{9-53}$$

上式表明，当 $\omega\geqslant\frac{1}{\tau}$ 时电路起了积分作用，即

$$U(t)=\int_0^t E(t)\mathrm{d}t \tag{9-54}$$

当条件 $\omega\tau\gg1$ 没能满足时，会产生积分误差，它的幅频误差为 $\frac{1}{\sqrt{1+(\omega\tau)^2}}-\frac{1}{\omega\tau}$，相对误差为(见图 9－17(c))。

$$\gamma = \frac{\omega\tau}{\sqrt{1+(\omega\tau)^2}} - 1 \qquad (9-55)$$

上式中若令 $A = 1 + \gamma$(注意 γ 为负值),可得

$$f\tau \geqslant \frac{A}{2\pi\sqrt{1-A^2}} \qquad (9-56)$$

表 9－3 列出了 γ 与积分的 $f\tau$ 关系值,要求 $f\tau$ 大于表中值。

表 9－3　积分与微分误差

γ(%)	1	2	3	4	5
积分 $f\tau \geqslant$	1.12	0.78	0.64	0.48	0.33
微分 $f\tau \leqslant$	0.023	0.032	0.040	0.052	0.071

若输入信号是单位矩形方波(前沿及后沿可以看作两个相反方向的阶跃),对于前沿,输出为 $U(t) = 1 - e^{-t/\tau} \cong \frac{t}{\tau} - \frac{1}{2}\left(\frac{t}{\tau}\right)^2 + \frac{1}{6}\left(\frac{t}{\tau}\right)^3 \cdots\cdots$。对于理想积分,输出应该是 $U_1(t) = \frac{t}{\tau}$。因此,误差为

$$\gamma = -\frac{1}{2}\left(\frac{t}{\tau}\right) + \frac{1}{6}\left(\frac{t}{\tau}\right)^2 \doteq -\frac{1}{2}\frac{t}{\tau} \qquad (9-57)$$

若 $\gamma = -5\%$,那么要求方波的持续时间为 $t \leqslant 0.1\tau$。

对于图 9－17(a) 的积分电路,当 $\omega\tau \ll 1$ 时,就是低通滤波电路(一阶),这时的频率特性为

$$\frac{U(\omega)}{E(\omega)} \approx 1$$

它的截止频率 $f_c = \frac{1}{2\pi\tau}$。

图 9－17(b)是积分运算放大器。若放大器开环增盖很高,输入阻抗很大,输出与输入之比,即频率特性为

$$\frac{U(\omega)}{E(\omega)} = \frac{-1}{j\omega\tau} \qquad (9-58)$$

上式表明,$U(\omega)$ 为 $E(\omega)$ 的积分。由于增益及输入阻抗不可能为无穷大,因此仍然会产生误差。另外,运算放大器本身的高频限也会限制积分器的最高频率。

二、微分器

微分器如图 9－18 所示，其中图 9－18(a)是微分电路，后接高阻放大器。若令时间常数 $\tau = RC$。该电路频率特性为

$$\frac{U(\omega)}{E(\omega)} = \frac{\mathrm{j}\omega\tau}{1+\mathrm{j}\omega\tau} \qquad (9-59)$$

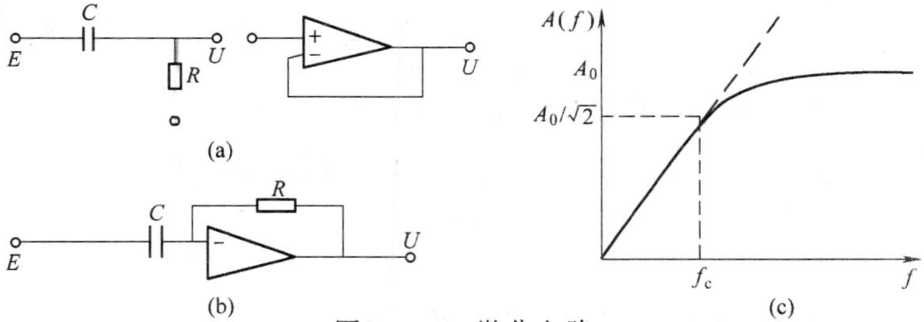

图 9－18　微分电路

幅频与相频特性分别为

$$\left.\begin{aligned} A(\omega) &= \frac{\omega\tau}{\sqrt{1+(\omega\tau)^2}} \\ \phi(\omega) &= \frac{\pi}{2} - \arctan(\omega\tau) \end{aligned}\right\} \qquad (9-60)$$

幅频曲线见图 9－18(c)。

当 $\omega\tau \ll 1$ 时，频率特性近似为

$$\frac{U(\omega)}{E(\omega)} = \mathrm{j}\omega\tau \qquad (9-61)$$

这时，幅频及相频特性为

$$\left.\begin{aligned} A(\omega) &= \omega\tau \\ \phi(\omega) &= \frac{\pi}{2} \end{aligned}\right\} \qquad (9-62)$$

上式表明，当 $\omega \ll \frac{1}{\tau}$ 时，电路起了微分作用，即

$$U(t) = \frac{\mathrm{d}E(t)}{\mathrm{d}t}$$

若不满足 $\omega\tau \ll 1$ 条件，那么微分电路将产生误差，幅值误差

$\frac{\omega\tau}{\sqrt{1+(\omega\tau)^2}}-1$，相对误差 γ 为

$$\gamma = \frac{1}{\sqrt{1+(\omega\tau)^2}} - 1 \tag{9-63}$$

上式中若令 $A = 1+\gamma$（γ 为负值），可得

$$f\tau \leqslant \frac{\sqrt{1-A^2}}{2\pi A} \tag{9-64}$$

表 9－3 列出了 γ 与 $f\tau$ 的关系值。

对于微分电路来说，若 $\omega\tau \gg 1$，这时频率特性为

$$\frac{U(\omega)}{E(\omega)} = 1$$

就成了高通滤波器（一阶）。它的截止频率为 $f_c = \frac{1}{2\pi\tau}$。

图 9－18(b)是微分运算放大器，当开环增益和输入阻抗非常高时，输出 $U(\omega)$ 与输入 $E(\omega)$ 是微分关系。令 $\tau = RC$，可得

$$\frac{U(\omega)}{E(\omega)} = -j\omega\tau \tag{9-65}$$

上述微分运算放大器高频噪声也被放大，且易于自激，因此常在输入端中与 C 同时串联一个电阻 R_1，这时

$$\frac{U(\omega)}{E(\omega)} = \frac{j\omega RC}{1+j\omega R_1 C} \tag{9-66}$$

同时要求 $\omega R_1 C \ll 1$。

例 1 图 9－17(a)积分电路中 $R = 160\text{k}\Omega$，$C = 0.1\mu\text{f}$，若输入信号 $E = 10\sin(30\pi t)$，求输出信号表达式。并求该电路的幅频误差。又问，假如误差要求不超过 5%，该电路允许的低频限为多少？

解 电路的 $\tau = RC = 0.016$。输入信号 $\omega = 30\pi$，因此幅频及相频特性分别为

$$A(\omega) = \frac{1}{\sqrt{1+(\omega\tau)^2}} = 0.553,$$

$$\phi(\omega) = -\arctan(\omega\tau) = -0.9852\text{rad}$$

因此输出电压为 $U(\omega)=5.53\sin(30\pi t-0.9852)$，相对误差 $\gamma=A(\omega)/(\omega\tau)-1=-16.7\%$，当 $\gamma=-5\%$ 时，$A=0.95$，可得 $f\tau\geqslant\dfrac{A}{2\pi\sqrt{1-A^2}}=0.484$，因此，$f\geqslant 30.4\text{Hz}$。

例 2 上述例 1 的电路图及参数不变，但输入为 5Hz 的正弦信号，问电路起什么作用？

解 由于转折频率 $f_c=\dfrac{1}{2\pi\tau}=9.94\text{Hz}$，因此 5Hz 正弦信号通过时，为低通滤波器。若当作积分电路，则误差 $\gamma=-50\%$。

例 3 一台测振仪如图 9－19 所示。压电加速度计 Q 的电荷灵敏度为 100pC/g，固有频率 30kHz。电荷放大器 $R_f=500\text{M}\Omega$，$C_f=1000\text{pF}$，一级积分电路及二级积分电路 $R_1=R_2=500\text{k}\Omega$，$C_1=C_2=0.2\mu\text{F}$，$\beta_1=\beta_2=50$。求该测振仪的测量频率范围。若测量正弦振动，频率为 20Hz，仪器输出电压有效值为 1V，求振动振幅为多少？

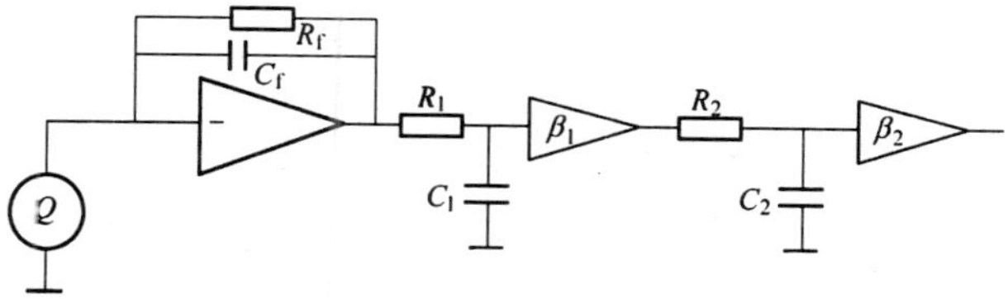

图 9－19　二次积分测振仪

解 电荷放大器 $\tau_f=R_fC_f=500\times10^6\times1000\times10^{-12}=0.5$，积分电路 $\tau_1=R_1C_1=500\times10^3\times0.2\times10^{-6}=0.1$，若每一环节误差按 5% 计，那么最低频率限 $f_{\min}=\dfrac{0.48}{\tau_1}=4.8\text{Hz}$，高频限 $f_{\max}=0.22f_h=6.6\text{kHz}$，由 $\dfrac{U}{X}=\dfrac{S_Q}{gC_f}\left(\dfrac{\beta_1}{\tau_1}\right)\left(\dfrac{\beta_2}{\tau_2}\right)$ 中，$S_Q=50\times10^{-12}$，$g=9800$，$C_f=1000\times10^{-12}$，$\beta_1=\beta_2=50$，$\tau_1=\tau_2=0.1$，$U=\sqrt{2}\times1=1.414$，代入得，$x_p=0.554\text{mm}$。

第七节 滤 波 器

滤波器是一种选频装置，规定的频率或频带信号可以通过，其它频率信号被抑止（衰减）。因此，利用滤波器可以滤除不需要的信号，提取需要的信号，也可以进行频谱分析。

一、滤波器分类

滤波器根据实现方法可以分为模拟滤波器和数字滤波器。根据选频方式，可以分为低通、高通、带通、带阻四类，其幅频特性分别见图 9－20 的(a)、(b)、(c)、(d)。它的频带范围分别为 $0 \sim f_c$，$f_c \sim \infty$，$f_{c1} \sim f_{c2}$，$0 \sim f_{c1}$，$f_{c2} \sim \infty$。

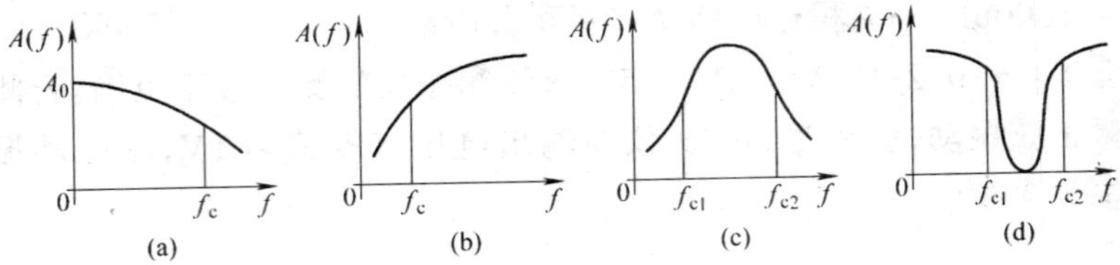

图 9－20 滤波器幅频特性

(a)低通；(b)高通；(c)带通；(d)带阻

二、理想滤波器

理想滤波器在 f_c 处应该是突然截止的。实际上不可能做到突然截止，而在 f_c 处有个过渡区，即缓慢衰减区。因为锐截止的频域信号，如图 9－21 所示，它的时域信号 $h(t)$ 将扩展到 ∞ 处，因此是不可能的。另外，滤波器的输入信号为阶跃时，它的输出是缓慢上升的信号。它需要有一个建立时间 t_r，并和带宽 B 有关。要求 $t_rB \geqslant (5 \sim 10)$，以保证信号的建立。

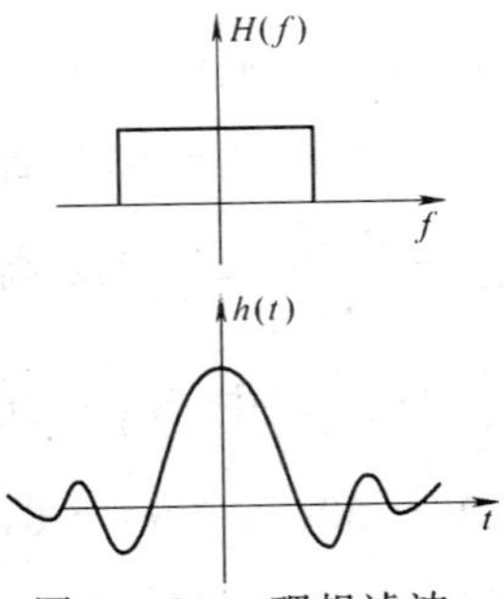

图 9－21 理想滤波器性能图

带通滤波器的幅频特性如图 9－22(a)所示。理想的带通滤波器的（以 $f_{c1} \sim f_{c2}$ 在通带内应满足不失真条件）频率特性式为：

$$H(f)=\begin{cases}A_0 e^{-j2\pi f t_0} & f_{c1}<f<f_{c2}\\ 0 & f<f_{c1}\text{ 或 }f>f_{c2}\end{cases} \tag{9-67}$$

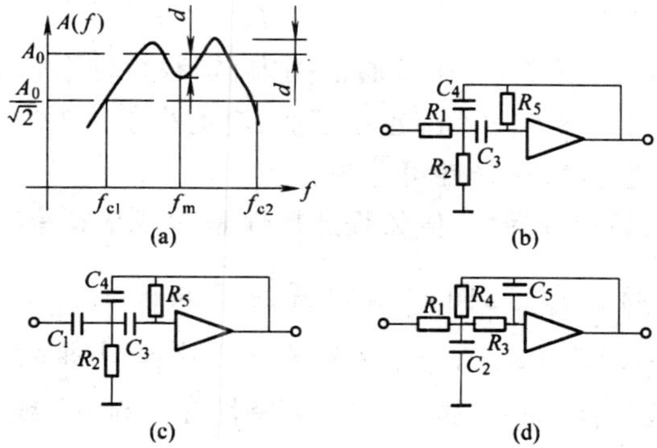

图 9－22　带通滤波器

(a)带通滤波;(b)带通;(c)高通;(d)低通

$H(f)$ 的时域函数 $h(t)$ 为(如无相角滞后,$t_0=0$)

$$h(t)=2A_0 f_c\frac{\sin(2\pi f_c t_a)}{2\pi f_c t} \tag{9-68}$$

即 $h(t)$ 应该延伸到 ∞,因此是不可能的,也就是说,实际的幅频图 9－22(a) 不是矩形的。

带通滤波器主要参数如下:

(1) 截止频率。以 A_0 为参考值,当幅频特性下降到半功率点 $A_0/\sqrt{2}$,或下降到 -3dB 处的频率 f_{c1},f_{c2} 为截止频率。应注意,-3dB 实际是对应于 $0.707A_0$。

(2) 带宽 B、品质因素 Q、中心频率 f_m。两截止频率间的通带称带宽 B

$$B=f_{c2}-f_{c1} \tag{9-69}$$

f_{c2} 与 f_{c1} 的中间频率称为中心频率 f_m:

算术中心频率　$f_m=\frac{1}{2}(f_{c2}+f_{c1})$　(9－70)

几何中心频率　$f_m=\sqrt{f_{c2}f_{c1}}$　(9－71)

后者在恒带宽比滤波器中和数字滤波器中采用。

品质因素 Q 是中心频率与带宽之比

$$Q = \frac{f_m}{B} \tag{9-72}$$

(3) 波纹幅度 d。在带通范围内，幅频特性会出现波纹。波纹峰峰值为 $2d$，要求 d/A_0 越小越好，应远小于 $-3dB$（即 $A_0/\sqrt{2}$）。

(4) 选择性。选择性可分为：

① 倍频程选择性。倍频程选择性是指截止频率 f_{c2} 与 $2f_{c2}$ 之间或 f_{c1} 与 $\frac{1}{2}f_{c1}$ 之间的幅频特性的衰减值，以 dB 表示，即 $A(f_{c2})/A(2f_{c2})$ 或 $A(f_{c1})/A(f_{c1}/2)$ 比值，并取对数后乘 20。

② 滤波器选择因数 λ。即幅频特性在 $-60dB$ 或 $-40dB$ 的带宽与 $-3dB$ 的带宽之比

$$\lambda = \frac{B_{-60}}{B_{-3}} \text{ 或 } \lambda = \frac{B_{-40}}{b_{-3}} \tag{9-73}$$

理想的滤波器 $\lambda = 1$，实际的 $\lambda > 1$。

图 9－22(b)是一种带通滤波器，它的传递函数为

$$H(S) = \frac{-KBS}{S^2 + BS + \omega_m^2} \tag{9-74}$$

式中 $\omega_m^2 = \frac{1}{R_5C^2}\left(\frac{1}{R_1} + \frac{1}{R_2}\right)$为中心角频率平方；

$B = \frac{2}{R_5C}$ 为带宽；

$K = -\frac{R_5}{2R_1}$；

$C = C_3 = C_4$。

若图中的 R_1 改用 C_1，其它不变，见图 9－22(c)，且 $C_1 = C_3 = C$，便改为高通滤波器，且

$$H(S) = \frac{-KS^2}{S^2 + BS + \omega_m^2} \tag{9-75}$$

式中 $K = \frac{C_1}{C_4}$；$B = \frac{1}{R_5}\left(\frac{C_1}{C_3C_4} + \frac{1}{C_3} + \frac{1}{C_4}\right)$；$\omega_m^2 = \frac{1}{R_2R_5C_3C_4}$。

若将高通滤波器中的电阻换成电容，电容换成电阻，便成为低通滤波器，见图 9－22(d)。

$$H(S)=\frac{-K\omega_{\mathrm{m}}^{2}}{S^{2}+BS+\omega_{\mathrm{m}}^{2}} \tag{9-76}$$

式中 $K=\frac{R_4}{R_1}, B=\frac{1}{C_2}\left(\frac{1}{R_1}+\frac{1}{R_3}+\frac{1}{R_4}\right), \omega_{\mathrm{m}}^{2}=\frac{1}{R_3R_4C_2C_5}$。

三、分析用模拟滤波器

分析用模拟滤波器有恒带宽比(百分比带宽)和恒带宽滤波器两种。前者用于噪声计等粗略分析，后者用于精密分析。

1．恒带宽比滤波器

恒带宽比滤波器的相邻带宽比是一个定数，因此，带宽随频率增高而变宽。上限及下限频率 f_{c2} 及 f_{c1} 及带宽 B 关系为

$$\frac{f_{c2}}{f_{c1}}=2^{n} \tag{9-77}$$

$$B=f_{c2}-f_{c1}=(2^{n}-1)f_{c1} \tag{9-78}$$

式中，n 称为倍频程数。$n=1$ 称为倍频程，$n=1/2$ 或 $1/3$ 称为 $1/2$ 或 $1/3$ 倍频程。

带宽内的几何中心频率 f_{m} 及品质因素 Q 为

$$f_{\mathrm{m}}=\sqrt{f_{c1}f_{c2}}$$

$$Q=\frac{f_{\mathrm{m}}}{B} \tag{9-79}$$

表 9－4 是倍频程（$n=1$）和 1/3 频程($n=1/3$) 的 f_{m}, B 值。

表 9－4　倍频程及 1/3 频程 f_{m}, B 值

$n=1 \quad \frac{fc_2}{fc_2}=2$	f_{m}	31.5	63	125	250	500	1000	2000	4000	8000	16000
$B/f_{\mathrm{m}}=0.707$	B	22	44	89	177	354	707	1414	2828	5657	11314
$n=\frac{1}{3} \quad \frac{f_{c2}}{f_{c2}}=1.26$	f_{m}	31.5	40	50	63	79	99	125	157	198	250
$B/f_{\mathrm{m}}=0.232$	B	7.2	9.1	11.5	14.5	20.5	25.7	32.5	40.8	51.5	65

由表中可以看出，$n=1$ 的带宽比 $n=1/3$ 大 3 倍。各中心频率的带宽互相搭接，覆盖整个频率。这类滤波器一般由一系列中心

频率为 f_m 的滤波器组成，各滤波器的 Q 值相同，相邻带宽比为常数。

2. 恒带宽滤波器

恒带宽滤波器的带宽是相同的。因此，在高频段也有较高的分辨率。图 9－23 是恒带宽比和恒带宽滤波器滤波效果比较。图 9－23(a)是输入信号，由 940Hz 和 1060Hz 正弦信号组成。图 9－23(b)是 1/3 频程滤波结果，由于带宽太宽无法分辨。图 9－23(c)是 1/10 频程滤波，勉强能区分这两个频率。图 9－23(d)是恒带宽滤波器，－3 dB 带宽 3Hz，－60 dB 带宽 12Hz(λ ＝4)，能够区分这两个正弦频率。

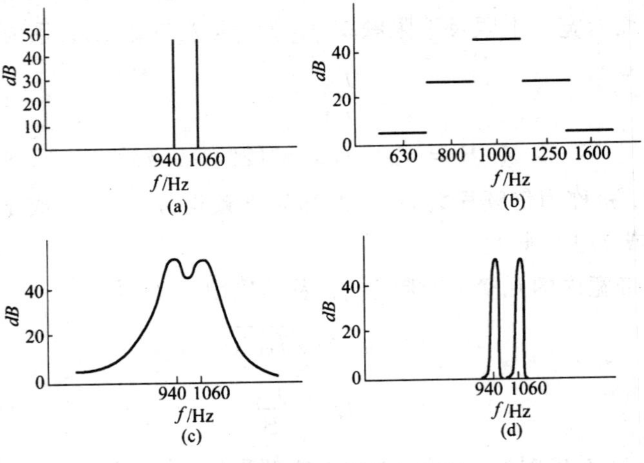

图 9－23　滤波器带宽比较

(a)实际信号频谱；(b)1/3 信号频程滤波结果；

(c)1/10 信号频程滤波结果；(d)恒带宽滤波结果

第八节　振动激励与激振器

一、振动激励

在结构动态特性的测试中，首先要激励被测对象，让它按测试的要求作受迫振动或自由振动。激励方式通常可分为稳态正弦激振、随机激振和瞬态激振等。

1. 稳态正弦激振

稳态正弦激振是用得最普遍的激振方法。它是对被测试对象施加一个稳定的单一频率的正弦激振力。它的优点是激振功率大，信噪比高，能保证响应对象的测试精确度。它主要的缺点是需要很长的测试周期才能得到足够精确度的测试数据，特别对小阻尼对象，为了达到“稳态”，要有足够的时间，稳态正弦激振使用的测试仪器设备比较通用，测试的可靠性较高，是一种常用的激振方法。

在工程中常用扫描方式的正弦激振—扫频激振，激振的频率随时间而变化。严格地说，任何扫频激振都属瞬态激振，假若扫描的速度足够慢，所画的“奈氏图”可以和逐点稳态正弦激振所得到的相近，便是正弦扫频激振。

通常用扫频激振先求得系统的概略特性，进而对靠近固有频率的重要频段再认真严格地用稳态正弦激振校核之。

2. 随机激振

随机激振是一种宽带激振方法，一般用白噪声或伪随机信号发生器作为信号源。白噪声发生器能产生连续的随机信号，其自相关函数在 $\tau=0$ 处形成陡峭的峰，只要 τ 稍偏离零，自相关函数很快衰减，其自功率谱密度函数也接近为常值。当白噪声信号通过功放并控制激振器时，由于功放和激振器的通频带不是无限宽的，所得激振力频谱不再在整个频率域中保持常数，但它仍是一种宽带激振，可以激起对象在一定频率范围内的随机振动(参看第十章)。

白噪声发生器所提供的信号是完全随机的。工程上有时希望能重复试验，就用伪随机信号发生器或用计算机产生伪随机激振信号。图 9－24 是一个二电平制伪随机信号 $u(t)$ 及其自相关函数 $R_u(\tau)$ 和近似的自功率谱密度函数。

随机激振测试系统虽有实现快速甚至“实时”测试的优点，但它所用的设备要复杂一些，价格也较昂贵。许多机械或结构在工作时所受到的干扰力和动载荷往往具有随机的性质。如果能用传感器测出这种随机干扰力和系统的响应，就可利用分析仪器对工作中的机械作在线分析。

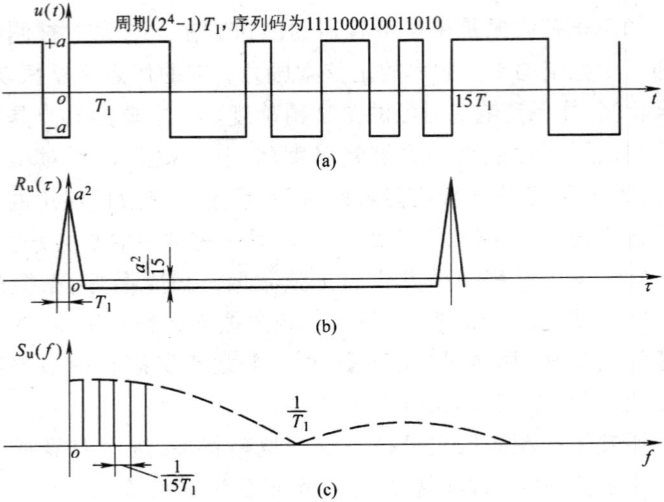

图 9－24　伪随机信号及其功率谱

(a)二电平制伪随机信号;(b)自相关函数;(c)自功率谱密度

3．瞬态激振

瞬态激振与随机激振一样同属宽带激振法,所以可由激振力和响应的自谱密度函数和互谱密度函数求得系统的频率响应函数。目前常用的瞬态激振方式有:

(1)快速正弦扫描激振。激振信号由振荡频率可以控制变化的信号发生器供给。通常采用线性的正弦扫描激振,激振的信号频率在扫描周期 T 中呈线性地增大,但幅值保持为常值。在某些试验中,扫描时间仅约数秒,因此,属于瞬态激振。快速正弦扫描的频谱,在最小与最大频率范围内幅频值几乎为常值。

(2) 脉冲激振。我们知道单位脉冲函数 $\delta(t)$ 的频谱在 $0\sim\infty$ 频率范围内是等强度的。实际进行脉冲激振时是用一把装有力传感器的锤子(又叫脉冲锤) 敲击试件,它对试件的作用力并非理想的 $\delta(t)$ 函数,而是如图 9－25(b)所示的近似半正弦波,其有效频率范围决定于脉冲持续时间 τ。锤头垫愈硬,τ 愈小,则频率范围愈大,使用适当的锤头垫材料可以得到要求频带宽度。改变锤头配重块质量和敲击加速度,可调节激振力的大小。脉冲锤结构见图 9-25(a)。锤把 6 一头固定重量块 7,一头安装测力元件 4 和锤头 2、锤头垫 1。外壳 3 与 5 采用螺纹固定测力元件及锤头。

(3)阶跃(张弛)激振。在拟定的激振点处,用一根刚度大,重量轻的弦经过力传感器对待测结构施加张力,使之产生初使变形。然后突然切断张力弦,这就相当于对该结构施加一个负的阶跃激振力。阶跃激振也属于宽带激振。理想阶跃函数的导数即为脉冲函数的响应。在建筑结构的振动测试中,这种激振方法用得相当普遍。

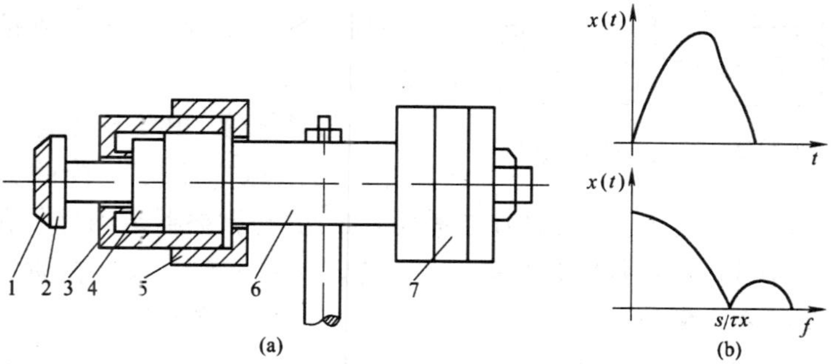

图 9-25 脉冲锤结构及其函数图

二、激振器

激振器是对试件施加某种预定要求的激振力,激起试件振动的装置。一般激振器应当能够在要求频率范围内提供波形良好,幅值足够和稳定的交变力,某些情况下还需施加稳定力。稳定力能使结构受到一定的预加载荷,以便消除间隙或模拟某种稳定力(如切削力的不变成分)。为了减小激振器质量对被测系统的影响,应尽量使激振器体积小、重量轻。

常用的激振器有电动式、电磁式和电液式三种。

1. 电动式激振器

按其磁场的形成方法,电动式激振器,有永磁式和励磁式之分。前者多用于小型激振器，后者多用于较大型的激振器，即振动台。电动式激振器的结构见图 9 - 26，驱动线圈 7 固装在顶杆 4 上，并由支承弹簧 1 支承在壳体 2 中。线圈 7 正好位于磁钢 3 形成的磁极 5 与铁芯 6 的气隙中。线圈 7 通入经功率放大后的交变电流 I 时，根据磁场中载流体受力的原理，线圈将受到与电流 I 成正比的电动力的作用，此力通过顶杆传到试件上便是所需的激振力。

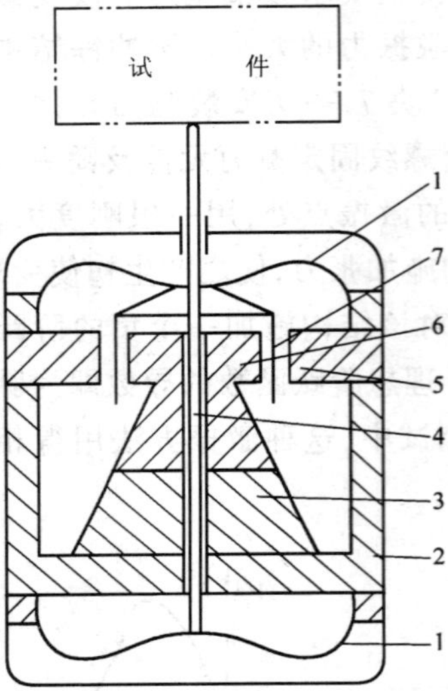

图 9 - 26　电动式激振器

应该注意，由顶杆施加到试件上的激振力不等于线圈受到的电动力。传力比(电动力与激振力之比)与激振器运动部分和试件本身的质量、刚度、阻尼等有关，是频率的函数。只有在激振器可动部分质量与试件相比可略去不计，且激振器与试件连接刚度好、顶杆系统刚性也很好的情况下才可以认为电动力等于激振力。一般最好使顶杆通过一只力传感器去激励试件，以便精确测出激振力的大小和相位。

电动激振器主要用来对试件作绝对激振，因而在激振时最好让激振器壳体在空间基本保持静止，使激振器的能量尽量用于对试件的激励上。图 9 - 27 所示的激振器安装方法就能满足这一要求。在进行较高频率的激振时，激振器都用软弹簧(如橡皮绳)悬挂起来如图 9 - 27(a)所示，并可加上必要的配重，以尽量降低悬挂系统的固有频率，使它低于激振频率 1/3 以上。作水平绝对激振时，为了产生一定的预加载荷，需要斜挂 θ 角，如图 9 - 27(c)所示。

低频激振时要维持上述的悬挂是办不到的，因而都将激振器

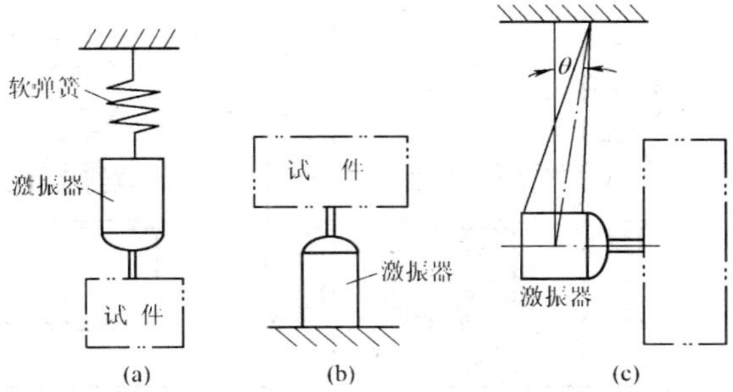

图 9-27　绝对激振时激振器的安装

(a)高频激振;(b)低频激振;(c)水平激振

刚性地安装在地面或刚性很好的架子上,如图 9-27(b),安装的固有频率比激振频率高 3 倍以上。

激振器和试件间往往用一根在激振力方向刚度大而侧向刚度很小的柔性杆连接,这样既保证激振力的传递,又大大减小对试件回转的约束。

2. 电磁式激振器

电磁式激振器直接利用电磁力作为激振力,常用于非接触激振中,其结构如图 9-28 所示。励磁线圈 3 包括一组直流线圈和一组交流线圈。用力检测线圈 4 检测激振力。位移传感器 6 测量激振器与衔铁之间的相对位移。励磁线圈通过电流时,铁芯对衔铁产生的吸力为

$$F = \frac{B^2 A}{2\mu_0} \tag{9-80}$$

式中　B —— 气隙中磁感应强度(Wb/m^2);

A —— 铁芯截面积(m^2);

μ_0—— 真空导磁系数 $4\pi\times10^{-7}$(H/m)。

直流励磁线圈电流为 I_0,交流励磁线圈电流为 $I_1\cos\omega t$,则铁芯内产生的磁感应强度为

$$B = B_0 + B_1\cos\omega t \tag{9-81}$$

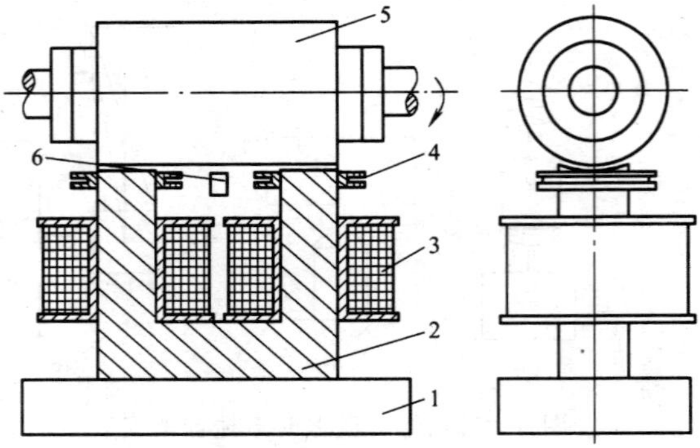

图 9-28 电磁式激振器

1—底座;2—铁芯;3—励磁线圈;

4—力检测线圈;5—衔铁;6—位移传感器

式中 B_0—— 直流电流 I_0 产生的不变磁感应强度;

B_1—— 交流电流 I_1 产生的交变磁感应强度的峰值。

将式(9-81)代入式(9-80)并化简,得电磁吸力

$$F = (B_0^2 + \frac{B_1^2}{2})\frac{A}{2\mu_0} + \frac{B_0 B_1 A}{\mu_0}\cos\omega t + \frac{B_1^2 A}{4\mu_0}\cos 2\omega t \tag{9-82}$$

从上式看出,电磁力 F 由下面三部分组成:

固定分量(静态力) $F_0 = (B_0^2 + \frac{B_1^2}{2})\frac{A}{2\mu_0}$

一次分量 $F_1 = \frac{B_0 B_1 A}{\mu_0}\cos\omega t$

二次分量 $F_2 = \frac{B_1^2 A}{4\mu_0}\cos 2\omega t$

如果直流电流 $I_0 = 0, B_0 = 0$,工作点在 $B = 0$ 处,且 $F_1 = 0$ 一次分量消失,则从图 9-29 可知,由于 $B - F$ 曲线的非线性,且不管 B 是正或负,F 总是正值,因此 B 变化半周,F 变化一周,后者频率为前者的两倍,波形严重失真,幅值也很小。当加上直流磁感应强度后,工作点移到 $B - F$ 曲线近于直线的中段 B_0 处,这时产

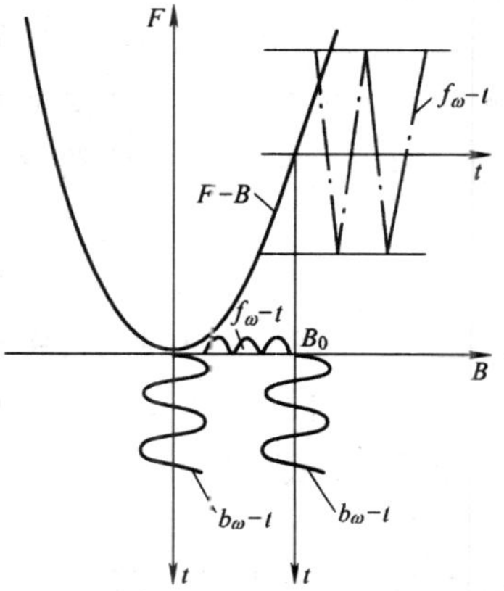

图 9－29　电磁力和磁感应强度的关系

生的交变力波形与交变磁感应波形基本相同。由式(9－82)知，由于存在二次分量，F 波形有一定的失真，二次分量与一次分量的幅值比为$\frac{B_1}{4B_0}$。若取 $B_0 \gg B_1$，则可以忽略二次分量的影响。

电磁激振器的特点是与试件不接触，因此可以对旋转着的对象进行激振。它没有附加质量和刚度的影响，另外，还可以设置力监测电路，用反馈方法(自动或人工调节)保持激振力幅值恒定。一般，电磁式激振器上限频率为 500～800Hz。

3．电液式激振器

电液式激振器是由信号发生器输出信号经过放大后，控制电液伺服阀，以控制油路闭通，从而使活塞作往复运动。这类激振器只用于低频激振，即 200Hz 以下激振。

第九节　测振传感器的校验

测振传感器需要定期校验，校验的项目主要有，灵敏度、横向灵敏度、频率特性等(幅频及相频特性、线性度、温度对灵敏度的影响等)。本节将以加速度计为例，介绍常用的校验方法。

一、灵敏度校验

灵敏度的校验方法较多，主要的实用方法有绝对法、比对法(相对法)、重力法、机械阻抗法、冲击法等。横向灵敏度校验基本上与灵敏度校验相同，只需将传感器旋转 90 度即可。

1．绝对法

绝对校验法需要激振台及检测振幅及频率的设备。如图 9－30 所示，将加速度计安装在激振台上，激振台作正弦激振，频率一般可取 200～400Hz，检测出振幅值及频率值。若检测的是位移值，应乘以$(2\pi f)^2$，即得加速度值。检测位移可用位移传感器，如电涡流或电容式传感器，并用精密测量长度量具标定。需要精度高的，可用激光干涉法测位移幅值，精度低的，可用读数显微镜对激振台上的固定的标尺读振幅。

2．比对法（相对比较法）

比对法需要激振台及标准加速度计。如图 9－30 所示，将标准加速度计与被校加速度计一起安装在振动台上，使二者承受相同的振动。以标准加速度计值来校验被校加速度计。

3．重力场校验法

重力场校验法有阶跃法及静态法两种。阶跃法如图 9－31(a)所示，将加速度计 4 固定在安装块 3 上，安装块由夹持器 1 通过夹持的弦丝悬挂在半空中。当夹持器打开后，安装块与加速度计将产生 1g 的阶跃，并由限位弹簧 2 将安装块接住。加速度计的输出信号曲线见图 9－31(b)所示。应注意，阶跃信号的顶部不一定是水平的，其倾斜大小取决于电荷放大器的反馈回路的 R_fC_f 值，R_fC_f 越大，倾斜越小。

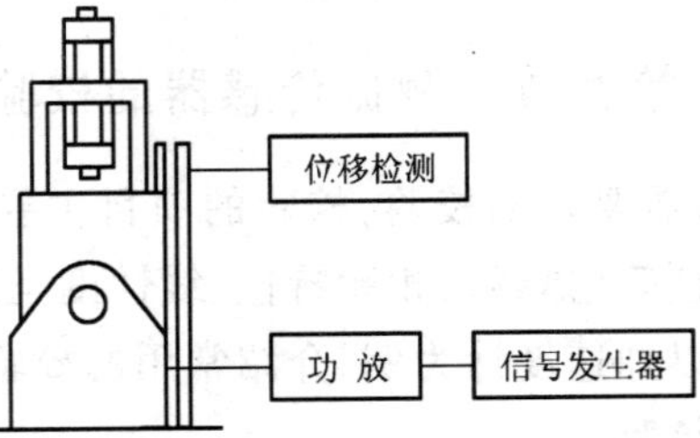

图 9－30　绝对法及比对法校验

静态重力场法是将加速度计安装在可以旋转的台面上。当加速度计安装面由水平 0°旋转到 180°时，加速度计相当于承受 2g 的加速度值。因为加速度计垂直放置时，敏感元件承受重力 mg，而旋转 180°后，相当于承受重力－mg，因此，相当于承受 2mg 力的变化，也就是说，承受 2g 的加速度值。g 值的平均值，在我国为 9.8m/s²。

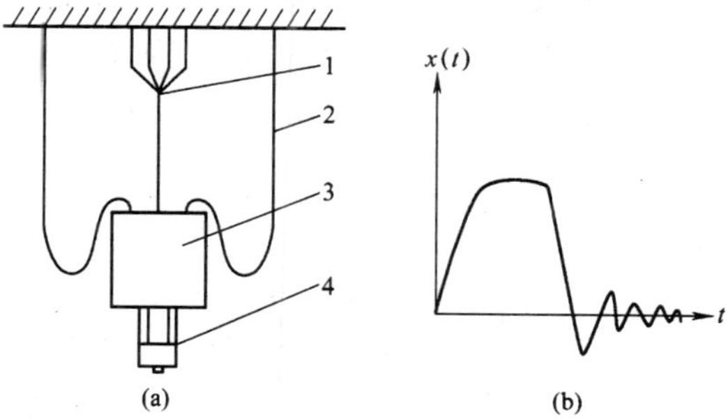

图 9－31　重力阶跃法校验

4．机械阻抗法

机械阻抗法校验加速度计如图 9－32 所示，加速度计 5 安装在质量块 4 的侧面，质量块由柔软橡胶绳 2 被悬挂起来。激振器 1 也被橡胶绳悬挂起来。在激振器及质量块间通过轴杆安装一个测力传感器 3。激振器通过测力传感器激振，加速度计及测力传感器将输出交变信号。若加速度计的电荷为 Q(pC)，质量块质量为 m(kg)，测力传感器测出力为 F(N)，加速度计电荷灵敏度 S_q 为

$$S_q = \frac{Qm}{Fg} \tag{9-83}$$

若电荷放大器有归一化电路，那么只要调整归一化电路，使电荷放大器输出相当于 Fg/m。归一化电路指示值就是 S_q。

若已知加速度值 a，可以校验测力计，这时，测力计输出电荷为 Q(pC)或电压(mV)，那么测力计灵敏度 S_f(pC/N)或(mV/N)为

$$S_f = \frac{Q}{ma} \tag{9-84}$$

另外，在激振时，还应考虑测力传感器外壳(顶部及底部等)质量 m_f 的影响，即力 F 为

$$F = (m + m_f)a$$

只有当 $m \gg m_f$ 时，例如 $m > 100m_f$ 时，m_f 才能略去。为避免 m_f

影响，可以采用两种质量块，一种为 m_1，一种为 m_2，并分别按上述方法测量。当加速度值相同时，可得两力 F_1 及 F_2。

$$F_1 = (m_1 + m_f)a = Q_1/S_f$$

$$F_2 = (m_2 + m_f)a = Q_2/S_f$$

因此，得到

$$S_f = \frac{Q_1 - Q_2}{(m_1 - m_2)a} \tag{9-85}$$

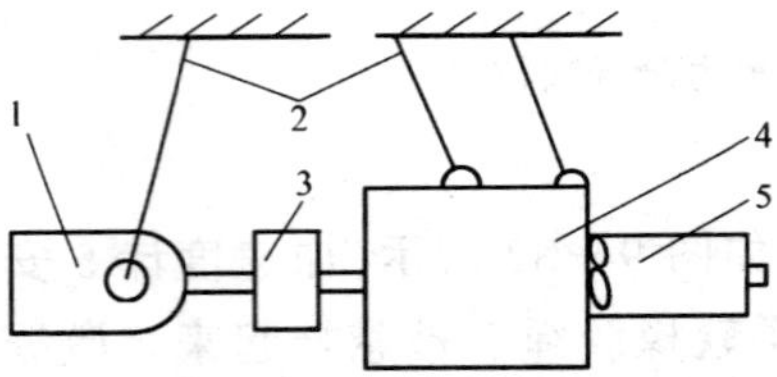

图 9－32　机械阻抗校验法

5．应用加速度校准仪校验

加速度校准仪是小型便携式固定频率激振器（例如 JX－1 型），它的激振频率是 80Hz。在激振同时，安装在激振头上的磁电式速度传感器将输出速度信号。调节激振电流，使速度幅值达到 19.5m/s 时，加速度计相当于承受 1g 的振动加速度幅值。

二、频率特性校验

将加速度计安装在激振台上。按照加速度计性能。改变激振频率，同时测量加速度计 Q 值及激振台的加速度值 a，画出 Q/a 与频率 f 的关系曲线，就是幅频特性。

三、线性度校验

进行线性度校验时，可按加速度计性能从最大值到最小值之间进行五点测量。例如最大可测 10g 的加速度计可进行 10g、8g、6g、4g、2g 测量，并获得五点测量值。一般取 0g 及 10g 两点作直线，找出其它点与直线间的最大差值，再除以最大值 10g，便可求得端基线性度。也可对五点值进行回归，求出回归直线，再找出各点值与该回归直线的最大差值并除以最大值 10g，即可得到最小二乘法线性度。

习　题

1. 压电加速度计的电荷灵敏度为 80pC/g，固有频率 $f_n = 30\text{kHz}$，压电晶体电容 180pF，无噪声电缆电容 300pF，后接输入电容 20pF、输入电阻 100MΩ，增益 $\beta = 1$ 的电压放大器。若要求幅值误差为 5%，求测振系统的上下频率限。若所测正弦振动频率为 60Hz，放大器输出幅值 80mV，求振动加速度值。若频率为 6Hz，输出幅值为 80mV，求振动加速度值。

2. 压电加速度计电荷灵敏度为 80pC/g，固有频率 30kHz，后接反馈电容 1000pF，电阻 100MΩ，开环增益 10000 的电荷放大器，求幅值误差 5% 情况下的下上限频率。若测正弦振动，频率 30Hz，电荷放大器输出峰值 40mV，求测量加速度值。若振动频率为 3Hz，输出仍为 40mV，求加速度为多少？

3. 将习题 2 中的电荷放大器反馈电容及电阻改为 100pF 及 1000MΩ，或改为 10000pF 及 10MΩ，测量 30Hz 正弦振动，电荷放大器输出峰值 40mV，所测加速度值各为多少？

4. 将压电加速度计后接图 9－6 电荷放大器及归一化电路。若加速度计的电荷灵敏度为 40pC/g，归一化电阻网络与之对应为 $40.0 \times 10^2\Omega$。如果反馈电容、电阻为 100pF、3000MΩ 和 1000pF、300MΩ 和 10000pF，30MΩ，输出电压 $U_0 = 1\text{V}$（峰值），代表加速度为多少？假若反馈电容、电阻为 1000pF、300MΩ，归一化电阻网络改为 $20.0 \times 10^2\Omega$ 和 $80.0 \times 10^2\Omega$ 时，输出 $U_0 = 1\text{V}$ 时，代表加速度为多少？

5. 应变式加速度计为悬臂梁形式（见图 9－8(a)），梁由单晶硅做成，在根部用扩散掺杂形成半导体应变片，并形成全桥（四臂工作）。应变片灵敏系数为 100，梁厚 1mm，宽 5mm，长 12mm。应变片到梁端部质量块距离 10mm，端部质量块重 30g，梁弹性模量为 $2 \times 10^5\text{MPa}$，略去梁本身质量，该加速度计测量 1g 加速度时，电桥输出电压与供桥电压的比为多少？若阻尼比为 0.7，该加速度计可测量正弦振动的频率范围为多少（幅值误差 5%）？

6. 应变梁式加速度计垂直放置及水平放置（相差 90°）时，输出电压相差 16mV，这时，供桥电压为 10V。用此加速度计测量振动加速度，在供桥电压 10V 下输出电压峰值为 12mV，求所测量的加速度大小。

7. 测振仪如图 9－33 所示。加速度计电荷灵敏度 50pC/g，固有频率 40kHz。电荷放大器 $C_f = 100\text{pF}$，$R_f = 1000\text{M}\Omega$，$\beta_1 = 100000$。积分器 $C_2 = 0.2\mu\text{F}$，$R_2 = 480\text{k}\Omega$，$\beta_2 = 100$。求测振仪的上下限频率。若测 40Hz 正弦振动，输出有效值为 2V，求所测振动速度有效值和峰值为多少？

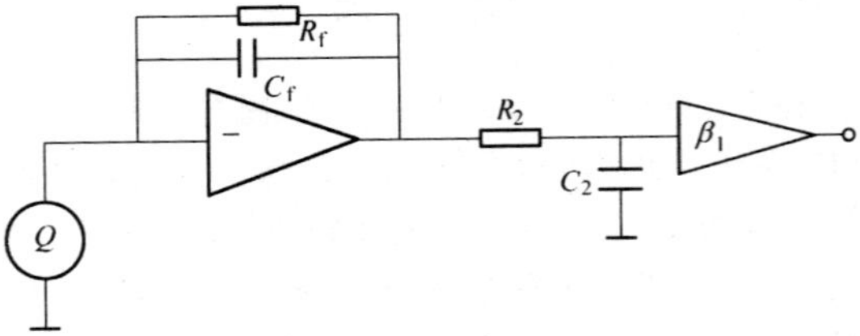

图 9－33

8. 各参数都同例题 7,若测 2Hz 正弦振动,输出有效值电压 2V,求所测振动速度为多少(有效值)?

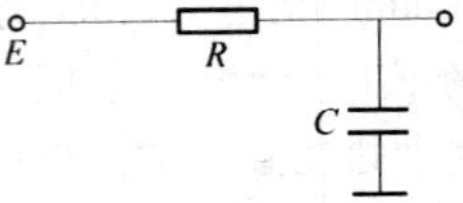

图 9－34

9. 若将图 9－34 的 RC 电路,用作积分电路或低通滤波器,它们对频率的要求各是什么?若用于积分电路,求幅值误差 5% 时的信号最低频率限为多少?图中 $R=200k\Omega$, $C=0.1\mu F$。

第十章　信号处理

由测量仪器测得的输出信号不但包含被测量有用信号(与原信号仅差一个比例系数),而且也包含系统误差(如温度引起的误差、非线性误差等)和随机误差(如噪声、参数瞬时波动等)。信号处理的目的就是从信号中分离出确定性部分和随机性部分。对确定性部分信号还需要减少或修正系统误差,提取被测信号。有时还需要再分离出周期成分和非周期成分,以便进一步研究分析。对随机部分也需要尽量抑制随机误差,提取被测信号中的随机部分。提取确定性成分的主要处理方法有拟合法,如最小二乘回归分析、多项式逼近拟合等和滤波平滑法和中心平滑法、数字滤波法等。处理随机成分的方法主要有相关分析,谱密度分析,特征量估计,时间序列分析,最佳滤波等。近年来,由于微机迅速普及,信号处理大多采用数字方法处理,模拟信号处理仅作为数字信号处理的前奏,即作滤波、隔直、限幅等预处理用。信号处理的迅速发展,已形成一门新兴学科。它不但大幅度地提高了测试系统的性能和精度,而且还扩大了测试技术的应用范围。由于信号处理内容很多,因此本章只能介绍几个有限的基本内容。

第一节　信号数字化转换

模拟信号首先要通过 A/D 板转换为数字信号即离散信号。其转换过程是通过采样,使模拟信号离散化,由于内存限制,还需要限制采样数目,即对信号进行截断。

一、采样、混叠和采样定理

采样是将连续信号 $x(t)$ 进行离散的过程。若将采样看成是间距为 T_s 的脉冲序列 $g(t)$ 与信号 $x(t)$ 的乘积 $x(t)g(t)$,它的富氏变换为 $X(f) * G(f)$。采样序列为

$$g(t) = \sum_{m=-\infty}^{\infty} \delta(t - mT_s) \quad (10-1)$$

上述序列是周期函数,可以用富氏级数表示如下

$$g(t) = \frac{1}{T_s} \sum_{n=-\infty}^{\infty} e^{j2\pi nf_s t} \quad (10-2)$$

式中 $f_s = 1/T_s$ 为采样频率。由于 $e^{j2\pi nf_s t}$ 的富氏变换为 $\delta(f - nf_s)$。因此,$g(t)$ 的富氏变换 $G(f)$ 为

$$G(f) = \frac{1}{T_s} \sum_{n=-\infty}^{\infty} \delta(f - nf_s) \quad (10-3)$$

这样,$x(t)$ 采样后的信号 $x(t)g(t)$ 的富氏变换为

$$X(f) * G(f) = X(f) * \frac{1}{T_s} \sum_{n=-\infty}^{\infty} \delta(f - nf_s)$$

$$= \frac{1}{T_s} \sum_{n=-\infty}^{\infty} X(f - nf_s) \quad (10-4)$$

采样过程时域、频域图如图 10－1 所示。

$x(t)$ 的频域信号为 $X(f)$,见图 10－1(a),采样序列 $g(t)$ 及频谱 $G(f)$ 见图 10－1(b)。信号采样后为 $x(t)g(t)$,频域为 $X(f) * G(f)$,见图 10－1(c)。频率间隔为 f_s,若要图形不混叠,就要求

$$f_s > 2f_{max} \quad (10-5)$$

因此,采样定理要求采样频率 f_s 大于 2 倍的信号最高频率 f_{max}。否则,在恢复原信号时,就会产生误差(畸变)。实际上经常选择

$$f_s > (3 \sim 4)f_{max} \quad (10-6)$$

为避免混叠,常对信号进行低通抗混滤波。

二、截断、混叠和窗函数

由于只能对有限的信号进行处理,因此必须对信号进行截断。截断就是乘以矩形窗函数 $w(t)$,它的富氏变换为 $W(f)$。窗以外的信号为零,截断后的信号为

$$x(t)g(t)w(t) \rightleftharpoons X(f) * G(f) * W(f) \quad (10-7)$$

上述图形见图 10－1(e),图 10－1(d) 为矩形窗函数 $w(t) \rightleftharpoons W(f)$。

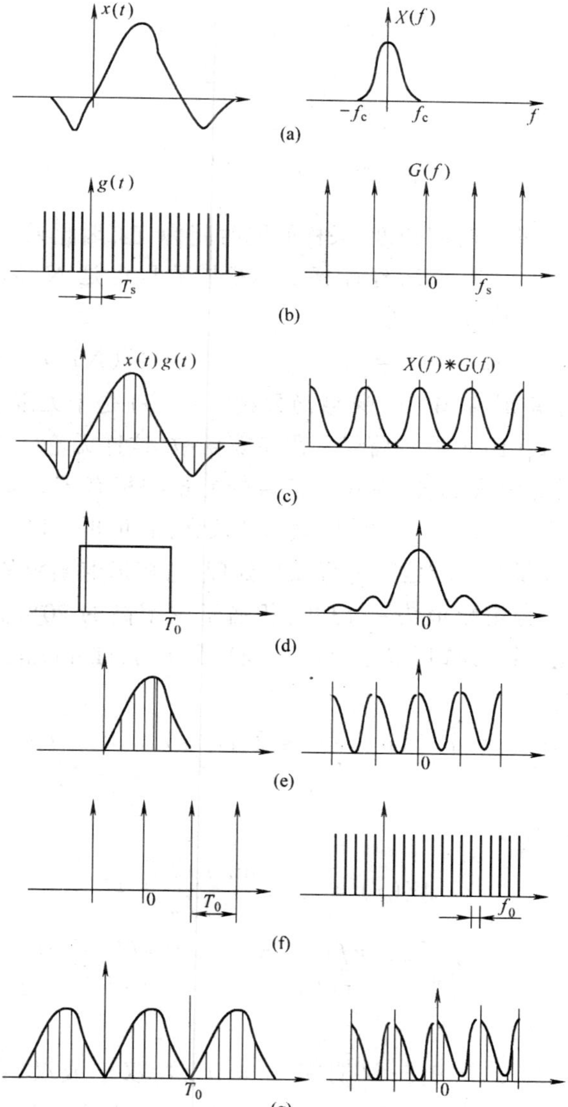

图 10-1　信号采样过程

由于一般常以信号截断起点作为初始时间，因此 $w(t)$ 为单边窗函

数

$$w(t)=\begin{cases}1 & 0\leqslant t<T_0\\ 0 & \text{其它}\end{cases}\tag{10-8}$$

幅值频谱为

$$|W(f)|=T_0\left|\frac{\sin(\pi fT_0)}{\pi fT_0}\right|\tag{10-9}$$

式中 T_0 为截断时间长度。采样间隔时间为 T_s，因此采样后序列数目(长度)$N=T_0/T_s$。经计算后的频域数目也是 N，因此频域的频率间隔(分辨率)f_0 为

$$f_0=\Delta f=1/T_0=f_s/N=1/(NT_s)\tag{10-10}$$

由于矩形窗 $W(f)$ 频域函数式(10－9)是个无限带宽函数，因此卷积式(10－7)也将是无限带宽函数。这样无论 f_s 多高，信号将不可避免出现混叠。卷积后信号的能量必然有部分泄漏到频率间隔 f_0 范围外，产生误差，即截断造成泄漏。可再乘以一个其它窗函数，对截断的时域信号进行加权处理。与矩形窗函数的主瓣高相比较，第一旁瓣幅值为 －13dB，相当于主瓣高的 20%。为使旁瓣小，减少泄漏，常选用汉宁(Hanning)或汉明(Hamming)窗，其时域表达式为

$$w(t)=a-(1-a)\cos(2\pi t/T_0)\quad 0<t<T_0\tag{10-11}$$

频域表达式为

$$W(f)=aT_0\frac{\sin(\pi fT_0)}{\pi fT_0}+\frac{(1-a)}{2}T_0\left[\frac{\sin(\pi fT_0+\pi)}{\pi fT_0}+\frac{\sin(\pi fT_0-\pi)}{\pi fT_0}\right]\tag{10-12}$$

式中汉宁窗 $a=0.5$；汉明窗 $a=0.54$。汉宁或汉明窗主瓣高 $T_0/2$，宽 $4/T_0$ 第一旁瓣幅值 $-32dB$ 或 $-41dB$，相当于主瓣的 2.4%或 0.9%，旁瓣衰减快，具有抑制泄漏作用，但主瓣宽，使频率分辨能力降低。

在测量系统的脉冲响应时可用指数窗，即

$$w(t)=\begin{cases}e^{-at} & t\geqslant 0\\ 0 & t<0\end{cases} \qquad (10-13)$$

$$W(f)=\frac{1}{\sqrt{a^2+(2\pi f)^2}} \qquad (10-14)$$

三、量化即量化误差

通过 A/D 转换，使时域信号幅值转变成数字量称为量化。若数字量末位数的相邻两数字量电平增量为 Δx，量化误差的最大值为 $e=\pm\Delta x/2$。量化误差对于测量信号来说，相当于迭加了随机噪声。若认为量化误差服从均匀分布，即在 $-\Delta x/2$ 和 $\Delta x/2$ 区间内出现的概率相等，这时其均方值为 $\Delta x^2/12$，标准差为 $0.29\Delta x$。

若 A/D 板为 L 位（二进制数长）扣除一符号位，数字位数为 $(L-1)$，最大电平 $2^{L-1}\Delta x=1$（满量程），因此误差

$$e=\Delta x=1/2^{L-1} \qquad (10-15)$$

例如 8 位 A/D 板，$e=\pm 0.4\%$；10 位 A/D 板，$e=\pm 0.1\%$；12 位 A/D 板，$e=\pm 0.025\%$。

四、频域采样、时域周期延拓和栅栏效应

信号经时域采样和截断后，其频谱在频域是连续的。但是，用频域计算频谱时，频域是离散的，它相当于在频域中将频域信号乘以脉冲序列，即频域采样见图 10－1(f)。时域采样后，在频域出现波形的周期延拓。同样，频域采样后，也将使时域信号改造成周期信号，即使之周期延拓，见图 10－1(g)。

对频域采样时，采样瞬间的值被收集，而在两采样间隔内的值没有收集，即视为零，称为栅栏效应。栅栏效应有可能丢失某些主要成分。因此，可以采取末位加零或改变采样间隔时间来克服这一问题。另外对于周期信号，截断长度应等于周期或周期的整数倍，以免频域采样后，时域出现周期延拓，造成周期函数交界处的畸变。

五、连续信号与离散信号

连续信号 $x(t) \rightleftharpoons X(f)$。时域采样后信号为 $x(n)$，离散间隔为 T_s。频域则为 $X(f)$ 的周期延拓信号，周期为 $f_s = 1/T_s$，其频域幅值被乘以 $1/T_s = f_s$。数字计算的频域也是离散的，其频域采样频率间隔为 $f_0 = 1/T_0$，离散频域信号相应的时域逆信号不但是离散的而且是周期延拓的，即 $X(n)$ 成为周期性的且幅值被乘以 $T_0 = 1/f_0$。若时域截断时间为 $T_0 = NT_s$，即 $N = T_0/T_s = f_s/f_0$。增加 N，可以减少 f_0，即增高分辨率。式中 $f_s \geqslant 2f_{max}$，(f_{max} 为信号的最高频率)。另外，应注意周期信号的频谱是离散的，它可以分解成富氏级数。非周期信号频谱是连续的，它只能进行富氏变换。富氏级数系数 A_n 或 C_n 量纲是幅值量纲，富氏变换 $X(f)$ 量纲是幅值密度，即幅值 / 频率间隔。

在数字分析中，分析精度取决于采样长 T_0 和带宽 B。即标准差 σ 和平均值 μ 的比值为

$$\sigma/\mu = 1/\sqrt{T_0B}$$

一般窗的带宽 $B = 1/T_0$，因此 $\sigma \doteq \mu$。这表明精度很差。为改善精度，可采取两种平滑处理的办法。第一种是总体平滑，就是分别对 m 个独立样本记录进行谱分析，然后对谱分量的各个频率上作 m 个平均。第二种方法是频率平滑。也就是对单个样本记录中的 l 个相邻谱分量作平均。经过这两种平均，其 $\sigma/\mu = 1/(\sqrt{ml}\sqrt{T_0B})$，使精度提高了。但是，应注意，其分辨率也降低了 $\sqrt{ml}$。另外，Hanning 窗也起平滑作用，使 σ/μ 减少 20% 左右。

第二节　信号时域分析

一、周期信号幅值分析

周期信号 $x(t)$ 周期为 T，常用均值、绝对均值、峰值、有效值表示信号的幅域强度。

(1) 均值 μ_x

$$\mu_x = \frac{1}{T}\int_0^T x(t)\mathrm{d}t \qquad (10-16)$$

对离散信号 $x(n)$，均值为

$$\mu_x = \sum_{n=1}^{N} x(n)/N \tag{10-17}$$

式中 N 为采样点总数。

平均值表示了信号中的常值分量，对于正负形状相同的信号，$\mu_x = 0$。当信号经过电容隔直流后，均值也为零。

(2)绝对均值 x_a

$$x_a = \frac{1}{T}\int_0^T |x(t)| \mathrm{d}t \tag{10-18}$$

对离散数据

$$x_a = \sum_{n=1}^{N} |x(n)|/N \tag{10-19}$$

(3)峰值 x_p

$$x_p = E|x(t)|_{max} \tag{10-20}$$

对离散数据

$$x_p = E|x(n)|_{max} \tag{10-21}$$

(4)均方值 ψ_x^2 及有效值 $x_{rms} = \psi_x$

均方值

$$\psi_x^2 = \frac{1}{T}\int_0^T x^2(t)\mathrm{d}t \tag{10-22}$$

对离散信号

$$\psi_x^2 = \sum_{n=1}^{N} x(n)^2/N \tag{10-23}$$

均方值表征信号的平均能量，有效值是根均方值，具有幅值的量纲。它从能量的平均原则出发，表征了周期信号的平均幅值。

应注意，信号 $x(t)$ 的平方 $x^2(t)$ 表征了信号的瞬时能量或功率。例如 $x(t)$ 是信号电压或电流，那么 $x^2(t)/R$ 或 $x^2(t)R$ 代表信号功率。又如 $x(t)$ 是机械系统位移或速度，那么 $x^2(t)k/2$ 或 $x^2(t)m/2$ 代表了势能或动能。

测量绝对均值、峰值、有效值可以采用绝对均值表、峰值表、有效值表。它们统称三值表。

图 10－2(a)是最简单的绝对均值表。电表 A 流过的电流表征了绝对均值大小。图 10－2(b)是改进后的绝对均值表。正向电压使下部分放大器工作,负向电压使上部分放大器工作,通过电容 C,得到绝对均值电压。

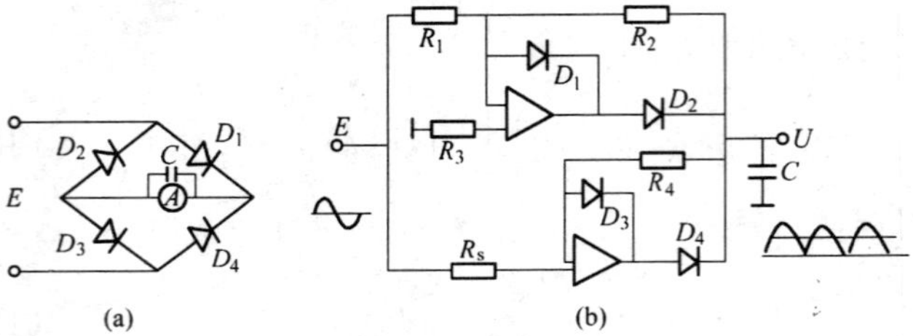

图 10－2　绝对均值表

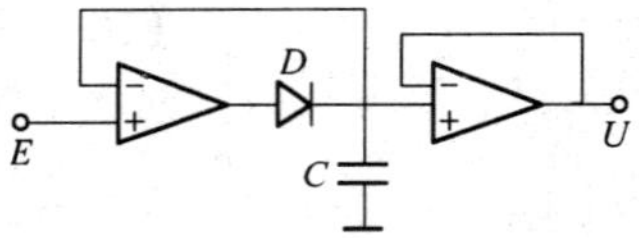

图 10－3　峰值表

图 10－3 是峰值表,信号通过高阻放大器,经检波后在电容 C 上贮存峰值电压,通过高阻放大器即可输出峰值电。图 10－4(a)、(b)是有效值表。信号经检波后的电压为 $E(t)$,该电压通过 R_1、R_2、R_3、R_4 时,在串联联结点形成由高到低的四个分压值。$E(t)$ 由小到大时,二极管 D_b,D_c,D_d 将逐级打开。也就是说,$E(t)$ 小于 E_1 时,电流 $i = E/Ra$。$E(t)$ 在 E_1 与 E_2 之间时,由于 Ra 与 Rb 并联,i 将增加。只要各电阻选择合适,可以使 i 与 E 成二次方关系,即

$$i = kE^2 \qquad (10-24)$$

再选择 R_f,使 $L/(IR_f) = L/U$,其中 L 为一个常数,IR_f 为电容 C 两端的平均电压 U,并得输出电压 U 为

$$U/R_s = I = \left(\int_0^T i\mathrm{d}t\right)/T = (L/\sqrt{T})\int_0^T E^2\mathrm{d}t$$

因此

$$U = \sqrt{(R_f L/T)\int_0^T E^2\mathrm{d}t} \qquad (10-25)$$

上式表明，输出 U 与 E 是均方根关系。

上述绝对均值 x_a，峰值 x_p 及有效值 X_{rms} 的比值是**无量纲因子**。峰值因子 C 定义为

$$C = x_p / x_{rms} \tag{10-26}$$

脉冲因子 I 定义为

$$I = x_p / x_a \tag{10-27}$$

波形因子 F 定义为

$$F = x_{rms} / x_a = I / C \tag{10-28}$$

使用三值表时应注意波形对测量结果的影响。用三值表可以测量各种周期函数的相应三值。但是绝对均值表的刻度指示常用正弦信号的有效值定标。因此对正弦波形可直接读出有效值，但是对于其它非正弦波形，其读数应该转换。若读数为 a，那么绝对值 $x_a = a/F = 0.9a$。

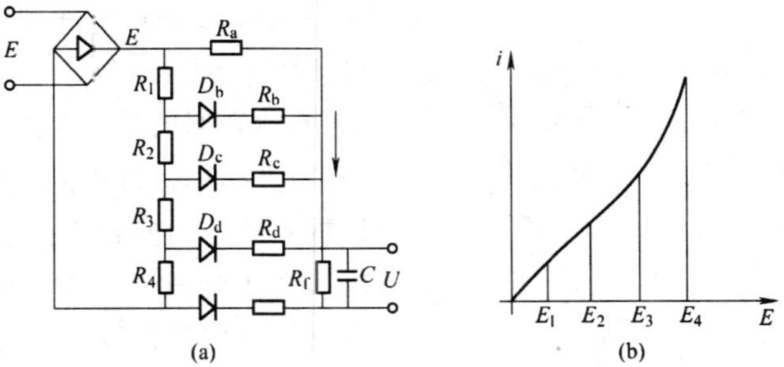

图 10－4　有效值表

峰值 $x_p = I(0.9a)$，有效值 $x_{rms} = F(0.9a)$。式中 I 及 F 可查表 10－1 中的各种波形相应值。表中最末一行为 $a = 1$ 时的峰值。对绝对均值表，正弦有效值刻度为 1V，对正弦波 $x_p = 1.414V$，对方波 $x_p = 0.9V$，对三角波 $x_p = 1.8V$。

二、随机信号的统计分析

研究随机信号，需要在相同条件下取得多个记录并分析其统计规律性，见图 10－5，$X_i(t)$ 为 i 个样本函数。对于某一时刻 t_1，

表 10-1 典型波形的三角值表

名称	波形	峰值	$I=x_p/x_a$	$C=x_p/x_{rms}$	$F=x_{rms}/x_a$	0.9I	0.9F
正弦	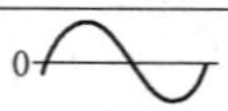	x_p	1.571	1.414	1.111	1.414	1
矩形	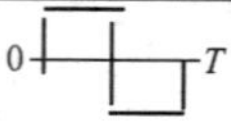	x_p	1	1	1	0.9	0.9
三角		x_p	2	1.732	1.155	1.8	1.039
脉冲	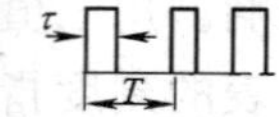	x_p	T/τ	$\sqrt{T/\tau}$	$\sqrt{T/\tau}$	$0.9T/\tau$	$0.9\sqrt{T/\tau}$
噪声		x_p	3.75	3	1.253	3.375	1.125

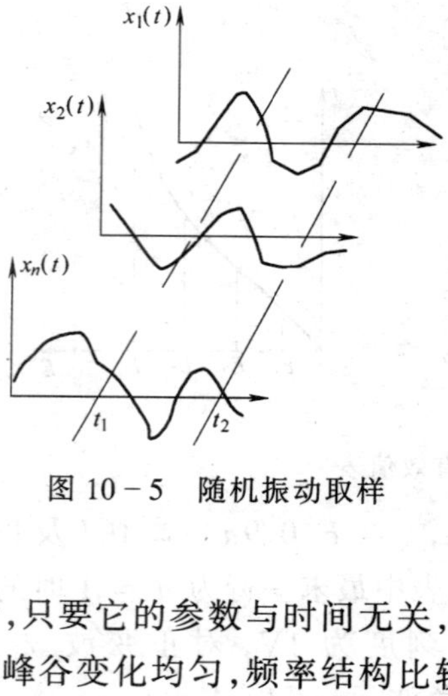

图 10-5 随机振动取样

可以得到多个值 $x_1(t_1)$、$x_2(t_1)$，…，$x_n(t_1)$，同样对于 t_2 时刻，也可以得到 $x_1(t_2)$、$x_2(t_2)$，…，$x_n(t_2)$。它们的总集合称为随机过程。用来描述该过程的数学特征中最重要的是均值和相关函数(二阶矩)，对于随机过程中一切可能的取值的平均称为集合平均。若随机过程的统计特征不随时间而变化或与时间轴的起点无关，则称为平稳随机过程。常见的随机振动信号，只要它的参数与时间无关，测得的波形平均值波动不大，幅值的峰谷变化均匀，频率结构比较一致，可以认为是平稳过程。当然最好是进行平稳性检验。另一类常见的振动，不但是平稳随机过程，而且任一个样本函数 $X_i(t)$ 的统计参数可以代表随机过程的统计参数，称为各态遍历过程。这时的统计参数可以按时间平均，又称时间平均。对于一般的旋转机械随机振动信号，在短时间里，可以认为是各态遍历过程。

对于各态遍历随机信号，特征参数主要有均值、方差、均方差，概率密度函数，相关函数，功率谱密度函数等。

1. 概率密度函数 $p(x)$

概率密度函数表示信号幅值落在指定区间内的概率。如图 10－6 所示，幅值落在 $(x, x+\Delta x)$ 区间内的时间为 $\sum \Delta t_i$，概率为

$$P_r[x < x(t) \leqslant x + \Delta x] = \lim_{T \to \infty} (\sum \Delta x_i)/T$$

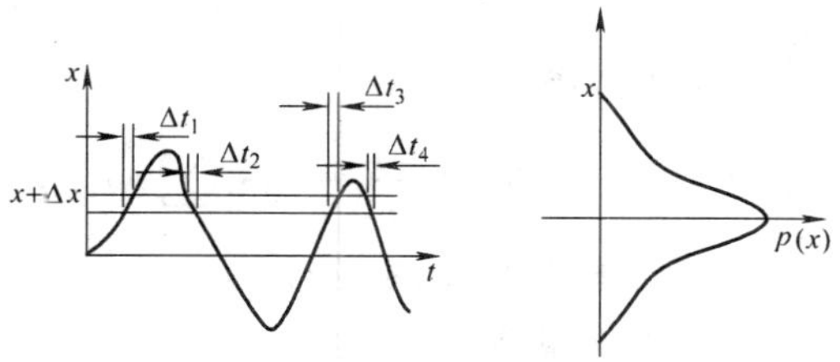

图 10－6　概率密度

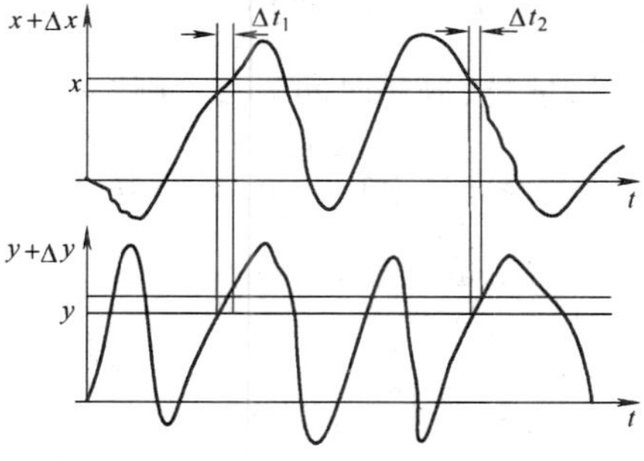

图 10－7　联合概率密度

因此，概率密度函数定义为

$$p(x) = \lim_{\Delta x \to 0} [x < x(t) \leqslant x + \Delta x]/\Delta x = \lim_{\substack{\Delta x \to 0 \\ T \to \infty}} \sum \Delta t_i / (T\Delta x) \tag{10-29}$$

概率密度函数 $p(x)$ 的量纲为 $1/\Delta x$，$p(x)\Delta x$ 是 x 点的概

率。正弦、随机噪声的概率密度函数见图 10 - 10 所示。

例如 $x = x_0 \sin\omega t$，其 $\mathrm{d}x/\mathrm{d}t = x_0\omega\sqrt{1-(x/x_0)^2}$

因此 $$p(x) = \frac{2/T}{x_0\omega\sqrt{1-(x/x_0)^2}} = \frac{1}{\pi\sqrt{x_0^2 - x^2}}$$

2. 联合概率密度函数 $p(x,y)$

两维随机变量 $x(t)$、$y(t)$ 的联合概率密度函数，表示在同一时刻，$x(t)$ 落在 $(x, x+\Delta x)$ 及 $y(t)$ 落在 $(y, y+\Delta y)$ 的概率，见图 10 - 7。即

$$P_r[x < x(t) \leqslant x + \Delta x; y < y(t) \leqslant y + \Delta y] = \lim_{T\to\infty}\sum \Delta t_i / T$$

因此联合概率密度函数

$$p(x、y) = \lim_{\Delta x、\Delta y\to 0}\frac{1}{\Delta x \Delta y}\left[\lim_{T\to\infty}\sum \Delta t_i / T\right] \quad (10-30)$$

若 $x(t)$ 与 $y(t)$ 相互独立，那么 $p(xy) = p(x)p(y)$。

3. 一维随机信号的数字特征(在某 t 时)

(1)均值 μ_x

$$\mu_x = \int_{-\infty}^{\infty} x p(x)\mathrm{d}x \quad (10-31)$$

对于各态遍历信号，取样时间为 T，则

$$\mu_x = \lim_{T\to\infty}\frac{1}{T}\int_0^T x(t)\mathrm{d}t \quad (10-32)$$

均值表示信号的常值分量。

(2)均方差 ψ_x^2

$$\psi_x^2 = \int_{-\infty}^{\infty} x^2(t) p(x)\mathrm{d}x \quad (10-33)$$

对于各态遍历信号

$$\psi_x^2 = \lim_{T\to\infty}\frac{1}{T}\int_0^T x^2(t)\mathrm{d}t \quad (10-34)$$

均方值表示了信号的平均功率。ψ_x 为均方值的正根，称为有效值。

(3) 方差 σ_x^2

$$\sigma_x^2 = \int_{-\infty}^{\infty} [x(t) - \mu_x]^2 p(x) \mathrm{d}x \tag{10-35}$$

对于各态遍历信号

$$\sigma_x^2 = \lim_{T \to \infty} \frac{1}{T} \int_0^T [x(t) - \mu_x]^2 \mathrm{d}t \tag{10-36}$$

方差描述了信号波动分量对 μ_x 的离散程度。σ_x 为 σ_x^2 的正平方根，称为标准差。实际测量时，信号的取样时间 T 是有限的，按上述各式计算的 μ_x、ψ_x、σ_x 均是估计值。

(4) ψ_x、σ_x、μ_x 的关系

对于随机信号

$$\sigma_x^2 = \psi_x^2 - \mu_x^2 \tag{10-37}$$

(5) 对于各态遍历过程的离散信号，μ_x、ψ_x^2 可用式(10－17)、(10－23)，且 N 越大越好。

三、相关函数

相关是指变量之间存在一定的关系。对于确定性信号来说，两变量之间可以用数学函数来描述。对于随机信号，却无法用数学函数式描述。但是，通过大量统计，可以发现两相关随机变量之间服从一定的概率统计规律。如图 10－8(a)、(b)所示，前者表示 x 与 y 线性相关，后者表示无关。例如机器上某个部件失衡(动不平衡)，引起机器振动。但是测量的振动信号中，除了不平衡振动信号外，还会有齿轮啮合振动，滚动轴承振动，地基振动等信号。各振动信号的频率是各不相同的。不平衡振动信号的频率与转动频率相同，齿轮啮合频率是齿数与旋转频率的乘积，滚动轴承振动频率一般较高，地基振动频率一般很低。因此，和旋转频率不一致的频率与失衡无关，分析振动信号与旋转频率相关的成分，可以获得失衡状态的信息。

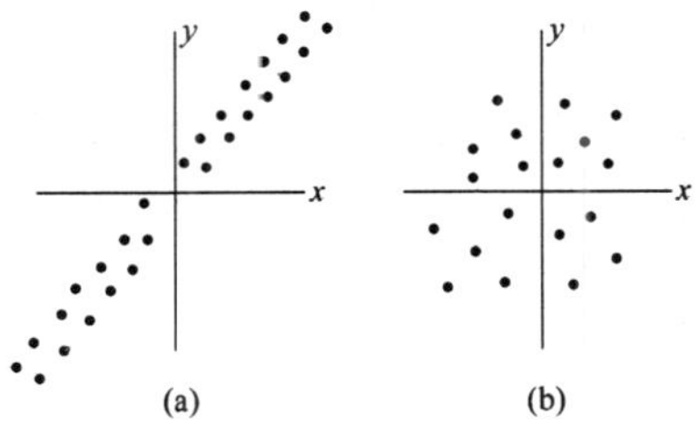

图 10－8　线性相关与无关

1. 自相关函数

分别取随机过程不同时刻 t_1 和 t_2 的两个过程作二阶距。由于平稳随机过程与时间轴起点无关，仅和 $\tau = t_2 - t_1$ 的时间差有关。因此得到相关函数 $R_{xx}(\tau)$ 为

$$R_{xx}(\tau) = E[x(t)x(t+\tau)] \tag{10-38}$$

即 $x(t)$ 与 $x(t+\tau)$ 乘积的期望，对于各态遍历过程 $x(t)$ 的自相关函数定义为

$$R_{xx}(\tau) = \lim_{T\to\infty}\frac{1}{T}\int_0^T x(t)x(t+\tau)\mathrm{d}t \tag{10-39}$$

实际测量时，T 为有限的，这时求得的是 $R_x(\tau)$ 估计值。

若对 $x(t)$、$x(t+\tau)$ 作二阶中心距，可得协方差

$$C_{xx}(\tau) = \lim_{T\to\infty}\frac{1}{T}\int_0^T [x(t)-\mu_x][x(t+\tau)-\mu_x]\mathrm{d}t \tag{10-40}$$

上式又为

$$C_{xx}(\tau) = R_x(\tau) - \mu_x^2 \tag{10-41}$$

因此协方差 $C_{xx}(\tau)$ 为均值 $\mu_x = 0$ 时的自相关函数。图 10－9 便是自相关函数曲线图。

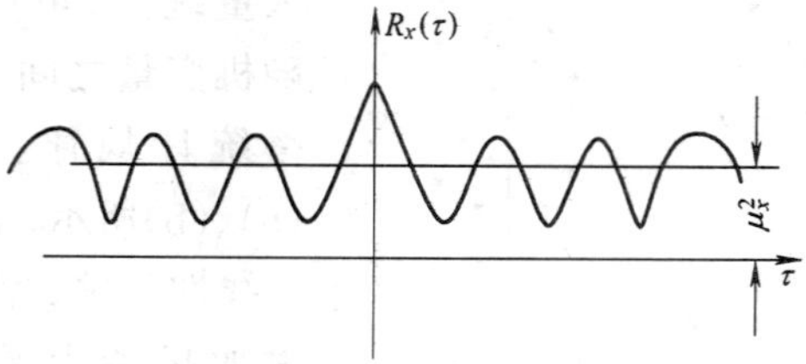

图 10－9　自相关函数

(1)自相关函数是偶函数，图形对称 $R_x(\tau)$ 轴

$$R_{xx}(\tau) = R_{xx}(-\tau) \tag{10-42}$$

由于 $R_{xx}(\tau) = \frac{1}{T}\int_0^T x(t)x(t+\tau)\mathrm{d}t = \frac{1}{T}\int_0^T x(t-\tau)x(t)\mathrm{d}t = R_{xx}(-\tau)$，因此得上式。

(2)正弦信号 $x(t) = x_0\sin(\omega t + \varphi)$ 的自相关函数为

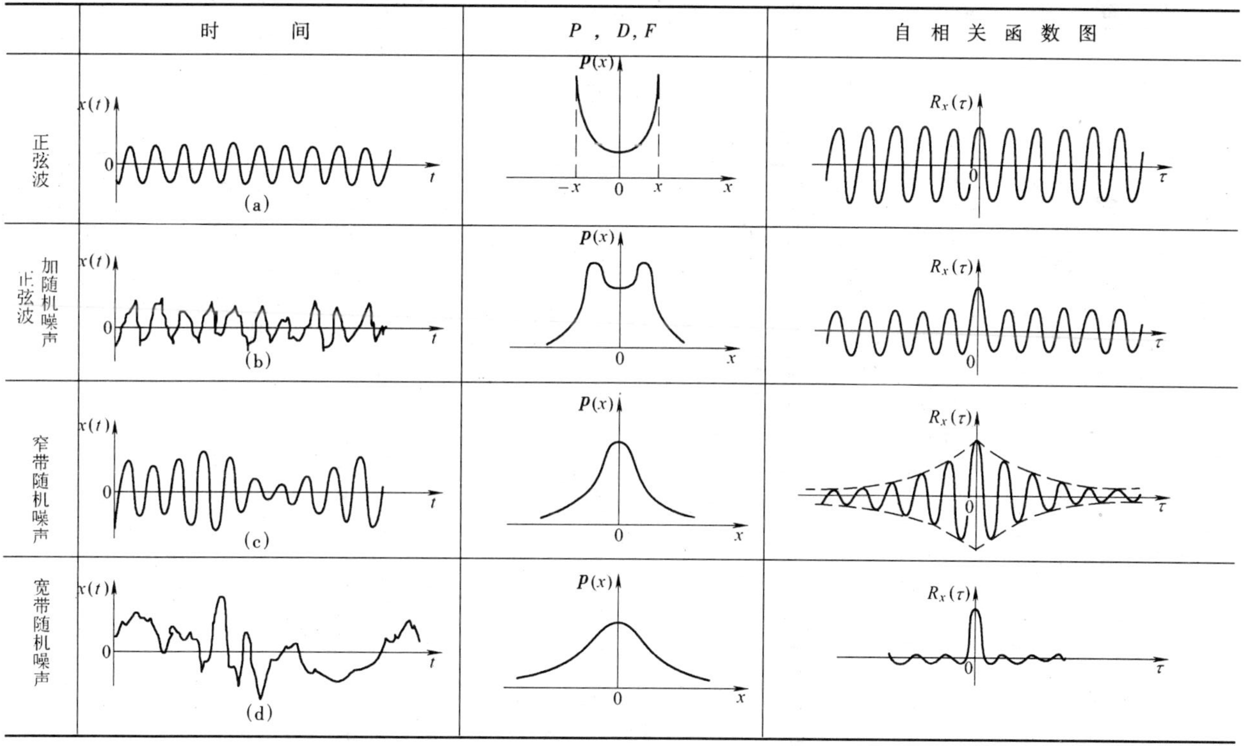

图 10－10　正弦、随机信号的概率密度及自相关

$$R_{xx}(\tau) = \frac{1}{T}\int_0^T x_0 \sin(\omega t + \varphi)\sin[\omega(t + \tau) + \varphi]dt$$
$$= (x_0^2/2)\cos\omega\tau \qquad (10-43)$$

式中 $T = 2\pi/\omega$，或 $\omega = 2\pi/T$，因此得上式结果。上式表示，正弦或余弦函数的自相关函数为余弦函数，见图 10－10(a)。

一个周期函数 $x(t)$ 可以展成富氏级数，即

$$x(t) = \sum_{n=1}^{\infty} A_n \cos(n\omega t + \phi_n) \qquad (10-44)$$

因此，相应的自相关函数为

$$R_{xx}(\tau) = \frac{1}{2}\sum_{n=1}^{\infty} A_n^2 \cos(n\omega\tau) \qquad (10-45)$$

即周期函数的自相关函数也是周期性的。另外，自相关函数包含了 $x(t)$ 的幅值及频率信息，但不包含相位信息。

(3) 当 $\tau = 0$ 时，$R_{xx}(0) = \frac{1}{T}\int_0^T x^2(t)dt = \psi_x^2 = \sigma_x^2 + \mu_x^2$ 即均方差。

(4) 随机信号的自相关在 $\tau = 0$ 时为 $\psi_x^2 = R_x(0)$，随 τ 增加而衰减，并趋于零。见图 10－10(c) 及(d)，宽带随机衰减快。

(5) 自相关系数 ρ_{xx}

$$\rho_{xx} = \frac{R_{xx}(\tau) - \mu_x^2}{R_{xx}(0) - \mu_x^2} = \frac{C_{xx}(\tau)}{\sigma_x^2} \qquad (10-46)$$

当 $\rho_{xx} = 1$ 时，代表所有点都落在 $y = m(x - \mu_x)$ 直线上，即全相关。当 $\rho_{xx} = 0$ 时，表示所有点都呈散状，即无关。通常 $0 < \rho_{xx} < 1$。

图 10－11 是机械加工表面的粗糙度的信号波形，经自相关分析后，由图 10－11(b)可知加工中出现周期因素的频率，从而可以进一步分析原因。

2．互相关函数

两个平稳随机过程 $x(t)$ 和 $y(t)$ 的互相关函数与时间差 τ 有关，即互相关定义为

$$R_{xy}(\tau) = E[x(t)y(t + \tau)] \qquad (10-47)$$

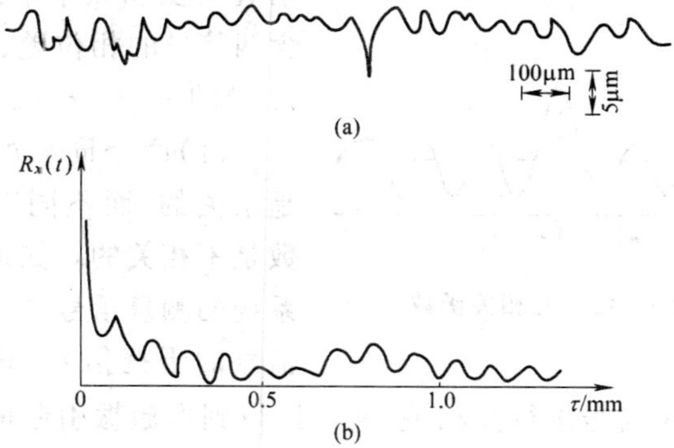

图 10-11　表面粗糙度与自相关函数

(a)表面粗糙度;(b)自相关函数

若 $x(t)$ 与 $y(t)$ 都是各态遍历过程,那么

$$R_{xy}(\tau) = \lim_{T\to\infty}\frac{1}{T}\int_0^T x(t)y(t+\tau)\mathrm{d}t \qquad (10-48)$$

实际测量时,T 是有限的,因此互相关函数是估计值。同样,对 $x(t)$、$y(t)$ 计算二阶中心距,可得互协方差

$$C_{xy}(\tau) = \lim_{T\to\infty}\frac{1}{T}\int_0^T [x(t)-\mu_x][y(t+\tau)-\mu_y]\mathrm{d}t \qquad (10-49)$$

因此,可得

$$C_{xy}(\tau) = R_{xy}(\tau) - \mu_x\mu_y \qquad (10-50)$$

上式表明,协方差就是 $\mu_x\mu_y = 0$ 的互相关函数。

例　两个同频信号

$$x = x_0\sin(\omega t+\theta) \text{ 及 } y = y_0\sin(\omega t+\theta-\varphi)$$

它的互相关函数为

$$R_{xy}(\tau) = \frac{1}{T}\int_0^T x_0y_0\sin(\omega t+\theta)\sin(\omega t+\theta-\varphi+\omega\tau)\mathrm{d}t$$

$$= \frac{1}{2}x_0y_0\cos(\omega\tau-\varphi)$$

若两信号不同频,那么 $R_{xy}=0$。因此,互相关信号除了包含两

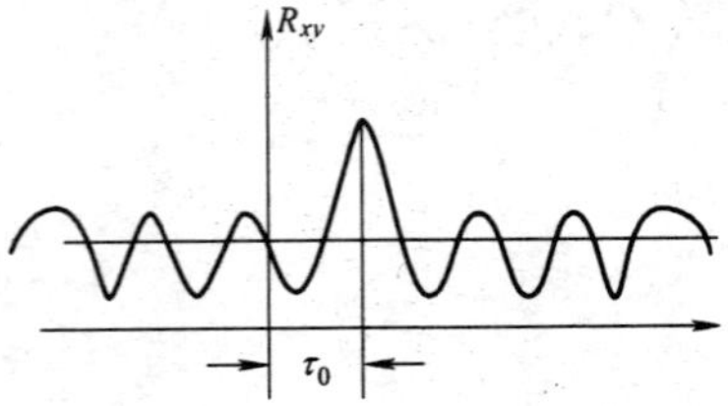

图 10－12　互相关函数

幅值乘积和频率信息外，还包含两信号的相位差，见图 10－12 中的 $\tau_0 = \varphi/\omega$。

(1)两个同频的周期函数是相关的，而不同频的周期函数是不相关的。如果一个线性系统的测量信号中混入了其它信号的干扰信号，只要将激振信号和测量信号进行互相关，就可以得到由激振引起的响应幅值和相位值。因此，可以用来找振源和求幅频及相频特性。

(2)当 $\tau=0$ 时

$$R_{xy}(0) = \frac{1}{T}\int_0^T x(t)y(t)\mathrm{d}t \qquad (10-51)$$

为两个信号乘积的平均。当 $x(t)$ 与 $y(t)$ 无关时 $R_{xy}(0) = \psi_x\psi_y$。

(3)互相关函数并非偶函数。对于平稳随机信号

$$R_{xy}(\tau) = \lim_{T\to\infty}\frac{1}{T}\int_0^T x(t)y(t+\tau)\mathrm{d}t = \lim_{T\to\infty}\frac{1}{T}\int_0^T x(t-\tau)y(t)\mathrm{d}t = R_{yx}(-\tau) \qquad (10-52)$$

(4) 互相关系数 ρ_{xy}

$$\rho_{xy} = \frac{C_{xy}(\tau)}{\sigma_x\sigma_y} = \frac{R_{xy}(\tau) - \mu_x\mu_y}{\sigma_x\sigma_y} \qquad (10-53)$$

一般 $0 < \rho_{xy} < 1$，当 $\rho_{xy} = 0$ 表示不相关，$\rho_{xy} = 1$ 表示全相关。

互相关还可以用于检漏和测速中，图 10－13 是相关检漏原理图。为了检测管子泄漏点，可在两头挖洞，布置测声传感器，将两传感器声音信号进行互相关。由于传声时间差，在互相关图上求出 τ_0(最大值处于原点距离)，即可求泄漏点距离中心的距离 $L = v\tau_0/2$，v 为声音传播速度。相关测速原理见图 10－14 所示。轧板

以速度 v 运动，在距离 L 处放置两台光电测试装置，即聚焦光射在轧板表面上后反射回光电元件。两光电元件信号进行互相关，由于轧板上一点通过 L 距离，而在互相关图上产生 τ_0。轧板运动速度 $v = L/\tau_0$。

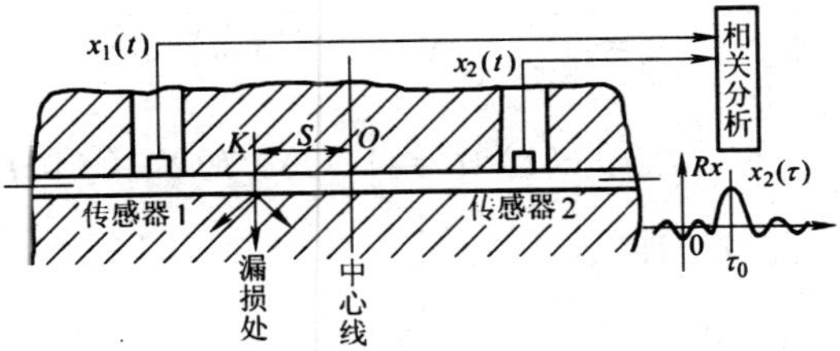

图 10－13　相关检漏

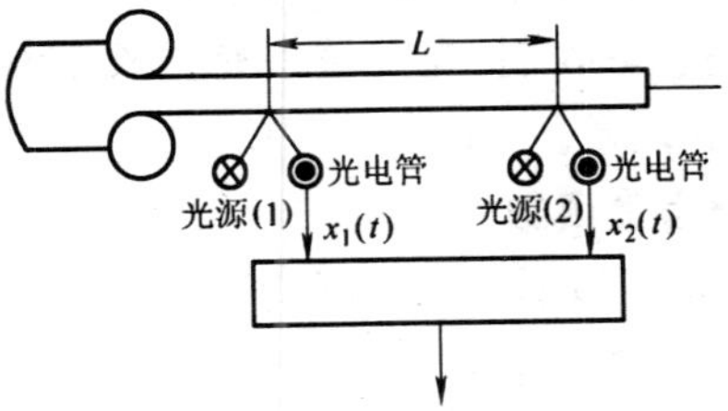

图 10－14　相关测速原理

第三节　信号频域分析

信号分析中，很重要的一个方面是分析信号的频率结构组成。对于确定性信号，通过富氏变换（周期信号实际需截断）可以得到信号的幅频及相频谱。对于随机信号，样本函数从负无穷到正无穷，因此不是绝对可积的，不能直接进行富氏变换，只能通过如均方值等能量有限的函数进行功率谱分析。

一、Parseval（帕什伐）定理

对于两信号 $x(t)$ 和 $y(t)$，要先取一段 T 时间的信号作乘积并取平均值，然后令 $T \to \infty$，可以得到

$$\frac{1}{T}\int_{-T/2}^{T/2} x(t)y(t)\mathrm{d}t = \frac{1}{T}\int_{-\infty}^{\infty} y(t)\left[\frac{1}{2\pi}\int_{-\infty}^{\infty} X(\omega)\mathrm{e}^{\mathrm{j}\omega t}\mathrm{d}\omega\right]\mathrm{d}t$$

即

$$\int_{-\infty}^{\infty} x(t)y(t)\mathrm{d}t = \frac{1}{2\pi}\int_{-\infty}^{\infty} X(\omega)Y^*(\omega)\mathrm{d}\omega$$

$$= \frac{1}{2\pi}\int_{-\infty}^{\infty} Y(\omega)X^*(\omega)\mathrm{d}\omega$$

或写成

$$\int_{-\infty}^{\infty} x(t)y(t)\mathrm{d}t = \int_{-\infty}^{\infty} Y(f)X^*(f)\mathrm{d}f \quad (10-54)$$

若 $x(t) = y(t)$，那么

$$\int_{-\infty}^{\infty} x^2(t)\mathrm{d}t = \int_{-\infty}^{\infty} X(f)X^*(f)\mathrm{d}f = \int_{-\infty}^{\infty} |X(f)|^2\mathrm{d}f \quad (10-55)$$

式中 $Y^*(\omega)$ 为 $Y(\omega)$ 的共轭，$X^*(f)$ 为 $X(f)$ 的共轭。

Parseval 定理告诉我们：在时域中有限长信号的总能量，等于在频域中信号的总能量。

二、自功率谱密度函数

由式(10－55)可以看到，$|X(f)|^2$ 是沿频率的能量分布密度，称为能谱

$$P_{\mathrm{av}} = \lim_{T\to\infty}\frac{1}{T}\int_{0}^{T} x^2(t)\mathrm{d}t = \int_{-\infty}^{\infty}\lim_{T\to\infty}\frac{1}{T}|X(f)|^2\mathrm{d}f \quad (10-56)$$

P_{av} 是整个时间轴上信号的平均功率，因此，定义自功率谱密度函数 $S_x(f)$ 为

$$S_{xx}(f) = \lim_{T\to\infty}\frac{1}{T}|X(f)|^2 \quad (10-57)$$

$S_{xx}(f)$ 为双边功率谱，根据能量等效原则，定义单边自功率谱密度（f 为正）为

$$G_{xx}(f) = \frac{2}{T}|X(f)|^2 \quad (f \geqslant 0) \quad (10-58)$$

一般 T 是有限的，因此，式(10－56)、式(10－57)是自功率谱的估算值。自功率谱密度函数简称为自谱或自功率谱。

以自相关函数定义自功率谱密度(维纳－辛钦定理)。若自相关函数绝对可积,它的富氏变换就是自功率谱。即

$$S_{xx}(f) = \int_{-\infty}^{\infty} R_x(\tau) e^{-j2\pi f\tau} d\tau \qquad (10-59)$$

上式逆变换为

$$R_{xx}(\tau) = \int_{-\infty}^{\infty} S_{xx}(f) e^{j2\pi f\tau} df \qquad (10-60)$$

式(10－57)和式(10－59)两种定义是等同的,因为

$$\int_{-\infty}^{\infty} R_{xx}(\tau) e^{-j2\pi f\tau} d\tau = \int_{-\infty}^{\infty} \frac{1}{T} \int_{-\infty}^{\infty} x(t) x(t+\tau) e^{-j2\pi f\tau} d\tau dt$$

$$= \int_{-\infty}^{\infty} \frac{1}{T} \int_{-\infty}^{\infty} x(t) e^{j2\pi ft} dt x(t+\tau) e^{-j2\pi f(t+\tau)} d\tau = \frac{1}{T} X(f) X^*(f)$$

自功率谱密度反映信号的频率结构,而且是幅值的平方,因此频率结构更为明显。由于自相关函数不包含信号的相位信息,因此自功率谱也不包含相位信息。

一个线性系统频率特性为 $H(f)$,输入与输出信号的富氏变换分别为 $X(f)$ 及 $Y(f)$,并得到

$$H(f) = Y(f)/X(f)$$

参看式(10－57),可以得到

$$|H(f)|^2 = S_{yy}(f)/S_{xx}(f) \qquad (10-61)$$

通过上式和测得 $S_{xx}(f)$、$S_{yy}(f)$,可以得到系统的幅频特性,但是得不到相频特性。

另外,自相关函数可以检出信号中的周期成分。周期信号的谱线是脉冲函数,因此含有周期成分的自相关函数无法进行富氏变换。在实际处理时,需要乘以窗函数,即所谓的截断。例如矩形窗(或汉明、汉宁窗等)。相乘后的周期函数不再是连续不断的,它在自功率谱图形中以较陡峰值形态出现。

三、互功率谱密度函数

(1)由式(10－54)可以看到等式右边积分号内式子,相当于两函数积在频域内的分布函数。因此,定义互功率谱密度函数为

$$S_{xy}(f)=\lim_{T\to\infty}\frac{1}{T}X^*(f)Y(f) \qquad (10-62)$$

及

$$S_{yx}(f)=\lim_{T\to\infty}\frac{1}{T}Y^*(f)X(f) \qquad (10-63)$$

(2)通过互相关函数定义互功率谱密度函数

$$S_{xy}(f)=\int_{-\infty}^{\infty}R_{xy}(\tau)e^{-j2\pi f\tau}d\tau \qquad (10-64)$$

及逆变换

$$R_{xy}(\tau)=\int_{-\infty}^{\infty}S_{xy}(f)e^{j2\pi f\tau}df \qquad (10-65)$$

亦即,互功率谱密度函数是互相关函数的富氏变换。

(3)一个线性系统频率特性为 $H(f)$,输入信号 $x(t)$ 与 $y(t)$ 的富氏变换分别为 $X(f)$ 及 $Y(t)$。与式(10 - 61)类似,可得

$$H(f)=S_{xy}(f)/S_{xx}(f) \text{ 或 } H(f)=S_{yy}(f)/S_{yx}(f) \qquad (10-66)$$

利用输出与输入信号的互功率谱密度函数与输入信号的自功率谱密度函数比来求频率特性 $H(f)$ 时,尽管测量过程中可能混入噪声等不需要的信号,但是采用 $S_{xy}(f)$,排除了与输入信号不同频信号的干扰。不过应该注意,输入信号(大多为激振信号)本身不应混入不需要成分,否则不能排除影响。

(4) 凝聚函数(相干函数)γ_{xy}

$$\gamma_{xy}^2=\frac{|S_{xy}(f)|^2}{S_{xx}(f)S_{yy}(f)} \qquad (10-67)$$

一般 $0\leqslant\gamma_{xy}^2\leqslant1$。$\gamma_{xy}^2$ 表示了输出信号功率谱的多少是属于输入信号引起的响应。如果 $\gamma_{xy}^2=0$,表示输出与输入信号不相干;如果 $\gamma_{xy}^2=1$,表示输出信号与输入信号完全相干。一般 γ_{xy}^2 在 0 ~ 1 之间,这时有三种可能:测试过程中有外界噪声干扰;输出 $y(t)$ 是输入 $x(t)$ 和其它输入所产生的综合输出;$h(t)$ 是非线性系统。

图 10 - 15 表示某车辆运行时,前轮振动信号 $x(t)$ 和后轮振

动信号 $y(t)$ 都会引起座椅 z 的振动 $z(t)$。测量后得到座椅 $z(t)$ 的自功率谱密度 $G_z(f)$、$x(t)$ 的为 $G_x(f)$，并发现在 12Hz 处有振动谱峰。再由相干函数分析，可得该频率的 $\gamma_{xz}^2 = 0.9$，而后轮与 z 的 $\gamma_{yz}^2 = 0.4$，且不在 12Hz 处。因此，认为前轮对 z 的影响最大。

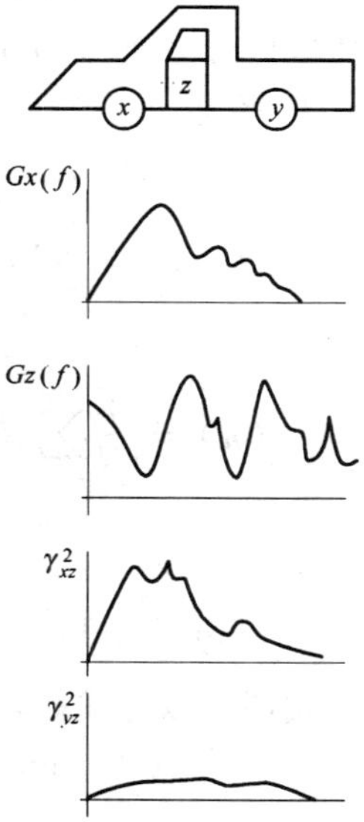

图 10－15　相干函数应用

四、能量谱

对于非周期信号，特别是瞬态信号，由于持续时间 T 有限，因此，应采用能量谱分析。能量谱为

$$E_{xx}(f) = X^*(f)X(f)$$

或

$$E_{xy}(f) = X^*(f)Y(f)$$

第四节　离散富氏变换

一、数字信号处理的基本步骤

数字信号处理的步骤是：信号的预处理；信号幅值的量化；信号采样成等间隔序列；信号截断；加窗处理；离散富氏变换或其它计算。

信号的预处理内容有：

(1)电压幅值处理，使与 A/D 板匹配。

(2)对信号进行高频滤波，即抗混滤波，滤去高频噪声。

(3)隔离信号中的直流分量(去除直流分量)。

(4)一些特殊处理。如调制信号的解调，频率信号的转换等。

二、离散富氏变换

模拟信号 $x(t)$ 经采样、量化及截断后，得到有限长的离散时间序列 $x(n)$，$n = 0,1,2,\cdots\cdots N-1$，即共 N 个数。

1. 离散富氏变换 DFT

离散信号序列 $x(n)$ 的离散富氏变换为 $X(k), k = 0.1,2,\cdots N-1$。写成

$$x(n) \rightleftharpoons X(k) \tag{10-68}$$

$$X(k) = \sum_{n=0}^{N-1} x(n)e^{-j2\pi nk/N} = \sum_{n=0}^{N-1} x(n)W^{nk}$$
$$(k = 0,1,2\cdots\cdots N-1) \tag{10-69}$$

$$x(n) = \frac{1}{N}\sum_{k=0}^{N-1} X(k)e^{j2\pi nk/N} = \frac{1}{N}\sum_{k=0}^{N-1} X(k)W^{-nk}$$
$$(n = 0,1,2\cdots\cdots N-1) \tag{10-70}$$

式中

$$W = e^{-j2\pi/N} = \cos(2\pi/N) - j\sin(2\pi/N) \tag{10-71}$$

上式还可以写成矩阵形式

$$\begin{bmatrix} X(0) \\ X(1) \\ X(2) \\ \vdots \\ X(N-1) \end{bmatrix} = \begin{bmatrix} W^0 & W^0 & W^0 & \cdots & W^0 \\ W^0 & W^1 & W^2 & \cdots & W^{N-1} \\ W^0 & W^2 & W^4 & \cdots & W^{2(N-1)} \\ \vdots & & & & \\ W^0 & W^{N-1} & W^{2(N-1)} & \cdots & W^{(N-1)(N-1)} \end{bmatrix} \begin{bmatrix} x(0) \\ x(1) \\ x(2) \\ \vdots \\ x(N-1) \end{bmatrix} \tag{10-72}$$

或写成

$$[X(k)] = [W^{kn}][x(n)] \tag{10-73}$$

同样,逆变换为

$$[x(n)] = [W^{-kn}][X(k)] \tag{10-74}$$

及 $[W^{-kn}]$ 为 $[W^{kn}]$ 的共轭矩阵。例如当 $N = 4$ 时, $W = e^{-j\pi/2}$, $W^0 = 1$, $W^1 = -j$, $W^2 = -1$, $W^3 = j$,因此

$$[W^4] = \begin{bmatrix} 1 & 1 & 1 & 1 \\ 1 & -j & -1 & j \\ 1 & -1 & 1 & -1 \\ 1 & j & -1 & -j \end{bmatrix} \quad 及 [W^{-4}] = \begin{bmatrix} 1 & 1 & 1 & 1 \\ 1 & j & -1 & -j \\ 1 & -1 & 1 & -1 \\ 1 & -j & -1 & j \end{bmatrix}$$

上面分析的是 DFT(离散富氏变换)。离散变换后,频域的幅

值比非离散的富氏变换小 $1/T_s$。因此,DFT 要转换成非离散的 FT 时,应将式(10－69)乘以 T_s。

同样,离散逆变换式(10－70)转换为非离散逆变换时,应乘以 $1/T_s$。

计算 DFT 时需要进行复数乘法。对于 N 个采样值,求 $X(k)$ 时要进行 N^2 次复数乘法。例如 $N=1024$,需进行约 4.2×10^6 次乘法运算。1965 年柯莱(Cooley.J.W)和杜基(Tukey.J.W)等研究出快速算法,即 F.F.T,使总运算乘法次数大大下降,使运算速度快了将近 200 倍($N=1024$)。

2. 离散功率谱密度估计

若 $x(t)$,$y(t)$ 离散化后的信号为 $x(n)$,$y(n)$,它们的富氏变换相应为 $X(k)$,$Y(k)$,可以得到自功率谱(单边)

$$G_x(k)=\frac{2}{N}|X(k)|^2 \tag{10-75}$$

互功率谱

$$G_{xy}(k)=\frac{2}{N}X^*(k)Y(k) \tag{10-76}$$

3. 离散卷积及相关

$x(t)$,$y(t)$ 的离散信号为 $x(n)$,$y(n)$。卷积为 $Q(t)=x(t)*y(t)$

$$Q(m)=\sum_{n=0}^{N-1}x(n)y(m-n) \quad m=0,1,2\cdots N-1 \tag{10-77}$$

离散相关

$$R(m)=\frac{1}{N}\sum_{n=0}^{N-1}x(n)y(m+n) \quad m=0,1,2\cdots N-1 \tag{10-78}$$

或

$$R(m)=\frac{1}{N}\sum S_x(k)e^{j2\pi nk/N} \tag{10-79}$$

第五节　快速富氏变换 FFT

快速富氏变换 FFT 有多种计算方法,本节介绍基 2 时间抽取法。信号采样后成为离散值 $x(n)$,$n=0,1,2\cdots\cdots N-1$。N 应该是 2 的正整数即 $N=2^s$,其中 s 为正整数。

例如,当 $s=9$ 时,$N=512$;$s=10$ 时,$N=1024$。离散富氏变换为

$$X(k)=\sum_{k=0}^{N-1}x(n)W_N^{kn}\quad k=0,1,2\cdots N-1 \qquad (10-80)$$

$$W_N=\mathrm{e}^{-\mathrm{j}2\pi/N}=\cos(2\pi/N)-\mathrm{j}\sin(2\pi/N) \qquad (10-81)$$

计算时,可将序列 $x(n)$ 分成 n 的偶数及奇数两部分,即

$$X(2r)=\sum_{r=0}^{N/2-1}x(2r)W_N^{2rk}=\sum_{r=0}^{N/2-1}x(2r)W_{N/2}^{rk}X(2r+1)$$

$$X(2r+1)=\sum_{r=0}^{N/2-1}x(2r+1)W_N^{(2r+1)k}=\sum_{r=0}^{N/2-1}x(2r+1)W_N^{2rk}\cdot W_N^k$$

$$=\sum_{r=0}^{N/2-1}x(2r+1)W_{N/2}^{rk}\cdot W_N^k=X(2r+1)W_N^k$$

因此得到

$$X(k)=X(2r)+X(2r+1)W_N^k$$

同样,对$(2r)$及$(2r+1)$序列可按其间隔偶奇再分成$(4r)$、$(4r+2)$及$(4r+1)$、$(4r+3)$四列序列,并仍可得到相似$(2r)$、$(2r+1)$序列的计算式,只是 W_N^k 应该是 $W_{N/2}^k$。如此继续再分下去,直到系列只剩一个数。计算时,从前述分割后的序列,即通过对原序列进行调序后的序列开始,进行蝶形乘法(见图 10-16),通过逐级蝶形乘法(乘与加),最后求出最终的 FFT 结果(见图 10-17)。对原序列 $x(i)$,$i=1,2,3,\cdots N$,进行调序,可按下列规律进行:

(1) 当 $i\leqslant N/2$ 时,$x(i)$ 后应接 $x(i+N/2)$;

(2) 当 $N/2<i\leqslant N/2+N/4$ 时,$x(i)$ 后应接 $x(i+N/4-N/2)$;

(3) 当 $N/2 + N/4 < i \leqslant N/2 + N/4 + N/8$ 时，$x(i)$ 后应接 $x(i + N/8 + N/4 - N/2)$；

(4) 当 $N/2 + N/4 + N/8 < i \leqslant N/2 + N/4 + N/8 + N/16$ 时，$x(i)$ 后应接 $x(i + N/16 - N/8 - N/4 - N/2)$。如此继续下去，直到完成调序程序。

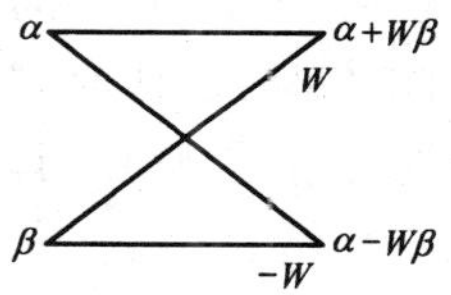

图 10－16　蝶形乘法

蝶形乘法如图 10－16 所示。蝶形乘法中的 W 与级数有关，对于 l 级的 W 值为 $m = 2^l$，$W_m = e^{-j2\pi/m}$，蝶形乘法中的 W 从上到下为 $W_m^0\ W_m^1\ W_m^2 \cdots W_m^{m/2-1}$。

例如，$x = \sin(2\pi f_0 t) = \sin(2\pi n/N)$，要求 $f_s = 8f_0$，或 $N = f_s/f_0 = 8$。$x(0) = 0$，$x(1) = 0.707$，$x(2) = 1$，$x(3) = 0.707$，$x(4) = 0$，$x(5) = -0.707$，$x(6) = -1$，$x(7) = 0.707$。其蝶形乘法见图 10－17。

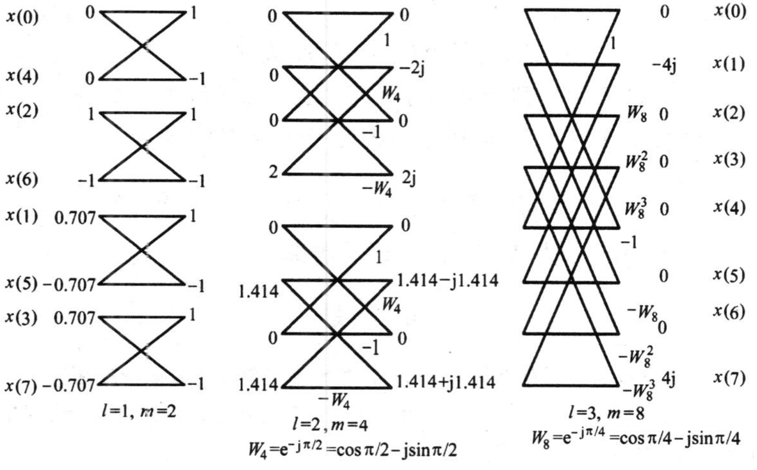

图 10－17　FFT 计算流程

由计算结果可知，$X(k)$ 对称于 $N/2$。也就是说，$X(k)$ 中 $k = 0,1,2 \cdots N/2 - 1$ 为正频率的富氏变换值。$k = N, N-1, N-2 \cdots N/2+1$ 为负频率的富氏变换值，见图 10－18。对于单边谱，则

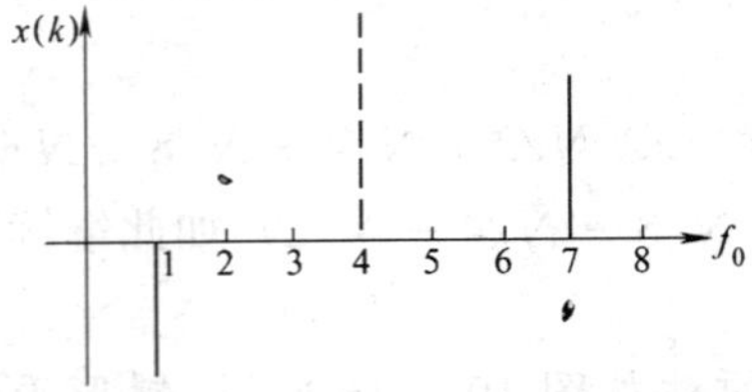

图 10－18　正弦信号频谱

只需 $k=0,1,2\cdots N/2$ 的值，且将幅值乘以 2。

对周期信号进行富氏级数谐波分析可以利用 FFT 进行。周期信号采样时必须使 T_0 为周期的整数倍（实际上非周期信号进行 DFT 时，已使时域信号成为周期延拓信号）。其富氏级数系数

$$C_k = \frac{1}{T_0}\int_{-T_0/2}^{T_0/2} x(t)e^{-j2\pi k f_0 t}dt$$

因此可以得到

$$C_k = X(k)/N$$

幅频谱

$$A_k = 2|C_k| = 2X(k)/N$$

对于上述例子，C_k 即为 $X(k)/8$，而 $A_k = |X(k)|/4$。

在求得 $X(k)$ 后，自功率谱密度 PSD 可按下式计算

$$G_x(k) = \frac{2}{N}|X(k)|^2 = \frac{2}{N}[\mathrm{Re}^2(k) + \mathrm{Im}^2(k)]$$

Re(k) 及 Im(k) 为 $X(k)$ 的实部及虚部。

习　题

1. 求周期为 T_0，最大值为 $\pm x_0$ 的零均值三角波的概率密度函数。

2. 求锯齿波 $x(t) = x_0 t/T(0 \leqslant t \leqslant T)$ 的均值，绝对均值，有效值，峰值因子 C，脉冲因子 I，波形因子 F。

3. 求 $x(t) = e^{-at}(a > 0, t > 0)$ 在有限长度 T 内的自相关函数和自功率谱密度估计值（T 自 $t=0$ 开始计算）。

4. 求幅值 $\pm x_0$ 周期为 T 的零均值方波的自相关函数和自功率谱密度。

5. 求 $x(t) = A_1\cos(\omega_1 t + \varphi_1) + A_2\cos(\omega_2 t + \varphi_2)$，且 $\omega_1 \neq \omega_2, \varphi_1 \neq \varphi_2$ 的自相关函数和自功率谱密度。

6. 已知某信号的自相关函数为 $R_x(\tau) = 16 + 72\cos(188.5t)$。求该信号

的均值,均方值,频率及振幅。

7. 求周期都是 T,最大幅值都是 $\pm x_0$ 的两个波的互相关函数,其中一个是方波,一个是正弦波。并求其互功率谱密度函数。

8. 应用能量等式求$\int_{-\infty}^{\infty}(\frac{\sin t}{t})^2 \mathrm{d}t$。

9. 对信号 $x = \cos 16\pi t$ 进行采样,采样频率为 $f_s = 4\mathrm{Hz}$、$8\mathrm{Hz}$、$16\mathrm{Hz}$、$24\mathrm{Hz}$ 四种情况。试比较其采样结果,并解释混叠现象。

10. 对信号 $x(t) = \cos(200\pi t)$ 进行采样,问最低的采样频率为多少?若用最低采样频率采样,并经截断后,求 DFT。若要求 DFT 的频率间隔为 1Hz 以下,求截断时间(采样长度)及采样个数。如果采样个数必须按 2^s 系列圆正,那么采样频率最低应该取多少?若仍然用原来采样频率,会出现什么误差结果?

11. 对信号 $x_0\cos 2\pi f_0 t$ 进行采样。采样第一点 $t = 0$,求采样 8 点后的 DFT。同时用 FFT 求 8 点 DFT。并求其幅频谱。

12. 一个时间序列 $x(n)$,$n = 0,1,2,\cdots\cdots(N-1)$。而 $X(k)$ 为其 DFT,证明 DFT 的能量等式

$$\sum_{n=0}^{N-1} |x(n)|^2 = \frac{1}{N}\sum_{k=0}^{N-1} |X(k)|^2$$

第十一章　测试数据的数学建模

测试数据处理内容很广，信号处理实际上也是其内容之一。本章主要介绍提取确定性成分的线性及非线性回归，正交多项式拟合，抑制随机成分的滑动平均，以及抑制确定性成分的变量差分法，拟合平稳随机序列的自回归建模法。

第一节　测试数据的一元线性回归

一、一元线性回归

当测试量 x_i 与 y_i 之间存在着线性关系时，可采用线性回归拟合直线。若 $x_1, x_2, x_3, \cdots, x_n$ 相应的测量量为 $y_1, y_2, y_3, \cdots, Y_n$，并假设其线性方程为

$$\hat{y} = A + Bx \tag{11-1}$$

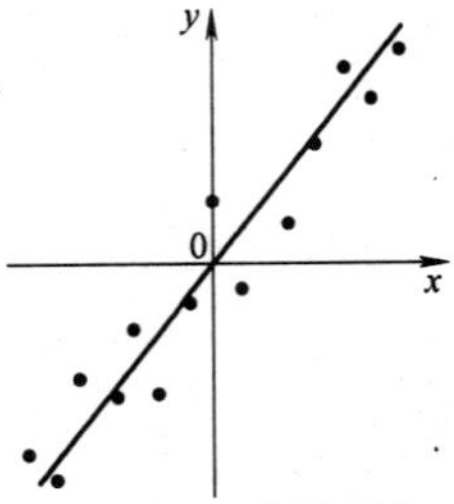

图 11－1　线性回归拟合线

则方程中 A, B 系数可用最小二乘法求得。最小二乘法就是要求各 y_i 值与方程(11－1)之间的差值 V_i 的平方和为最小(见图 11－1)

$$V_i = y_i - \hat{y}$$

要求 $\dfrac{\partial(\Sigma V_i^2)}{\partial A} = 0$ 及 $\dfrac{\partial(\Sigma V_i^2)}{\partial B} = 0$

又由 $V_i = y_i - \hat{y} = y_i - A - Bx_i$ 代入上式得

$$\frac{\partial(\Sigma V_i^2)}{\partial A} = 2[\Sigma V_i]\frac{\partial V_i}{\partial A} = 0$$

$$\frac{\partial(\Sigma V_i^2)}{\partial B} = 2[\Sigma V_i]\frac{\partial V_i}{\partial B} = 0 \tag{11-2}$$

可得正规方程组

$$\left.\begin{aligned} nA + (\Sigma x_i)B &= (\Sigma y_i) \\ (\Sigma x_i)A + (\Sigma x_i)^2 B &= \Sigma(x_i y_i) \end{aligned}\right\} \tag{11-3}$$

上式可写成矩阵式

$$\begin{bmatrix} n & \Sigma x_i \\ \Sigma x_i & \Sigma x_i^2 \end{bmatrix} \begin{bmatrix} A \\ B \end{bmatrix} = \begin{bmatrix} \Sigma y_i \\ \Sigma(x_i y_i) \end{bmatrix} \tag{11-4}$$

若令

$$\left.\begin{aligned} L_{xx} &= (\Sigma x_i^2) - (\Sigma x_i)^2/n \\ L_{xy} &= \Sigma(x_i y_i) - (\Sigma x_i)(\Sigma y_i)/n \\ L_{yy} &= (\Sigma y_i^2) - (\Sigma y_i^2)/n \end{aligned}\right\} \tag{11-5}$$

那么式(11－4)的解为

$$B = L_{xy}/L_{xx} \tag{11-6}$$

$$A = (\Sigma y_i)/n - B[(\Sigma x_i)/n] = \bar{y} - B\bar{x} \tag{11-7}$$

式中，$\bar{y}$ 及 $\bar{x}$ 为 y_i 及 x_i 的平均值。

另外，可求出 x，y 的线性相关系数为

$$\rho = \frac{L_{xy}}{\sqrt{L_{xx}L_{yy}}} \tag{11-8}$$

若 ρ 值小于表 11－1 中的 ρ_α 值，可以认为是线性方程。

表 11－1 相关系数检验表

	α			α			α	
$n-2$	0.01	0.05	$n-2$	0.01	0.05	$n-2$	0.01	0.05
1	1.00	0.997	11	0.68	0.55	22	0.53	0.40
2	0.99	0.95	12	0.66	0.54	24	0.52	0.39
3	0.96	0.88	13	0.64	0.53	26	0.48	0.37
4	0.92	0.81	14	0.62	0.50	28	0.46	0.36
5	0.87	0.75	15	0.61	0.48	30	0.45	0.35
6	0.83	0.71	16	0.59	0.47	35	0.42	0.32
7	0.80	0.67	17	0.58	0.46	40	0.39	0.30
8	0.77	0.63	18	0.56	0.44	45	0.37	0.29
9	0.74	0.60	19	0.55	0.43	50	0.35	0.27
10	0.71	0.57	20	0.54	0.42	60	0.32	0.25

注：表中 α 为显著水平。

拟合直线与 y_i 的标准差值为

$$\sigma = \sqrt{\Sigma(y_i - \hat{y})^2/(n-2)} = \sqrt{(L_{yy} - BL_{xy})/(n-2)} \tag{11-9}$$

因此直线的置信区间为(置信概率 $Pc = 99.7\%$)

$$y = A + Bx \pm 3\sigma \tag{11-10}$$

若 $Pc = 95\%$,那么 3σ 改为 2σ 即可。

二、平均选点法求一元线性方程

用上述分析的最小二乘法原理的回归方法精度较高,但计算麻烦。为了简化计算,可以用平均选点法。不过,该法精度不如上述方法高。平均选点法的思想是将测量数据按顺序分成两组,各自求出平均值(即中心),然后以两中心的连线作为拟合直线。假若有 n 个数,按顺序分成 n_1 个及 n_2 个两部分(偶数时 $n_1 = n_2 = n/2$,奇数时可将中间一点既作为 n_1 又作为 n_2 来计算),求出各自的平均值为

前半部分均值

$$x_a = \sum_{i=1}^{n_1} x_i/n_1;\ y_a = \sum_{i=1}^{n_1} y_i/n_1$$

后半部分均值

$$x_b = \sum_{i=n_1+1}^{n_1+n_2} x_i/n_2;\ y_b = \sum_{i=n_1+1}^{n_1+n_2} y_i/n_2$$

总均值

$$\bar{x} = (x_a + x_b)/2;\ \bar{y} = (y_a + y_b)/2$$

直线斜率

$$B = \frac{y_b - y_a}{x_b - x_a} \tag{11-11}$$

$$A = \bar{y} - B\bar{x} \tag{11-12}$$

求出 A、B 后,直线方程 $y = A + Bx$。

例 一次测量 x_i 与 y_i 关系见下表第一及第二列,求拟合回归方程。

	x	y	x^2	x_y	y^2
	2	1.00	4	2	1
	4	1.10	16	4.4	1.21
	6	4.90	36	29.4	24.01
	8	12.8	64	102.4	163.84
	10	25.3	100	253	640.09
	12	40.5	144	486	1640.25
	14	62.4	196	873.6	3893.76
	16	84.9	266	1358.4	7208.01
Σ	72	232.9	812	3109.2	13572.17

解 $L_{xx} = 812 \times 72^2/8 = 164$

$L_{xy} = 3109.2 - 72 \times 232.9/8 = 1013.1$

$L_{yy} = 13572.17 - 232.9^2/8 = 6791.87$

$B = L_{xy}/L_{xx} = 6.1774; A = 232.9/8 - 6.1774 \times 72/8$

$= -26.4845$

$$\rho = \frac{L_{xy}}{\sqrt{L_{xx}、L_{xy}}} = 0.96 > 0.83; \sigma = \sqrt{\frac{L_{yy} - BL_{xy}}{n-2}} = 9.43$$

因此回归方程为

$$y = -26.48 + 6.1774x \pm 28.3$$

用平均选点法计算时，前四个序列 $x_a = 5, y_a = 4.95$，后四个序列 $x_b = 13, y_b = 53.275$。总均值 $\bar{x} = 9, \bar{y} = 29.1125$。因此，$B = \frac{y_b - y_a}{x_b - x_a} = 6.041, A = -25.2531$。方程为

$$y = -25.2531 + 6.0406x$$

第二节　多元线性回归

假设与 y_i 对应的有多个测量量 x_{1i}，x_{2i}，x_{3i}，…，x_{mi}，这时，方程为

$$\hat{y} = A_0 + A_1x_1 + A_2x_2 + \cdots + A_mx_m \qquad (11-13)$$

某 i 点与上述拟合方程的差值

$$V_i = y_i - \hat{y} = y_i - A_0 - A_1x_1 - A_2x_2 - \cdots A_mX_m$$

由最小二乘法即下述偏导数为零可以求出系数 $A_0, A_1, A_2 \cdots A_m$

$$\frac{\partial \Sigma V_i^2}{\partial A_0} = 0, \frac{\partial \Sigma V_i^2}{\partial A_1} = 0 \cdots \frac{\partial \Sigma V_i^2}{\partial A_m} = 0$$

得正规方程组如下

$$\begin{bmatrix} n & \Sigma x_1 & \Sigma x_2 & \cdots & \Sigma x_m \\ \Sigma x_1 & \Sigma x_1 x_1 & \Sigma x_1 x_2 & \cdots & \Sigma x_1 x_m \\ \Sigma x_2 & \Sigma x_2 x_1 & \Sigma x_2 x_2 & \cdots & \Sigma x_2 x_m \\ \vdots & \vdots & \vdots & \vdots & \\ \Sigma x_m & \Sigma x_m x_1 & \Sigma x_m x_2 & \cdots & \Sigma x_m x_m \end{bmatrix} \begin{bmatrix} A_0 \\ A_1 \\ A_2 \\ \vdots \\ A_m \end{bmatrix} = \begin{bmatrix} \Sigma y \\ \Sigma y x_1 \\ \Sigma y x_2 \\ \vdots \\ \Sigma y x_m \end{bmatrix}$$

(11 - 14)

上式中各 Σ 后 $x_{1i}, x_{2i}, \cdots, x_{mi}$ 省略了(i),而用 $x_1, x_2, x_3, \cdots, x_m$ 代替。以下各式中也如此。

由上式可解出 $A_0, A_1, A_2, \cdots, A_m$。相关系数 ρ 与标准差 σ 由下式求得

$$S = \sum_{j=1}^{m} A_j [\sum_{i=1}^{n} y x_j - (\sum_{i=1}^{n} x_j \sum y)/n] \quad (11 - 15)$$

$$L = \sum_{i=1}^{n} y - (\sum_{i=1}^{n} y)^2/n \quad (11 - 16)$$

全相关系数

$$\rho^2 = S/L \quad (11 - 17)$$

$$\sigma^2 = \frac{L - S}{n - m - 1} \quad (11 - 18)$$

对于二元回归方程为

$$y = A_0 + A_1 x_1 + A_2 x_2 \quad (11 - 19)$$

得

$$\begin{bmatrix} n & \Sigma x_1 & \Sigma x_2 \\ \Sigma x_1 & \Sigma x_1^2 & \Sigma x_1 x_2 \\ \Sigma x_2 & \Sigma x_1 x_2 & \Sigma x_2^2 \end{bmatrix} \begin{bmatrix} A_0 \\ A_1 \\ A_2 \end{bmatrix} = \begin{bmatrix} \Sigma y \\ \Sigma y x_1 \\ \Sigma y x_2 \end{bmatrix} \quad (11 - 20)$$

由式(11 - 20)即可解出 A_0、A_1、A_2。令

$$L = \Sigma y_i^2 - (\Sigma y_i)^2/n \tag{11-21}$$

$$S = A_1[\Sigma y_i x_{1i} - (\Sigma y_i \Sigma x_{1i})^2/n + A_2[\Sigma y_i x_{2i} - (\Sigma y_i \Sigma x_{2i})^2/n] \tag{11-22}$$

$$\rho^2 = S/L \tag{11-23}$$

$$\sigma^2 = \frac{L - S}{n - 3} \tag{11-24}$$

例如位移传感器位移量 X_1 及温度 X_2 与输出 Y 有下列关系：

x_1/mm	10	20	30	10	15	25	20	30	30	25	15	20
x_2/℃	11	15	16	20	26	30	25	29	12	14	12	30
y/mV	36	68	98	37	69	92	71	102	96	82	54	76

回归方程为　　$Y = A_0 + A_1X_2 + A_2X_2$

由式(11－21)可得下式

$$\begin{bmatrix} 12 & 250 & 240 \\ 250 & 5800 & 5090 \\ 240 & 5090 & 5428 \end{bmatrix} \begin{bmatrix} A_0 \\ A_1 \\ A_2 \end{bmatrix} = \begin{bmatrix} 881 \\ 20105 \\ 18239 \end{bmatrix}$$

及　$\Sigma y^2 = 70195$

由上式得到行列式(左式左矩阵)

$\Delta = 4361600$

$\Delta A_1 = 12525760$

$\Delta A_2 = 2504000$

$\Delta A_0 = 9180800$

因此求得 $A_1 = \frac{\Delta A_1}{\Delta} 2.8718, A_2 = \frac{\Delta A_2}{\Delta} 0.5741, A_0 = \frac{\Delta A_0}{\Delta} 2.1049$

方程为

$y = 2.1049 + 2.8718x_1 + 0.5741x_2$

以及

$L = 70195 - 881^2/12 = 5515$

$S = 2.8718(20105 - 881 \times 250/12) + 0.5741(18239 - 881 \times$

240/12) = 5383.4

ρ = 0.988, σ = 3.824, 3σ = 11.47。即为线性方程(ρ = 0.988),不确定度为 ±11.47。

第三节　非线性回归

(1)若回归方程为非线性方程,可用多项式逼近,当 m 已知时,多项式为

$$y = A_0 + A_1 x_1 + A_2 x^2 + A_3 x^3 + \cdots A_m x^m$$

参看式(11-14),可得类似矩阵

$$\begin{bmatrix} n & \Sigma x & \Sigma x^2 & \cdots & \Sigma x^m \\ \Sigma x & \Sigma x^2 & \Sigma x^3 & \cdots & \Sigma x^{m+1} \\ \Sigma x^2 & \Sigma x^3 & \Sigma x^4 & \cdots & \Sigma x^{m+2} \\ \vdots & \vdots & \vdots & \vdots & \\ \Sigma x^m & \Sigma x^{m+1} & \Sigma x^{m+2} & & \Sigma x^{2m} \end{bmatrix} \begin{bmatrix} A_0 \\ A_1 \\ A_2 \\ \vdots \\ A_m \end{bmatrix} = \begin{bmatrix} \Sigma xy \\ \Sigma yx \\ \Sigma yx^2 \\ \vdots \\ \Sigma yx^m \end{bmatrix} \tag{11-25}$$

上式可解得各系数 A_0、A_1、$A_2 \cdots A_m$,式(11-25)中 Σ 后的 x 应该是 x_i,为方便书写省略了。

例　一仪表输入 x,输出 y 关系如下:

n	x	y	x^2	x^3	x^4	yx	yx^2
1	5	14.48	25	125	625	72.4	362
2	10	24.14	100	1000	10000	241.4	2414
3	15	35.60	225	3325	50625	534	8010
4	20	50.10	400	8000	160000	1002	20040
5	25	66.10	625	15625	390625	1652.5	41312
6	30	85.20	900	27000	810000	2556	76680
7	35	105.00	1225	42875	1500625	3675	128625
8	40	130.00	1600	64000	2560000	5200	208000
Σ	180	510.62	5100	162000	5482500	74933	485444

回归方程　$y = A_0 + A_1 x + A_2 x^2$,式(11-25)为

$$\begin{bmatrix} 8 & 180 & 5100 \\ 180 & 5100 & 162000 \\ 5100 & 162000 & 5482500 \end{bmatrix} \begin{bmatrix} A_0 \\ A_1 \\ A_2 \end{bmatrix} = \begin{bmatrix} 510.62 \\ 14933 \\ 485444 \end{bmatrix}$$

上式行列式 $\Delta = 4.1381 \times 10^7, \Delta A_1 = 1.03066 \times 10^9$

$\Delta A_2 = 4.1391 \times 10^7, \Delta A_0 = 6.719265 \times 10^9$

解得 $A_0 = \dfrac{\Delta A_0}{\Delta} = 7.6182, A_1 = \dfrac{\Delta A_1}{\Delta} = 1.1686, A_2 = \dfrac{\Delta A_2}{\Delta}$
$= 0.04693$

所以方程为

$$y = 7.6182 + 1.1680x + 0.04693x^2$$

(2)对一些特殊非线性方程,如表 11－2 所列方程,可以用对数方法使其变为线性方程,然后用线性回归求参数。

表 11－2　常用非线性方程线性化表

方程	化成线性方程	方程类型依据(Δx 等分)	图形
$y = Bx + Cx^2$	$y/x = B + Cx$	$\Delta(\Delta y)$ 为常数	图 11－2(a)
$y = Be^{cx}$ 或 $y = BC^{x}$	$\log y = \log B + Cx$	$\Delta\log y$ 为常数	图 11－2(b)
$y = Bx^c$	$\log y = \log B + C\log x$	$(\Delta\log y)/(\Delta\log x)$ 为常数	图 11－2(c)

对于 x 点等分的 y 数据,即 Δx 相同时,若符合表中的类型依据,便可以用该方程来回归。

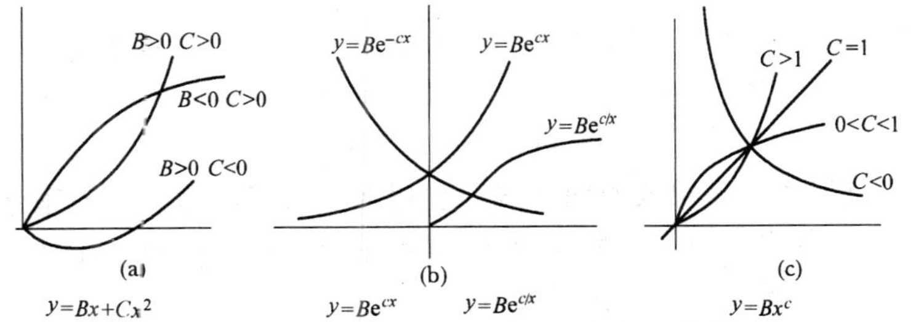

图 11－2　非线性方程的线性回归方程曲线

例如其 x 及 y 测量值如下:

x	y	$\Delta(\Delta y)$	$\ln x$	$\ln y$	$\Delta\ln y$	$\Delta\ln y/\Delta\ln x$	$1/x$	$\Delta\ln y/\Delta(1/x)$	$\ln y/x$
2	0.52	1.34	0.6931	1.8748	0.298	0.149	0.5	－1.19	0.9374
4	8.78	0.42	1.3863	2.1725	0.0976	0.077	0.25	－1.20	0.5431
6	9.70	0.22	1.7918	2.2721	0.0503	0.04	0.1667	－1.18	0.3787
8	10.20	0.14	2.0794	2.3224	0.0271	0.121	0.125	－1.08	0.2903
10	10.48	0.02	2.3026	2.3495	0.0133	0.073	0.1	－0.80	0.2349
12	10.62	0.06	2.4849	2.3627	0.0149	0.097	0.08333	－1.25	0.1969
14	10.78		2.6391	2.3777	0.0092	0.069	0.07143	－1.03	0.1698
16	10.88		2.7726	2.3869			0.0625		0.1492
Σ				18.11869			1.35893		2.90040

将 x 与 y 值绘成坐标曲线,可能的方程是 $y = Bx - Cx^2$,$y = Be^{c/x}$,$y = Bx^c$。又经检查,发现$(\Delta\ln y)/(\Delta 1/x)$为常数,因此回归方程为

$$y = Be^{c/x}$$

上式取对数得

$$\ln y = C/x + \ln B$$

令 $Y = \ln y, A = \ln B, X = 1/x$,可得方程

$$Y = A + CX$$

按线性回归求得

$L_{xx} = \Sigma X^2 - (\Sigma X)^2/n = 0.15102$

$L_{xy} = \Sigma(XY) - (\Sigma X)(\Sigma Y)/n = 0.17735$

$C = L_{xy}/L_{xx} = 1.1744, A = \overline{Y} - C\overline{X} = 2.48433, B = e^A = 11.7556$。

因此回归方程为

$$y = 11.7556\exp(-1.1744/x)$$

也可按 $y = BC^{1/x}$ 回归,即 $\ln y = \ln B + (\ln C)/x$,并求得

$C = 0.30901, B = 11.7556$。方程为

$$y = 11.7556(0.30901)^{1/x}$$

(3)正交多项式回归曲线。利用多项式回归曲线的困难之一是如何确定多项式的最高指数,利用正交多项式回归曲线可以解决这个困难。若一个正交多项式为

$$y = A_0 + A_1x + A_2x^2 + \cdots A_mx^m \qquad (11-26)$$

对 X 进行适当变换成下式

$$y = B_0\psi_0 + B_1\psi_1 + B_2\psi_2 + \cdots B_m\psi^m \qquad (11-27)$$

式中,各 ψ_i 是 X 的函数,即 X 的多项式;B_m 为各系数。若对 X_i 进行等间隔取值,计算可以简化如下:

设 X 取值为 1,2,3…n,这时各 ψ_i 多项式为($\overline{X}$ 为 X_i 的平均值)

$$
\left.\begin{aligned}
\psi_0 &= 1 \\
\psi_1 &= X - \overline{X} \\
\psi_2 &= (X - \overline{X})^2 - \frac{n^2 - 1}{12} = \psi_1^2 - \frac{n^2 - 1}{12} \\
\psi_3 &= (X - \overline{X})^3 - \frac{3n^2 - 7}{20}(X - \overline{X}) = \psi_1^3 - \frac{3n^2 - 7}{20}\psi_1 \\
\psi_4 &= \psi_1^4 - \frac{3n^2 - 13}{14}\psi_1^2 + \frac{3(n^2 - 9)(n^2 - 1)}{560} \\
\psi_5 &= \psi_1^5 - \frac{5(n^2 - 7)}{18}\psi_1^3 + \frac{15n^4 - 230n^2 + 407}{1008}\psi_1 \\
&\vdots \\
\psi_{k+1} &= \psi_k\psi_1 - \frac{k^2(n^2 - k^2)}{4(4k^2 - 1)}\psi_{k-1}
\end{aligned}\right\} \quad (11-28)
$$

并可计算得下列数值

$$
\left.\begin{aligned}
& D_1 = \Sigma\psi_1^2; D_2 = \Sigma\psi_2^2; D_3 = \Sigma\psi_3^2 \cdots D_m^2 = \Sigma\psi_m^2 \\
& C_1 = \Sigma\psi_1 y_1; C_2 = \Sigma\psi_2 y_2; C_2 = \Sigma\psi_3 y_3 \cdots C_m = \Sigma\psi_m y_m \\
\text{及}\quad & B_1 = C_1/D_1; B_2 = C_2/D_2; B_3 = C_3/D_3 \cdots B_m = C_m/D_m \\
& H_1 = B_1 C_1; H_2 = B_2 C_2; H_3 = B_3 C_3 \cdots H_m = B_m C_m
\end{aligned}\right\}
$$

(11 - 29)

同时进行方差分析，得

$$
\left.\begin{aligned}
& S_y = \Sigma y_i^2 - (\Sigma y_i)^2/n, \text{自由度 } \nu_m = n - 1 - m \\
& \text{剩余平方和}\quad S_{rm} = S_y - \sum_{i=1}^{m} H_i, \text{因子 } F_m = \nu H_m / S_r
\end{aligned}\right\}
$$

(11 - 30)

当 $F_m < F_\alpha(1,\nu)$ 时，说明 m 项已满足逼近要求。这时，标准差为

$$
S = \sqrt{S_r/\nu}
$$

$F_\alpha(1,\nu)$ 可查表 11 - 3。

表 11-3 $F_\alpha(1,\nu)$

ν	1	2	3	4	5	6	7	8	9	10	11	12
$\alpha=0.01$	4052	98.5	34.1	21.2	16.3	13.8	12.2	11.3	10.6	10.0	9.65	9.33
$\alpha=0.05$	161	18.5	10.1	7.71	6.61	5.99	5.59	5.32	5.12	4.96	4.84	4.75
ν	13	14	15	16	17	18	19	20	25	30	40	∞
$\alpha=0.01$	9.07	8.86	8.68	8.53	8.40	8.29	8.18	8.10	7.77	7.56	7.31	6.63
$\alpha=0.05$	4.67	4.60	4.54	4.49	4.45	4.41	4.38	4.53	4.24	4.17	4.08	3.84

另外,若 S 值很小时,可以不用继续往下求。因为再往下求,已进入误差范围内。

例如某 x 及 y 值如下,由式(11-28)求出各 ψ_i 值。

	x	y	ψ_0	ψ_1	ψ_2	ψ_3
	1	0.05	1	-5	15	-36
	2	0.78	1	-4	6	7.2
	3	1.70	1	-3	-1	26.4
	4	2.75	1	-2	-6	27.6
	5	3.66	1	-1	-9	16.8
	6	4.35	1	0	-10	0
	7	4.90	1	1	-9	-16.8
	8	5.45	1	2	-6	-27.6
	9	5.72	1	3	-1	-26.4
	10	6.05	1	4	6	-7.2
	11	6.35	1	5	15	36
$D=\Sigma\psi^2$		206737	11	110	858	6177.6
$C=\Sigma\psi_i y_i$			41.76	71.28	-40.18	-12.624
$B=C/D$			3.769	0.648	-0.0468	0.00204
$H=C^2/D$			158.536	46.189	1.882	0.0258

$$S_y=\Sigma y^2-H_0=206.7334-158.536=48.201$$

对于 $m=1,\nu_1=n-2=9$

$$S_r=S_y-H_1=48.20-46.19=2.01$$

$$F_1=\nu_1 H/S_r=9\times 46.19/2.01=206.5>10.6$$

对于 $m=2,\nu_2=8$

$$S_r=0.1308$$

$$F_2=8\times 1.8816/0.1308=115.2>11.3$$

对于 $m = 3, \nu_3 = 7$

$S_r = 0.1049$

$F_3 = 7 \times 0.02580 / 0.1049 = 1.724 < 12.2$

因此 $m = 3$ 已够。这时方差

$S = S_r / \nu = 0.122$

正交多项式方程为

$$y = 3.7964 + 0.648\psi_1 - 0.0468\psi_2 - 0.002044\psi_3$$
$$= -1.086 + 1.02556x - 0.01004x^2 - 0.002044x^3$$

第四节　滑动平均法

前几节主要阐述采用某些函数的数学模型来提取动态测试数据中的确定性成分。本节将介绍采用滑动平均法来抑制或滤掉动态测试数据中的变动随机成分。以突出确定性成分,便于建模。

假若动态测试数据时间序列为 $x_k, k = 1,2,3\cdots n$(共 n 个数)。滑动平均法就是不断逐个取 m 个相邻数据进行加权平均,获得平滑后序列 y_k

$$y_k = \sum_{i=-q}^{p} W_i x_{k+i} \qquad (11-31)$$

式中 W_i 为加权系数,要求 $\sum_{i=-q}^{p} W_i = 1$。p、q 为小于总平滑数 m 的正整数,要求 $p + q + 1 = m$。一般平滑时都采用中心平滑方法,即 $p = q = m$,及 $2l + 1 = m$,m 为奇整数。这时平滑公式为

$$y_k = \sum_{i=-l}^{l} W_i x_{k+i} \qquad (11-32)$$

权值 W_i 可用下列方法求得:

(1)等权平滑法

这时
$$W_i = \frac{1}{m}, l = (m-1)/2 \qquad (11-33)$$

$$y_k = \frac{1}{m}\sum_{i=-l}^{l} x_{k+i} \qquad (11-34)$$

(2)多项式拟合法。多项式拟合法确定滑动平均权系数,是用

得更为广泛的一种方法。它的原则是在局部加权平均小区域上，对 m 个相邻 的数据进行多项式最小二乘拟合确定性成分，并以此来求出权系数 W_i。一般多项式的幂次 $r = 1$、2、3，相邻数据数目 $m = 5 \sim 7$。

$$W_i = C_i / A \text{ 及 } C_i = C_{-i}, W_i = W_{-i} \tag{11-35}$$

上式中 C_i、A 值可查表 11 - 4。

表 11 - 4　A 及 C_i 值($r = 2$ 或 3)

m	l	A	C_0	C_1	C_2	C_3
5	2	35	17	12	- 3	
7	3	2	7	6	3	- 2

(3)两端部数据平滑的权系数。前面叙述的是中心平滑的权系数求法。对于 n 个数据，由于两边端部无法进行中心平滑，只能采用非对称滑动平均法来补充数据。端部平滑时，若 $m = 5$ 则取前端 5 个值或后端 5 个值与前系数乘积求 $y_1 y_2$ 或 $y_n y_{n-1}$ 且 y_n 与 y_1；y_{n-1} 与 y_2 的权系数相同，见表 11 - 5。若 $m = 7$，则取前或后端 7 个值与权系数乘积之和求 $y_1 y_2$ 或 $y_n y_{n-1} y_{n-2}$，且 y_n 与 y_1，y_{n-1} 与 y_2，y_{n-2} 与 y_3 的权系数相同。

表 11 - 5　两端平滑 A 及 C_i 值

r	m	l	y_k	A	C_{-2}	C_{-1}	C_0	C_1	C_2	C_3	C_4	C_5	C_6
1	5	2	y_1	5			3	2	1	0	- 1		
			y_2	10		0	4	3	2	1			
	7	3	y_1	28			13	10	7	4	1	- 2	- 5
			y_2	14		5	4	3	2	1	0	- 1	
			y_3	28	7	6	5	4	3	2	1		
2	5	2	y_1	35		9	31	9	- 3	- 5	3		
			y_2	35			13	12	6	- 5			
	7	3	y_1	42			32	15	3	- 4	- 6	- 3	5
			y_2	14		5	4	3	2	1	0	- 1	
			y_3	14	1	3	4	4	3	1	- 2		
3	5	2	y_1	70			69	4	- 6	4	- 1		
			y_2	35		2	27	12	- 8	2			
	7	3	y_1	42			39	8	- 4	- 4	1	4	
			y_2	42		8	19	16	6	- 4	- 7	4	
			y_3	42	- 4	16	19	12	2	- 4	1		

例如五点三次平滑：

中心平滑

$$y_k = \frac{1}{35}(-3x_{k-2} + 12x_{k-1} + 17x_k + 12x_{k+1} - 3x_{k+2})$$

$$(k = 3,4,5\cdots n-2)$$

前端部

$$y_1 = \frac{1}{70}(69x_1 + 4x_2 - 6x_3 + 4x_4 - x_5)$$

$$y_2 = \frac{1}{35}(2x_1 + 27x_2 + 12x_3 - 8x_4 + 2x_5)$$

后端部

$$y_{n-1} = \frac{1}{35}(2x_{n-4} - 8x_{n-3} + 12x_{n-2} + 27x_{n-1} + 2x_n)$$

$$y_n = \frac{1}{70}(-x_{n-4} + 4x_{n-3} - 6x_{n-2} + 4x_{n-1} + 69x_n)$$

(4) 指数平滑法。对于平滑数据 y_k 来说,靠近 x_k 的数据 x_{k+1} 或 x_{k-1} 对平滑的影响大,而远离的数据 x_{k+m-1} 或 x_{k-m+1} 对于平滑的影响小,其权系数按指数规律衰减。即

$$W_i = \alpha(1-\alpha)^i (i = 0,1,2\cdots m-1) \quad (11-36)$$

式中 α 为常数,要求 $0 < \alpha < 1$,通常 $\alpha = 0.1 \sim 0.5$,经常取 $\alpha = 0.1 \sim 0.3$,这时得到前端部平滑式

$$y_k = \sum_{i=0}^{m-1} W_i x_{k+i} = \sum_{i=0}^{m-1} \alpha(1-\alpha)^i x_{k+i}$$

$$(k = 1,2,3\cdots n-m+1) \quad (11-37)$$

或后端部平滑

$$y_k = \sum_{i=-m+1}^{0} \alpha(1-\alpha)^i x_{k+i} \quad (k = m、m+1\cdots n)$$

$$(11-38)$$

一般 α 取较大值时平滑作用大;α 小时平滑作用小,将保留更多的随机起伏。

(5) 递推式平滑滤波。对于等权平滑可采用递推算法,它可以节省数据的存贮及计算量。递推时按前一平滑数据同时增加一个新数据来递推后一个平滑数据 y_k,即

$$y_k = y_{k-1} + \frac{1}{m}(x_{k+l} - x_{k-l-1}) \quad (k = l+1、l+2\cdots n-l)$$

(11 - 39)

对于端部,等权平滑式为

$$y_k = y_{k-1} + \frac{1}{m}(x_{k+m-1} - x_{k-1}) \quad (k = 1,2,3\cdots l-m+1)$$

(11 - 40)

或

$$y_k = y_{k-1} + \frac{1}{m}(x_k - x_{k-m}) \quad (k = m、m+1\cdots n)$$

(11 - 41)

若采用指数平滑,递推式为

$$y_k = y_{k-1}(1-\alpha) + \alpha x_k \quad (k = 2,3\cdots n) \quad (11 - 42)$$

(6)滑动平均法特点。滑动平均法主要用于抑制动态测试数据中的高频随机起伏,以突出较平滑的确定性变化规率。它相当于滤去高频随机变动的低通滤波器,它与其它类似处理方法相比,算法简单,计算量较小,可处理非平稳数据。但它存在一定的主观性和任意性,如选择平滑过程 m、权系数 W、阶数 r,不同的值会得到不同的结果。若 m 太小则抑制随机变动变弱,而 m 太大,会使高频变化的确定性成分被平滑掉。因此其精度不高,效果取决于算法参数的选定。总之,对于动态测试数据中较显著的确定性成分,用滑动平均法作预分 解,仍然是一种简易且有效的方法。

例如某测量数据 $x_k(k = 1,2,3\cdots n)$。经 $m = 5$ 相邻数据的等权平滑后,得到数据 y_k

$$y_k = \frac{1}{5}\sum_{i=-2}^{2} x_{k+i}$$

若数据波动还大,可以作二次平滑,平滑数据后数据为 z_k

$$z_k = \frac{1}{5}\sum_{i=-2}^{2} y_{k+i}$$

若对数据采用指数平滑,$\alpha = 0.3$,以 $y_0 = x_0$ 作为初始值,由递推公式得

$$y_k = \alpha x_k + (1-\alpha) y_{k-1} = 0.3x_k + 0.7y_{k-1}$$

若作二次指数平滑，平滑后序列

$$z_k = \alpha y_k + (1-\alpha) z_{k-1}$$

并可以令 $z_0 = y_0 = x_0$

初始值 y_0 及 z_0 也可以取 x_1 前数据的平均值作为初始值。由平滑后数据可以看到，平滑后数据随机成分减少。

例　一组 x_k 数据，经 $m = 5$ 等权平均及 $\alpha = 0.3$ 指数平滑后的数据 y_k、二次平滑后的 z_k 值如下表(指数平滑时 $y_0 = z_0 = x_0 = 9.7$)：

序号	x_k	$m = 5$ 等权平均		$\alpha = 0.3$ 指数平滑		五点三次平滑	
		y_k	z_k	y_k	z_k	y_k	z_k
0	9.7						
1	13.9			10.96	10.08	14.03	14.00
2	11.0	12.06		10.97	10.35	10.47	10.57
3	10.6	13.64		10.86	10.50	11.40	11.24
4	15.1	15.18	16.11	12.13	10.99	14.21	14.30
5	17.6	17.94	18.65	13.77	11.82	18.10	17.86
6	21.6	21.72	21.50	16.12	13.11	21.21	21.22
7	24.8	24.78	24.55	18.72	14.79	24.45	24.81
8	29.5	27.86	28.15	21.95	15.94	28.57	28.43
9	30.4	30.44	32.54	24.50	19.21	31.11	30.30
10	33.0	35.96	38.26	27.04	21.56	31.26	31.93
11	34.5	43.64	45.65	29.28	23.87	37.61	38.03
12	52.4	53.42		36.22	27.58	50.93	48.97
13	67.9	64.78		45.72	33.02	67.09	66.42
14	79.3			55.78	39.85	79.58	80.03
15	89.8			66.00	47.70	89.73	89.62

第五节　变量差分法

滑动平均法主要是通过沿数据全长滑动局部平均，使随机成分减少，突出确定性成分。变量差分法则相反，主要通过逐阶差分使确定性成分减少，保留随机成分。变量差分法与滑动法一样，大多作为一种预处理方法，使非平稳随机序列变为平稳序列[11]。

假设采样后的离散化时序为 $x_k(k = 1,2,3\cdots n)$，向前差分：

一阶

$$\Delta x_k = x_k - x_{k+1} \quad (k = 1,2\cdots n-1) \qquad (11-43)$$

二阶

$$\Delta^2 x_k = \Delta x_k - \Delta x_{k+1} = x_k - 2x_{k+1} + x_{k+2} \quad (k = 1,2\cdots n-2)$$

三阶

$$\Delta^3 x_k = \Delta^2 x_k - \Delta^2 x_{k+1} = x_k - 3x_{k+1} + 3x_{k+2} - x_{k+3}$$

$$(k = 1,2,3\cdots n-3)$$

p 阶

$$\Delta^k x_k = \Sigma(-1)^i C_p^i x_{k+i}$$

式中 $$C_p^i = \frac{-p!}{(p-1)!} \quad (为组合) \qquad (11-44)$$

同样可定义向后差分:

一阶

$$\nabla x_k = x_k - x_{k-1} \qquad (11-45)$$

二阶

$$\nabla^2 x_k = x_{k-2} x_{k-1} + x_{k-2}$$

三阶

$$\nabla^3 x_k = x_k - 3x_{k-1} + 3x_{k-2} - x_{k-3}$$

由上式可知,水平确定性趋势经一次差分后将被消除。总之序列经 p 阶差分后,将减少确定性成分,保留随机成分。

阶次 p 的确定,可由下面两条件决定:

(1)要求均值

$$\mu_p = \frac{1}{n-p}\sum_{k=1}^{n-p}\Delta^p x_k \qquad (11-46)$$

满足条件

$$\mu_p < \frac{t_\alpha \sigma_p}{\sqrt{n-p}} \qquad (11-47)$$

式中

$$\sigma_p^2 = \frac{1}{n-p-1}\sum_{k=1}^{n-p}[(\Delta^p x_k) - \mu_p]^2 \qquad (11-48)$$

t_α 为 t 分布的置信系数(在显著水平 α 下)。

(2)检验是否是平稳随机

①残差

$$V_k = \Delta^p x_k - \mu_p \tag{11-49}$$

其中 $V_k > 0$ 的个数为 n^+, $V_k < 0$ 的数为 n^-,由于 μ_p 很小,因此要求

$$|n^+ - n^-| < 2\sqrt{n-p-1} \tag{11-50}$$

②杜平—瓦森(Durbin－Watson)(D－W)检验[11]

$$DW = \sum_{k=1}^{m-p-1}(\Delta^p x_k - \Delta^p(x_{k+1}) / \sum_{k=1}^{m-p}(\Delta^k x_k - \mu_p)^2 \tag{11-51}$$

式中,$m = n - p$。

要求 DW 值在$(4 - d_n)$及 d_m 范围内,见下表:

n	15	16	17	18	19	20	22	24	26	28
d_n	1.08	1.10	1.37	1.16	1.18	1.20	1.24	1.27	1.30	1.33
d_m	1.36	1.13	1.38	1.39	1.40	1.41	1.43	1.45	1.46	1.48
n	30	35	40	45	50	60	70	80	90	100
d_n	1.35	1.40	1.44	1.48	1.50	1.55	1.58	1.61	1.63	1.65
d_m	1.49	1.52	1.54	1.57	1.59	1.62	1.64	1.66	1.68	1.69

例如上节测试数据,一阶,二阶,三阶差分如下:

序号	x_k	∇y_k	$\nabla^2 y_k$	$\nabla^3 y_k$
0	9.7			
1	13.9	4.2		
2	11.0	-2.9	-7.1	
3	10.6	-0.4	2.5	9.6
4	15.1	4.5	4.9	2.4
5	17.6	2.5	-2.0	-6.9
6	21.6	4.0	1.5	3.5
7	24.8	3.2	-0.8	-2.3
8	29.5	4.7	1.5	2.3
9	30.4	0.9	-3.8	-5.3
10	33.0	2.6	1.7	5.5
11	34.5	1.5	-1.1	-2.8
12	52.4	17.9	16.4	17.5
13	67.9	15.5	-2.4	-18.8
14	79.3	-4.1	-4.5	-1.7
15	89.8	-0.9	-0.9	3.2

并求得三阶差分 $\mu_p = 0.477$, $\sigma = 8.68$。因此

$$\mu_{\mathrm{p}} < \frac{t_{\sigma}\sigma}{\sqrt{m}} = \frac{3.06 \times 8.68}{\sqrt{13}} = 7.37$$

及 $n^{+} = 7, n^{-} = 6; 2\sqrt{n - p - 1} = 2\sqrt{12} = 6.9$

$$| n^{+} - n^{-} | = 1 < 2\sqrt{n - p - 1} = 6.9$$

又查表 4 $- d_n = 2.92$、$d_m = 1.36$，因此 DW 在 $2.92 \sim 1.36$ 之间，可以认为三阶差分后，数据已成为平稳随机序列。例题中

$$DW = \sum_{1}^{n-p-1} \frac{(\nabla^{p} x_k - \nabla^{p} \Delta_{k-1})^2}{\sum_{1}^{n-p} (\nabla^{k} x_k - \mu_{\mathrm{p}})^2} = \frac{2590.8}{904.4} = 2.86$$

第六节　自回归模型拟合及自回归谱分析

对于时间序列 $y_t, y_{t-1}, y_{t-2} \cdots$，假设序列是零均值(或已扣除均值)的平稳随机序列，y_t 序列可以用自回归(Autoregree)模型 AR(m)来拟合。拟合方程为

$$y_t - \phi_1 y_{t-1} - \phi_2 y_{t-2} - \cdots \phi_m y_{t-m} = \varepsilon_t \quad (11-52)$$

式中 $\phi_1, \phi_2 \cdots \phi_m$ 是自回归参数，m 为 AR 的阶次，ε_t 为零均值且方差为 σ_ε^2 的白噪声，即 $E[\varepsilon_t] = 0$、$E[\varepsilon_t \varepsilon_{t-i}] = \sigma_\varepsilon^2 \delta$；$COV[\varepsilon_t y_t] = 0$。后者表示 ε_t 和 y_t 之间不相关。AR 模型的拟合算法很多，本节只介绍递推算法中常用的 Levinson 及 Burg 算法 。

一、Levinson 法是对式(11－52)两边乘 y_{t+k} 并取期望，可得

$$E[y_{t+k} y_t] = E[\phi_1 y_{t+k} y_{t-1}] + E[\phi_2 y_{t+k} y_{t-2}] + \cdots E[\phi_m y_{t+k} y_{t-m}] + E[y_{t+k} \varepsilon_t]$$

由于

$$E[y_{t+k} y_t] = \frac{1}{n} \sum_{t=1}^{n-k} (y_{t+k} y_t) = R_k$$

$$E[\phi_m y_{t+k} y_{t-m}] = \phi_m \frac{1}{n} \sum_{t=1}^{n-k+m} (y_{t+k} y_{t-m}) = \phi_m R_{k-r}$$

$$E[y_{t+k} \varepsilon_t] = \sigma_\varepsilon^2 \delta_k$$

$$(k = 0 \text{ 时}, \delta_k = 1, k \neq 0 \text{ 时}, \delta_k = 0), R_k = R_{-k}$$

上式可写成矩阵式(将 k 换成 $k = 1, 2, 3, \cdots m$，不考虑 ε_t)

$$\begin{Bmatrix} R_1 \\ R_2 \\ R_3 \\ \vdots \\ R_m \end{Bmatrix} = \begin{bmatrix} R_0 & R_1 & \cdots & R_{m-1} \\ R_1 & R_2 & \cdots & R_{m-2} \\ R_2 & R_3 & \cdots & R_{m-3} \\ \vdots & \vdots & & \\ R_{m-1} & R_{m-2} & \cdots & R_0 \end{bmatrix} \begin{Bmatrix} \phi_1 \\ \phi_2 \\ \phi_3 \\ \vdots \\ \phi_m \end{Bmatrix} \qquad (11-53)$$

上式称为托布列兹(Toeplitz)阵。为采用递推算法，上式在 m 阶后再增加 $m+1$ 阶，并考虑 ε_t 后，可得

$$\begin{bmatrix} R_0 & R_1 & \cdots & R_{m+1} \\ R_1 & R_2 & \cdots & R_m \\ R_2 & R_3 & \cdots & R_{m-1} \\ \vdots & \vdots & & \\ R_m & R_{m+1} & \cdots & R_1 \\ R_{m+1} & R_{m+2} & \cdots & R_0 \end{bmatrix} \begin{Bmatrix} 1 \\ -\phi_1 \\ -\phi_2 \\ \vdots \\ -\phi_m \\ -\phi_{m+1} \end{Bmatrix} = \begin{Bmatrix} \sigma_\varepsilon^2 \\ 0 \\ 0 \\ \vdots \\ 0 \\ \Delta_{m+1} \end{Bmatrix} \qquad (11-54)$$

因此递推算法如下：

$$初始化 \begin{bmatrix} R_0 & R_1 \\ R_1 & R_0 \end{bmatrix} \begin{Bmatrix} 1 \\ -\phi_{11} \end{Bmatrix} = \begin{Bmatrix} \sigma_1^2 \\ 0 \end{Bmatrix} 及\ \phi_0 = 1$$

得到 $m = 1$ 时

$$\phi_{21} = R_1/R_0,\ \sigma_1 = (1 - \phi_{21}^2)R_0$$

$m = 2$ 时

$$\begin{bmatrix} R_0 & R_1 & R_2 \\ R_1 & R_0 & R_1 \\ R_2 & R_1 & R_0 \end{bmatrix} \begin{Bmatrix} 1 \\ -\phi_{21} \\ -\phi_{22} \end{Bmatrix} = \begin{Bmatrix} \sigma_2^2 \\ 0 \\ 0 \end{Bmatrix}$$

得到

$$\phi_2^2 = \frac{R_0 R_2 - R_1^2}{R_0^2 - R_1^2},\ \phi_{21} = \phi_{11} - \phi_{22}\phi_{11}$$

$$\sigma_2^2 = \sigma_1^2[1 - \phi_{22}^2]$$

m 阶时

$$\Delta_m = R_m + \sum_{i=1}^{m-1} \phi_{m-1,i} R_{m-i} \tag{11-55}$$

$$\phi_{mm} = -\frac{\Delta m}{\sigma_{m-1}^2}, \phi_{mi} = \phi_{m-1,i} + \phi_{mm}\phi_{m-1,m-i}, \sigma_m^2 = \sigma_{m-1}^2[1-\phi_{mm}^2]$$

阶次 m 的确定目前大多用赤池(Aaike)的 FPE 准则(Final Prediction Error)即

$$\text{FPE}(m) = \sigma_m^2 \frac{n+(m+1)}{n-(m+1)} \tag{11-56}$$

式中 n 为时序总数目。FPE(m) 在开始时随 m 增加会下降，降到最小值后，m 增加时，FPE 会上升。其最低点相应的 m 即为最佳阶次。

二、伯格(Burg)法

Burg 法利用时序正反向排列序列具有完全相同的自相关，其前向预报误差 a_t 与后向预报误差 b_t，分别为

$$a_t = y_t - \sum_{i=1}^{m} \phi_i y_{t-i} (t = m+1, m+2\cdots n) \tag{11-57}$$

$$b_t = y_t - \sum_{i=1}^{m} \phi_i y_{t+i} (t = 1,2\cdots n-m) \tag{11-58}$$

$\overline{P}_k = \frac{1}{2}(E[a_{kt}^2] + E[b_{k,t}^2])$ 为平均功率，是按照前项和后项预测误差平均功率为最小来估计的。它的步骤是：初始时，令 0 阶 ($m=0$) 的

$a_{0t} = b_{0t} = y_t (t = 1,2\cdots n)$ 及 $\phi_{00} = 1, b_{0(t-1)} = y_{t-1}$

当 $m = 1$ 时

$$\phi_{11} = \frac{-2\sum_{t=2}^{n} a_{0t}b_{0(t-1)}}{\sum_{t=2}^{n}[a_{0t}^2 + b_{0(t-1)}^2]}$$

$$P_0 = \sigma_{\varepsilon 0}^2 = \frac{1}{2n}\sum_{t=1}^{n}[a_{0t}^2 + b_{0(t-1)}^2] = \frac{1}{n}\sum_{t=1}^{n} x_t^2$$

$$P_1 = \sigma_{\varepsilon 1}^2 = P_0(1 - \phi_{11}^2)$$

$$\text{FPE}(1) = P_1 \frac{n+2}{n-2}$$

当 $m=2$ 时

$$a_{1t} = a_{0t} + \phi_{11} b_{0(t-1)};\ b_{1(t-1)} = b_{0(t-1)} + \phi_{11} a_{0t}$$

$$\phi_{22} = \frac{-2\sum_{t=3}^{n} a_{1t} + b_{1(t-1)}}{\sum_{t=3}^{n}(a_{1t}^2 + b_{1(t-1)}^2)};\ \phi_{21} = \phi_{11} + \phi_{22}\phi_{11}$$

$$P_2 = P_1(1 - \phi_{22}^2)$$

$$\text{FPE}(2) = P_2 \frac{n+3}{n-3}$$

m 阶时，由前阶求得

$$a_{(m-1)t} = a_{(m-2)t} + \phi_{(m-1)(m-1)} b_{(m-2)(t-1)}$$

$$b_{(m-1)(t-1)} = b_{(m-2)(t-1)} + \phi_{(m-1)(m-1)} a_{(m-2)t}$$

因此

$$\phi_{mm} = \frac{-2\sum_{t=m+1}^{n} a_{(m-1)t} b_{(m-1)(t-1)}}{\sum_{t=m+1}^{n}[a_{(m-1)t}^2 + b_{(m-1)(t-1)}^2]}$$

$$\phi_{mi} = \phi_{(m-1)i} + \phi_{(m-1)(m-i)}\phi_{mm}$$

$$P_m = P_{m-1}(1 - \phi_{mm}^2)$$

$$\text{FPE}(m) = P_m \frac{n+(m+1)}{n-(m+1)}$$

若 FPE（m）值为最小时，则自回归模型为该 m 阶。自回归模型可以拟合零均值平稳随机时间序列。

三、自回归谱分析[11][8]

在 20 世纪 60 年代后期，除前面的经典谱分析，如 FFT 外，还开发出一系列不同于传统谱分析的方法，统称为现代谱分析。它可以在不同程度上改善传统分析方法的缺点。自回归谱分析便是其中之一。自回归谱可以改善传统谱分析的分率不高、矩形窗截断出现的泄漏等缺点。自回归谱分析首先对时间序列进行AR(m)自回归拟合。求出 ϕ_m 后即可求出自回归谱(离散形式)。即

$$S_{AR}(e^{j\frac{2\pi}{n}k}) = \frac{P_m}{\left|\sum_{l=0}^{m}\phi_l e^{-j\frac{2\pi}{n}kl}\right|^2}$$

式中 $l = 0$ 时,$\phi_0 = 1$;n 为序列数目;K 为频域序号。

自回归谱除频率成分分辨能力较高外,还适于对矢量数据进行谱分析,计算速度与传统 FFT 相当。因此,自回归谱主要用于识别周期成分,频域统计特性描述。例如某光洁圆柱表面进行圆度误差测量,直径 $d = 16$mm。由于形状误差分为三类,圆度、波度和粗糙度。一般波距小于 1mm 为粗糙度,大于 10mm 为形状误差,介于 1～10mm 之间为波度。因此,测量表面波动状况,可以区分粗糙度、波度及形状误差。对于圆表面,还可用每周的谐波数 k 来区分。一般 $k > 4\pi d$(d 为直径)为粗糙度;$7 < k \leqslant 4\pi d$ 者为波度,$k \leqslant 7$ 者为形状误差。另外,自回归谱还可以分析加工过程中的误差大小及来源。例如测量其近主轴端的圆度误差,并进行 *AR* 谱估计,根据谱峰频率与主轴前后轴承径向跳动频率、其它传动轴齿轮啮合频率、电机转子频率等,便可以分析误差源及大小。*AR* 谱还可以判别刀具磨损状态。在车削的刀具磨损试验表明,谱图在切削过程中,在低频(256～313Hz)和较高频(605～656Hz)中有两个谱峰。低频谱峰随刀具磨损而渐增,高频谱峰则略增后渐减。当刀具急剧磨损时,低频谱峰亦剧增。因此可以用低频谱与高频谱之比值来判别刀具磨损状态。

现代谱分析及其各种算法发展较快,内容很多。另外,数字滤波、自适应滤波及小波变换也是信号分析的重要方法,可参阅有关资料。

习　题

1. 某测量 X_i,Y_i 结果如下,求其回归方程(线性)。

x	1.0	1.3	1.5	1.8	2.0	2.2	2.5	2.8	3.0	3.2
y	0.70	0.90	1.15	1.50	1.80	2.00	2.35	2.60	2.85	3.15

2. 对某测量传感器标定，得到力值 F_i(kN) 与传感器输出 U_i (mV)关系如下，求其回归方程。

F/kN	3	6	7	9	11	14	18	24
U/mV	0.44	0.71	0.73	0.98	1.06	1.34	1.67	2.18

3. 某测量数据 X_i，Y_i 如下，求其相应的函数方程(非线性)。

x	1	2	3	4	5	6	7	8
y	1.10	1.90	3.2	5.0	8.6	14.2	23.0	38.4

4. 一组 X_i，Y_i 数据如下，用正交多项式求其函数关系式。

x	1	2	3	4	5	6	7	8	9	10
y	1.43	0.78	0.60	1.30	2.70	5.4	9.3	14.7	21.7	30.5

5. 某时间序列数值如下，求相邻 $m=5$ 个数据一次及二次平滑序列，指数平滑一次及二次序列。

10,15,19,23,28,33,38,43,48,53,59,63,69,74,80,86,92,98。

6. 对习题 5 数据进行变量差分法，以获得平稳随机序列，求该序列。

7. 一组时间序列如下，求它的自回归模型 AR (n)(可用 Burg 公式)：

0.24,0.38,0.41,0.22,−0.08,−0.49,−0.31,0.36。

参 考 文 献

1. 黄长艺,严普强．机械工程测试技术基础(二版)．北京:机械工业出版社,1996

2. 林明邦,赵鸿林．机械量测量．北京:机械工业出版社,1992

3. 严钟豪,谭祖根．非电量电测技术(二版)．北京:机械工业出版社,1988

4. 沈久珩．机械工程测试技术(一)．北京:冶金工业出版社,1985

5. 熊诗波．液压测试技术．北京:机械工业出版社,1982

6. 陈锦荣．动态参数测试技术．北京:国防工业出版社,1985

7. 吴唯一等．测试技术——理论及应用．北京:国防工业出版社,1988

8. 吴湘淇．信号、系统与信号处理(上)、(下)．北京:电子工业出版社,1996

9. 张有颐．转矩测试技术．北京:计量出版社,1986

10. 黄俊钦．测试误差分析与数学模型．北京:国防工业出版社,1985

11. 林洪桦．动态测试数据处理．北京:北京理工大学出版社,1995

12. 费业泰．误差理论与数据处理．北京:机械工业出版社,1987

13. 肖明耀．误差理论与应用．北京:中国计量出版社,1985

14. E.O 布赖姆．快速傅里叶变换(柳群译)．上海:上海科学技术出版社,1979

15. 徐芝纶．弹性力学(上)．北京人民教育出版社,1979

16. 平鹏．应变式压力传感器的非线性误差与灵敏度．仪器仪表学报,1984,No1:P8

17. Doebelin. E.O. Measurement systems, Application and Design (3rd ed). New York: Mcgraw Hill Book Co, 1983

18. Iones. B. E. Instrument, Measurement and Feedback. New York: Mcgraw Hill Book Co, 1976

19. Harris C.M. and Crode C.E. Shock and Vibration Handbook (3rd ed). Mcgraw Hill Book Co, 1988

20. Nenbert H.K.P. Instrument, Tansducers (2nd ed). Oxford Press, 1975

21. Dally J.W. Expermental Stress Analysis (2nd Ed). Mcgraw—Hill, 1978

22. Dove R.C, Adams P.H. Experimental Stress Analysis And Motion. Charles E. Merrill Book, 1964